Friedrich Ratzel

Die Vorgeschichte des europäischen Menschen

Mit zahlreichen Abbildungen

Friedrich Ratzel

Die Vorgeschichte des europäischen Menschen
Mit zahlreichen Abbildungen

ISBN/EAN: 9783743397828

Hergestellt in Europa, USA, Kanada, Australien, Japan

Cover: Foto ©berggeist007 / pixelio.de

Manufactured and distributed by brebook publishing software (www.brebook.com)

Friedrich Ratzel

Die Vorgeschichte des europäischen Menschen

Fig. 1. Der „Hohlfels" im Achthal (nach Fraas).

Vorgeschichte

des

europäischen Menschen.

Von

Dr. Friedrich Ratzel.

---

19 Bogen mit 97 Abbildungen.

München.
Verlag von R. Oldenbourg.
1874.

Inhalts-Uebersicht.

	Seite
Erster Abschnitt.	
Das Wesen der Vorgeschichte	1
Zweiter Abschnitt.	
Die Funde und die Fundstätten. Die Wege zur Deutung der ersteren und die Hauptschwierigkeiten derselben	8
Dritter Abschnitt.	
Funde in Höhlen, sowie in älteren Schwemmgebilden außerhalb der Höhlen	51
Vierter Abschnitt.	
Die Muschelhaufen (Kjökkenmöbbinger) und die zerstreuten Funde von Steingeräthen . .	132
Fünfter Abschnitt.	
Die Pfahlbauten und die ihnen verwandten Funde	150
Sechster Abschnitt.	
Grab- und Denkmale aus Felsen (Dolmen, Felsenpfeiler, Steinkreise), Hügelgräber . . .	213
Siebenter Abschnitt.	
Rückblick auf die Erzstufe. Auftreten des Eisens. Schluß	266

Erster Abschnitt.
Das Wesen der Vorgeschichte.

Indem die Menschen in die Vergangenheit schauen und zu erkennen suchen, wie Alles gewesen und wo das vielfach und unklar verzweigte Gegenwärtige seine Wurzeln habe, sehen sie zunächst die Geschichte ihres eigenen Geschlechts, dann die Geschichte der Erde, dann die Geschichte des Bruchstücks Weltall, das unseren Sinnen erreichbar ist. Es ist wie ein Blick in eine vielgegliederte Landschaft, über die bunten, in Einzelheiten deutlichen Fluren einer Ebene, die bis zu unseren Füßen geht, in die weniger klaren Schluchten und Thäler des fernen Hügellandes und endlich zum Hochgebirg hin, das nur in den größten Umrissen wie ein Schema seines eigenen Wesens am Horizont heraufkommt. Es würde dieses Bild, hingen seine Theile lückenlos zusammen, ein herrlicher Anblick sein, aber noch gleicht es, um dieses Bild zu vollenden, einer Landschaft, in der in allen Tiefen Nebelmassen ruhen, in der nur die Höhen hervorragen, daß das Licht sie anzustrahlen vermag. Es liegt in solchem Anblick ein Zufälliges, Willkürliches, das uns das Gefühl von

einer Lücke gibt, die ausgefüllt werden müsse; das Nahe
zu verhüllen oder unklar zu machen, liegt, wie wir wissen,
nicht in den ewigen Rechten der Natur und wenn wir es
ruhig als natürlich hinnehmen, daß die Ferne nur noch
eben aufdämmere, so treibt uns die Verhüllung des Nahen,
zu suchen, ob der Schleier nicht zu lüften sei, und je
näher die Nebel liegen, um so peinlicher lasten sie, um
so eifriger suchen wir nach Mitteln, die sie zerstreuen
möchten. — Die Vorgeschichte der Menschheit war bis
vor wenigen Jahren eine einzige große Lücke dieser Art,
man hat nach langem Mühen einige Mittel gefunden, sie
bis zu einem gewissen Grade aufzuklären und wir unter=
nehmen es nun im Folgenden, ihren heutigen Zustand zu
schildern.

Die Geschichte der Menschheit trennte noch vor kur=
zem eine tiefe Kluft von der Geschichte der Erde, von der
sie doch ihrem Wesen nach — denn der Mensch ist ja so
gut ein irdisches Wesen, wie Pflanze und Thier, gleichsam
ein Stück Erde — nur ein Glied sein sollte. Die Mensch=
heit trat da von ihrem Beginne an, hervor wie ein Stern aus
der Nacht; es war kein Dämmern, sondern ein Aufflam=
men in der Art wie sie, groß im Wollen, thatenreich, reich
auch an dem Können und Wissen, das die übrige Schöpf=
ung dem Menschen in weiten Grenzen dienstbar macht,
und schon sehr tief befangen in vielverschlungenem Denken
und Dichten über Großes und Kleines und Nahes und
Fernes an dem Punkt auftritt, wo die sichere Ueberlie=
ferung beginnt. Man zog aber nur das, was die Schriften
überlieferten, in den Kreis geschichtlicher Betrachtung. Es
lag ein sehr schweres Räthsel vor den Anfängen der

gewaltigen, staunenswerth reifen Staaten des Nillandes, Westasiens, Indiens, Chinas und wie es kein Geheimniß gibt, das der Geist, wenn die Lösung ferne scheint, nicht mit dem Schlingwerk seiner dichterischen Gebilde zu umranken und mit seinen Ahnungen anzuglühen strebt, damit er es aus der kalten Ferne und Fremde sich näherbringe und sich verwandt mache, ist auch dieses so dicht von Sagen und Bildern aller Art umwoben worden, daß die Meisten das Dunkel seines Wesens über dem mannigfaltigen Schmuck seiner alten und neuen, und wenn verwelkt jederzeit wieder erneuten Hüllen vergessen konnten. Es wird dem Leser wohl bekannt sein, wie in einem großen Theile unserer sogenannten Weltgeschichten die biblischen Dichtungen der Genesis der Erzählung des wissenschaftlich bewährten, das etwa mit Aegyptens alter Geschichte beginnt, vorangehen; sie sollen das Räthsel der Vorgeschichte umhüllen — sie m ü s s e n es ja für die meisten, weil viele Umstände sie geheiligt haben, und so liegt die Geschichte wie ein anderer Sphynx, das Haupt Dichtung, der Leib Wahrheit, in seiner unharmonischen Zusammensetzung ein beengendes Ding vor uns.

In unserer Zeit will nun von zwei Seiten dem alten Geheimniß Aufhellung, dem mythisch-wissenschaftlichen Doppelwesen Erlösung kommen. Die Erforscher der Menschheitsgeschichte gaben in der Theorie schon längst die Beschränkung ihres Gesichtskreises auf die Völker mit schriftlichen Ueberlieferungen auf, denn sie sahen, daß wenn auch Aufzeichnungen für die klare Beurtheilung der Aufeinanderfolge der Ereignisse und die Erkenntniß der Formen, in denen sich die Geschichte irgend eines Volkes be-

4 Das Wesen der Vorgeschichte.

wegte, unentbehrlich sind, dennoch die allgemeinsten Grund=
züge in der Geschichte überlieferungsarmer oder jeder zu=
verlässigen Ueberlieferung entbehrender Völker erkannt
werden können. Die Vergleichung der Sprachen, der
Denkmale, der körperlichen Verschiedenheiten und mancher
anderer Verhältnisse muß in sehr vielen Fällen den Mangel
schriftlicher Ueberlieferung ersetzen und hat es in manchen
zur Befriedigung vermocht. Man denke an die Einsicht,
die uns die vergleichende Sprach= und Sagenforschung
über hochwichtige Völkerwanderungen bot, von denen die
geschriebenen Berichte Nichts oder nichts Greifbares mel=
den, so über Stammverwandtschaft und altes Zusammen=
leben der sogenannten arischen Völker, über Malayen=
wanderungen nach Afrika und in Polynesien, über die
Herkunft der zerstreuten Finnenvölker Europa's und
Aehnliches. Räthselhafte Denkmale in Nordwestamerika
scheinen uns die Heimath der Völker anzuzeigen, die süd=
wärts nach Meriko wanderten und hier die Träger der
merkwürdigen Culturanfänge wurden, welche bei der Er=
oberung Amerika's in Trümmer fielen. Unterschiede und
Uebereinstimmungen im Körperbau, die freilich erst in den
Anfängen ihrer Entzifferung stehen, lassen uns die schwie=
rige Frage der Rassenangehörigkeit der amerikanischen
Eingeborenen der Lösung nahebringen, hellen bedeutsame
Scheidungen und Beziehungen der noch vor Kurzem als
unterschiedsloses Völkermeer vor unseren Augen wogenden
schwarzen und braunen Bevölkerung von Mittel= und
Südafrika auf und stellen neue fruchtbare Aufgaben wie
die der Negerähnlichkeit der Papuas, der Negrito's und
anderer schwarzer Stämme Südasiens. — Ein helles

Licht wird freilich mit all diesen Mitteln auf so verworrene Dinge nicht mehr zu werfen sein, aber wir müssen uns nun ebensowenig mehr mit dem trostlosen Begriff „geschichtloser" Völker begnügen und im Vergleich mit der Nacht des baren Nichtwissens ist der Dämmerschein fragmentarischer Erkenntniß, wenn er auch nur über die höchsten Gipfel und größten Linien entlegener Ereignisse hingeht, noch immer ein sehr kostbares Ding. Und dieser ist sicher erreichbar.

In dem undurchdringlichen Dunkel, das überall hart hinter dem Aufhören der Ueberlieferungen rings am Horizont der Menschengeschichte wie eine allesabschreckende Felswand am Rande reicher Fluren sich erhob, begann es zu dämmern, sobald die Forscher ihren Blick auf diese bis dahin geschichtslosen Völker richteten. Man sah da viele Möglichkeiten und Anfänge von Gesittung, welche die Geschichte der alten Völker nicht mehr wie ein wurzelloses Ding betrachten ließen; man suchte nun nach der Geschichte, die vor der überlieferten Geschichte liegen mußte, und so erwuchsen allmählich die vor- oder ungeschichtlichen Forschungen, wenn auch zunächst nur die Einsicht in ihre Berechtigung praktisch wirksam wurde.

War es hier die Völkerkunde, die das Gebiet der Geschichte erweiterte, so begann die Alterthumskunde von anderen Ausgangspunkten her bald demselben Ziele zuzustreben. Sie fand, wo immer sie suchte, mancherlei Reste von Menschenhand, welche in die Culturentwicklung der geschichtlichen Völker durchaus nicht paßten, und wenn sie dieselben auch lange Zeit mit Mühe unterbrachte, wie und wo es irgend gehen mochte (die große Rolle, welche die Kelten noch vielfach in unserer europäischen Vorgeschichte spielen, datirt von dieser Zeit, wo sie die erklärten Lückenbüsser waren und alles, was Stein und Erz und sonst zweifelhaften Ursprungs war, auf ihre große Rechnung geschrieben ward), so trat doch mit der Zeit so viel Fremdartiges an's Licht, daß endlich offen bekannt und bethätigt werden mußte, es seien in der That Reste von Völkern auch in unserem Boden, von denen die Geschichte nichts berichte. Als die Pfahlbauten mit ihren so höchst mannigfaltigen, blendend reichen Ergebnissen und als die Höhlen mit dem unerwarteten Zeugniß für das Zusammenleben des Menschen mit ausgestorbenen Thieren an's Licht traten, als die zahlreichen Gräber aus uralter Zeit der Keltentheorie nach allen Richtungen endlich den Boden entzogen, als auch die merkwürdigen Abfallhaufen an nordischen Küsten gefunden wurden, konnte kein Zweifel mehr bestehen, daß wie in tiefen Mooren Geschlechter von Wäldern übereinander, so in Europa eine Geschichte unter der anderen, eine Vorgeschichte unter der Geschichte liege.

Und nun schwand mit Einem Schlage die Kluft, die zwischen Menschen= und Erdgeschichte bisher bestanden hatte. Gerade da, wo die Geschichte der Erde ob der Dauer und Allmählichkeit ihres Verlaufes für unsere Sinne nur noch in einzelnen zerstreuten Wirkungen zu erfassen ist, beginnen die Reste vorgeschichtlicher Menschen sich zu zeigen und gehen hinauf bis in eine Zeit, welche wir Eiszeit nennen, weil damals die Eisflüsse unserer Hochgebirge viel massiger, die Pflanzen= und Thierwelt zum Theil an kältere Klimate erinnernd und die Umrisse Europas von solcher Art waren, daß gewisse wärmebefördernde Einflüsse, die uns heut ein fast abnormes Klima verschaffen, ausgeschlossen oder abgeschwächt sein mußten. Hier liegen Menschenreste, Theile seines Skelets und Werke seiner Hand an der Seite der untergegangenen Thierarten, die man einst vorsündfluthlich nannte und hier geht die Menschengeschichte in die Erdgeschichte über, nimmt deren Methoden an, lehnt sich auf deren Hülfsmittel und Schlüsse. Diese Verbindung charakterisirt aber die Vorgeschichte durchaus: Als Naturwissenschaft gewinnt sie ihre Resultate, als Geschichte verwerthet sie sie; einerseits ist sie ein Zweig der Geologie, andererseits ein Stück Geschichtsforschung. Getreu dem Wesen des Gegenstandes, den wir dem Leser hier darstellen, werden wir also im Folgenden bei der letzten Epoche der Erdgeschichte beginnen und auf der Schwelle der geschriebenen Geschichte unserer Völker stehen bleiben.

Zweiter Abschnitt.
Die Funde und die Fundstätten. Die Wege zur Deutung der ersteren und die Hauptschwierigkeiten derselben.

In alten Flußbetten, die der Strom jetzt verlassen oder in denen er zum Flüßlein zusammengeschmolzen ist, hat die Wassersgewalt den Boden, über den sie hinging und in den sie ihre Thalrinne schnitt, natürlicherweise an fast allen Punkten aufgebrochen und weggeführt, so daß man nur noch an den geschütztesten Stellen, etwa vor einer harten Klippe, oder in einer Ausbeugung des Ufers Reste desselben finden mag. So ist es auch an Meeres= ufern, die einst weiter hinauf von den Wellen bespült wurden und seitdem sich gehoben haben; da findet man die älteren Ablagerungen nur in den wenigen Spalten oder auf den Vorsprüngen, zu denen die Brandung, die fressende, nicht leicht gelangen konnte.

In manchem Sinne sind Brandungen und Ströme auch über die Reste der vorgeschichtlichen Bewohner Eu= ropa's weggegangen. Waltet nicht jede Generation über und durch die Werke derer, von der sie selbst erzeugt ward, wie ein fressender, auflösender, verwirrender und zerstreu= ender Strom? Wie viel fällt von Jahrzehnt zu Jahr= zehnt in Trümmer! Und schauen wir selbst nach jenen

Trümmerstätten, die vor anderen, sei es um der Erinnerungen, die sie umweben, sei es um ihrer eigenen Schönheit willen, mit sorglichem Fleiße gehütet, gestützt, ergänzt wurden, nach vielen Resten der baulustigen Römer, nach mittelalterlichen Burgtrümmern, nach manchem Schlosse selbst der sogenannten neugeborenen Kunst — wie fällt dieß alles immer mehr in sich zusammen, wie manches ist schon jetzt nur noch den spürenden Gelehrten kundig und wie wenig wird unsere Erde in ein Paar hundert Jahren noch von den Zügen aufzuweisen haben, die die ältere Geschichte der Menschheit ihr ins Antlitz grub? Nur das Geschützteste, sei es nun durch gewaltige Größe oder durch verborgene Lage oder durch innere Festigkeit geschützt, wird sich erhalten, und wollte es dann ein freilich in unserer schrift= und bücherreichen Zeit kaum denkbares Schicksal, wie es die Griechencultur ereilt hat, daß die geschriebenen und gemeißelten Urkunden fast ganz zerstört würden, so stünden unsere Nachkommen unseren eigenen und den älteren Resten gegenüber wie wir der Vorgeschichte; sie würden gleich uns den Mosaikarbeitern gleichen, denen man auftrug, ein altes Bild aus seinen weit zerstreuten und zum großen Theil verlorenen Steinchen wieder zusammenzufügen, nach keinem anderen Plan, als dem, der in der Form und Art und Farbe der kärglichen Bruchstücke angedeutet ist. Der geistige Wiederaufbau vorgeschichtlicher Verhältnisse ist unübertrieben ganz einer solchen Aufgabe zu vergleichen.

Der Strom, den wir zum Bild gemacht haben der hin= und herwogenden Völkerbewegungen und der nagenden Arbeit, die die Zeit im Bunde mit der inneren Schwäche über die Dinge der Menschen mächtig werden läßt, hatte aber viel leichteres Spiel mit jenen uralten Resten als mit späteren, oder als er es gar mit den unseren haben wird. Der einfache Mensch auf niederer Stufe der Cultur geht leichten Schrittes seine Wege über die Erde, während wir, volkreicher und eifriger und kenntnißreicher geworden, tiefe Geleise in sie ziehen, unter ihre Fläche bringen, sie mit verhältnißmäßig dauerhaften Werken (Canäle zwischen zwei Meeren, Höhlengänge oder Tunnels durch mächtige Bergwände, künstliche Flüsse oder Canäle u. a.) überziehen. Das braucht nicht näher ausgeführt zu werden, denn wenn der geneigte Leser sich bemühen will, zu bedenken, was für Spuren die südafrikanischen Stämme im heutigen Capland, die Rothhäute in den östlichen Staaten Nordamerikas, die Australier in jenen Gebieten ihres Erdtheiles, aus denen weiße Ansiedler sie neuerlich verdrängten, hinterlassen haben können, so wird er ungefähr ermessen können, was ein Volk, wie jenes, das mit Mammuthen und Nashörnern und Löwen in Mitteleuropa zusammenlebte, an deutbaren Resten überliefert haben kann. Bedenkt er nur, daß dessen Waffen so roh waren, daß ihre ersten Entdecker Mühe hatten, überhaupt nur das Menschenwerk in ihnen zu sehen, daß in einigen Gegenden allem Anschein nach in der frühen Steinzeit selbst die Verwendung der Knochen und Geweihe zu Waffen und Geräthen sehr wenig geübt ward, daß die einzige Beschäftigung dieser Naturmenschen in Jagd und Fischfang bestand, daß außer den Höhlen und Felsspalten wohl nur Reisighütten ihnen zur Wohnung dienten, so daß höchstens, neben ihren kärglichen Waffen-

und Geräthresten die Ausrottung oder Verscheuchung
irgend eines Jagdthieres eine dauernde Wirkung ihres
Daseins ausmachte, so wird er begreifen, wie ärmlich noth=
wendigerweise alle Zeugnisse von der wilden und halb=
civilisirten Bevölkerung Mitteleuropas sein müssen und
wie im Grund nur eine Reihe glücklicher Zufälle uns
dieselben in der guten Erhaltung und bedeutenderen An=
zahl auffinden ließ, welche erlaubt hat, wenigstens die
Grundlinien des vorgeschichtlichen Entwicklungsganges der
europäischen Urbewohner zu bestimmen. Es bestehen aber
diese Zufälle im Vorhandensein einer Reihe von Oertlich=
keiten, an denen sich bis zu einem gewissen Grade unge=
stört Zeugnisse vom Leben und Treiben der Alten erhalten
konnten und wir wollen, ehe wir an die Betrachtung der
Reste selbst gehen, nun in aller Kürze diese Fundstätten
betrachten, da sie im Verfolge unserer Darstellung sehr
oft erwähnt werden müssen und, was auch sanguinische
Leute von der Vorgeschrittenheit unserer Wissenschaft
meinen und behaupten mögen, wahrscheinlich immer und
überall die vielbedingten Quellen bleiben werden, aus
benen unser Wissen von diesen Dingen erfließen wird. —

Da thun sich nun vor allen die **Höhlen** und **Grotten**
und **Felsspalten** hervor, wie sie keinem hohen noch niedrigen
Gebirge fehlen, wie sie aber vorzüglich in den Gebirgen,
welche aus kalkigen Stoffen aufgethürmt sind, wegen
deren leichterer Auflöslichkeit, häufig angetroffen werden.
Bald sind es nur Spalten, wie die kleinen und großen
Erschütterungen des Bodens, die Einstürze durch Aus=
waschungen, der Zerfall der Gesteine sie entstehen läßt,
bald sind es stollen= und schachtartige Gänge, die manch=

mal meilenweit unter der Erde fortziehen, und dann wohl immer auf Auswaschung durch unterirdische Wasserläufe zurückzuführen sind, bald sind es einfach natürliche Nischen, welche ein Felsvorsprung schützt. In alter und neuer Zeit hat Menschenhand ihrer natürlichen Bildung nachgeholfen und so sind oft ihre Eingänge thorartig breit, ihre Räume zu Hallen erweitert, ihr Boden geebnet, in einigen Fällen selbst ihr Dunkel durch Oeffnung irgend einer zum Licht gehenden Spalte erhellt. Wenn nun Menschen in solchen Höhlen wohnten, wie das in vorgeschichtlichen Zeiten selbst im mittleren Europa allem Anschein nach sehr gebräuchlich war*) und wenn sie, was unvermeidlich, von ihren Geräthen, ihren Mahlzeiten, vielleicht von ihren Körpern selbst Reste in denselben hinterließen, so konnten sie hier, vielleicht nur durch einbringende Raubthiere verwühlt, liegen bleiben und fast ungestört auf unsere Zeit herabgelangen. Und es kommt noch die in vielen Fällen wichtige Eigenthümlichkeit der Höhlen hinzu, daß das mit Salzen und besonders mit kohlensaurem Kalk beladene Wasser, indem es von oben durch ihre Wände bringt und an denselben verdunstet, seine festen Bestandtheile in Gestalt von **Tropfsteinen** (Sinter Stalaktiten, Stalagmiten) zurückläßt und so stei-

---

*) Heutzutage ist dauernde Höhlenbewohnung wenigstens in Europa sehr selten geworden. Daß in gewissen Theilen Siciliens die Landleute, daß auf der Insel Vulcano Bergleute in Höhlen hausen und Aehnliches ist als seltene Ausnahme zu betrachten. In sehr warmen und sehr kalten Ländern ist dagegen das Höhlenwohnen mehr gebräuchlich und auch eher natürlich.

nerne Hüllen über alle Dinge legt, über die es in der Höhle wegfließt, oder auf die es beim Herabtropfen fällt. So sind oftmals die Culturreste aus einer älteren vorgeschichtlichen Periode unter einer Tropfsteindecke begraben worden. Dann sind spätere Geschlechter auf dieser gewandelt und haben am Ende auch ihre Reste unter einer neuen Decke begraben lassen müssen und auf dieser haben vielleicht gar noch Jäger, Räuber, Geächtete, Flüchtige gehaust und Spuren geschichtlicher Jahrhunderte hinterlassen. Wir werden aber sehen, wie besonders die Thatsache, daß die Höhlen in einer älteren Periode der Vorgeschichte Europa's zu den gebräuchlichen Wohnstätten gehörten, dieselben für die Forschung nach dieser im Uebrigen wenig gekannten Periode von der höchsten Bedeutung hat werden lassen. In den Mooren, welche mit ihren Moosen und Gräsern die Dinge umspinnen und einhüllen, die in ihren Bereich kommen, ist auch mancher vorgeschichtliche Rest gefunden, aber die Funde sind zerstreut und die Moore sind sehr ausgedehnt und so müssen die Entdeckungen hier mehr dem Zufall überlassen bleiben.

Jene sonderbare Erscheinung der Pfahlbauten, die noch immer nicht ganz befriedigend aufgehellt ist, die hölzernen Seewohnungen, die einst so häufig waren, haben bedeutsame Fundstätten in die Tiefe zahlreicher, man kann fast sagen, aller bedeutenderen Seen Mitteleuropa's verlegt, denn Generationen lebten in diesen Bauten, die über dem Wasser standen, und was ihnen entfiel und was weggeworfen ward, sank hinab, ward mählich mit Schlamm bedeckt und ruhte, bis ein zufälliger Fund vor zwanzig Jahren die erste Anregung zu den so höchst ergebnißreichen

Pfahlbauforschungen bot. Reichthum und Mannigfaltigkeit der Funde haben seitdem die Pfahlbauten zu einer den Höhlen vollständig ebenbürtigen Quelle vorgeschichtlicher Erkenntniß gemacht.

In mancherlei Art von Grabstätten haben die alten stein- und erzgewaffneten Europäer mit oft bewundernswerther Sorgfalt für die Dauer ihres Andenkens gesorgt und uns damit natürlich eine weitere Gelegenheit geboten, Reste ihrer Geräthe und ihrer Körper zu sammeln, zu vergleichen und das Möglichste daraus zu schließen. Der geehrte Leser wird im Folgenden öfters Gelegenheit finden, der Sitte zu danken, die besonders auf der jüngeren Steinstufe die Errichtung gewaltiger, auf Jahrtausende und Jahrtausende hinaus unvergänglicher Hügel- und Felsengräber gebot. Was zum Beispiel die Dolmen Westeuropas, die Hügelgräber des skandinavischen und deutschen Nordens, Grabfelder wie die von Hallstadt zur Bereicherung unserer vorgeschichtlichen Kenntniß beigetragen haben, gehört zum hervorragendsten, was überhaupt an Thatsachenmaterial zur Vorgeschichte bis jetzt erkannt worden ist und sind es dann nicht bloß die stofflichen Ueberbleibsel, sondern auch die Schlüsse, welche aus der Begräbnißweise sich auf das Vorhandensein oder das Fehlen gewisser bedeutsamer Sitten und religiöser Vorstellungen ziehen lassen, die den Grabstätten eine hohe Bedeutung verleihen.

An den Ufern der Meere nährten sich Menschen der Steinstufe von mancherlei Muscheln und Schnecken, wie die dortigen Bewohner noch heute thun, häuften die massigen Reste ihrer Mahlzeiten in der Nähe ihrer Wohnungen auf, warfen auch manches Geräth und manchen Knochen eines Landthieres dazu und schufen so die **Muschelhaufen**, welche die Dänen „Kjökkenmöddingers" nennen, was man mit „Küchenabfälle" übersetzt. Diese Muschelhaufen sind in verschiedenen Welttheilen zu finden und ihre Durchforschung hat wenigstens in Europa wichtige Beiträge zur Kenntniß der sogenannten jüngeren Steinzeit oder der Stufe des geschliffenen Steingeräthes geliefert.

Neben diesen hervorragenden Fundstätten gibt es seltenere, kleinere, die an Reichthum und Mannigfaltigkeit dessen, was sie umschließen, weit hinter den genannten zurückstehen, dafür aber öfters einzelne Seiten des Lebens der Vorgeschichtlichen in ein helleres Licht stellen. So sind für die Kenntniß der Steinstufe die sogenannten **Werkstätten**, Orte, an denen Steingeräth bereitet wurde und wo nun Splitter, Bruchstücke und vollendete Steinbeile, Steinmesser und dergleichen in Masse umherliegen, von Bedeutung geworden, und ähnlich haben die Stellen, an denen die alten Erzgießer (wohl wandernde Handwerker wie unsere Zinngießer und Kesselflicker oder mehr noch wie die wandernden Schmiede Innerafrikas) gearbeitet haben, manchen neuen Fund an Erz, an Schlacken, an Gußformen und dergleichen geboten. Ferner sind alte Bergwerke, besonders solche, die auf Salz gehen, an Funden von Erzgeräthen ergiebig gewesen und mehrmals ist eben solches Geräthe in Menge an ganz zufälligen Stellen unter der Erde gefunden worden, wo es offenbar in gefährlichen Momenten verborgen worden war. Es sind ferner erwähnenswerth die Funde, welche unter vulkanischer Asche gemacht wurden, da sie reich und ungestört waren und bei weiterer Ausbeutung von Tuff- und Traßlagern nicht vereinzelt bleiben dürften, ferner diejenigen, welche im Schlamm und Kies von Flußanschwemmungen sich geboten haben.

So läßt der Zufall bald hier, bald dort einen unerwarteten Schatz aus seiner Verborgenheit herleuchten; daß es aber just dieser, der Unberechenbare ist, von dem wir noch soviel für den Ausbau der Vorgeschichte erhoffen müssen, wird dadurch in etwas aufgewogen, daß die unendliche Regsamkeit unserer Zeit den Erdboden, soweit nicht die Gewässer oder das Eis ihn bedecken, in einer Weise durchwühlt, welche mit Sicherheit eine stetig fortschreitende Bereicherung unseres Wissens von allem, was Menschen in ihm hinterließen, verbürgt. Auf Feldern, in Wäldern, in Gewässern werden dadurch fortwährend zahllose einzelne Funde gemacht, die als kleinste Steinchen des zertrümmerten Mosaikbildes unserer Vorgeschichte immer ihren Werth haben, wenn sie auch an und für sich vielleicht nichts eben Erhebliches aussagen.

Einzelne dieser Fundstätten sind ihrer Natur nach an besondere Bodengestaltungen und Gesteine gebunden; so die Höhlen an bergige Gegenden und in diesen wieder vorzugsweise an die aus Kalk- oder Dolomitgesteinen aufgebauten Gebirgszüge; so die Pfahlbauten an stehende oder sanftfließende Gewässer; so die Muschelhaufen oder Kjöttenmöbbingers an die Meeresufer; aber diese verschiedenen örtlichen Bedingungen sind besonders in dem so reich gegliederten Boden Europa's fast in jedem ausgedehnten Landstrich zu finden und üben darum auf die geographische Verbreitung der vorgeschichtlichen Reste keinen so bedeutenden Einfluß als es wohl auf den ersten Blick scheinen möchte. Wenn zum Beispiel bisher Frankreich und England, dann auch Belgien und die skandinavischen Länder sich so ganz besonders reich an diesen Resten erwiesen haben, wenn viele Theile Deutschlands, wenn die drei südlichen Halbinseln unseres Erdtheiles, wenn Osteuropa ihnen gegenüber arm erschienen, so ist fast mit Sicherheit anzunehmen, daß die Ursache mehr in der verschiedenen Regsamkeit, Opferwilligkeit und Einsicht der Erforscher, in dem verschiedenen Grad von Beachtung die man diesen Dingen zuwandte, als in ungünstigen Verhältnissen des Bodens oder in unverhältnißmäßiger Seltenheit der Alterthümer lag. Dieß gilt in höherem Maße von den außereuropäischen Ländern, von denen aus naheliegenden Gründen die tropischen und subtropischen Striche Afrikas, Asiens und Polynesiens für sehr reich an den wichtigsten Alterthümern menschlicher Vorgeschichte zu halten sind, ohne daß sie bis jetzt irgend etwas Hervorragendes geboten hätten. Diese Gebiete sind eben leider derzeit für diesen Wissenszweig noch völlig Terra incognita und wir werden im Verfolg unserer Darstellung nur zu oft den üblen Wirkungen begegnen, die diese räumliche Beschränkung auf die Entwickelung der jungen Wissenschaft geübt hat und zu üben fortfährt. Nur die bedeutendsten Geister halten sich frei von der irreführenden Macht eines so engen Gesichtskreises, die Masse der Forschenden aber steht völlig unter dem Banne der allzu engen Schranken und vergißt auch bei wichtigen Schlüssen immer wieder unwillkürlich die nothwendige Lückenhaftigkeit unseres bisherigen Materials und kommt dann zu Constructionen, die auf dem Niveau einer Weltgeschichte aus europäischem Gesichtspunkte stehen und sich zur Wirklichkeit verhalten wie eine perspectivelose Chinesenlandschaft zu ihrem Vorwurf. Es wird das aber in unserer Wissenschaft dadurch doppelt schädlich, daß unser Stoff seinem ganzen Wesen nach nur von einem umfassendsten Standpunkte richtig gewürdigt werden kann, denn wir werden von der Vorgeschichte, die so tief ins Dunkel zurückgeht, immer nur die allerhervorragendsten Züge zu erkennen vermögen und der Geist wird in ihrer Betrachtung von Jahrtausend zu Jahrtausend schweifen müssen, bis wieder einmal aus den einförmigen Resten der alten Jäger- und Hirtenvölker ein Wechsel oder gar ein Fortschritt der Gesittung anleuchtet. Und viel weniger die stetige Entwickelung des gleichen Volkes im gleichen Lande, als vielmehr ein Durch- und Uebereinanderwogen der Völker wird sich als die Grundlage der Urgeschichte herausstellen, ähnlich wie nach einem Jahrtausendieb Verknüpfung der alten mit der neuen Welt erst durch die Entdeckung Amerika's durch Europäer, dann durch die Entwickelung großer Beziehungen der Ostasiaten zu den Amerikanern, wie wir sie jetzt keimen sehen, sich als die größten und wirksamsten Geschehnisse der neueren Geschichte vom Detail der einzelnen Völker-, Länder- und Welttheilgeschichten abheben werden. Völkerwanderung heißt das große Schwungrad aller Geschichte — sie schafft die großen Abschnitte, in welche die Entwickelung der Menschheit zerfällt, denn sie wandelt deren Grundlagen, nämlich das innere Wesen der Völker selbst um. Darum gerade heißt es aber stets in's Weiteste blicken, wenn man jenes

Wesen der vorgeschichtlichen Funde.

tiefverschleierte Stück Menschheitsgeschichte verstehen will, das wir ja heute nur noch in seinen allergrößten Zügen werden erfassen können.

Was finden wir nun an diesen Stätten?

Dreierlei Dinge; erstlich: Reste von Menschen selbst in Gestalt der unverweslichen Theile seines Körpers, also der Knochen. Zum andern: Werke seiner Hand in Geräthen und Waffen, in Thieren und Pflanzen, die er sich züchtete oder anbaute, in Wohnungen, die er sich bereitete, in vielerlei Spuren seiner mannigfaltigen Bethätigung, seien es die Eindrücke seiner Zähne an Knochen, die er benagte, seien es Zeichnungen, die freie Stunden ausfüllten, seien es Wegmarken, die er in die Steine grub*), um sich und Andere vor Irregehen zu hüten. Aber ein besonders wichtiges Werk seiner Hand ist ein negatives Zeugniß seines Daseins und Treibens und das ist die Thatsache, daß er Thiere jagte und verzehrte, die seitdem **theilweis gänzlich von der Erde verschwunden, theilweise nur aus Europa, theilweise auch nur aus einzelnen Theilen dieses Erdtheiles in andere ausgewandert sind.** Es ist kaum zweifelhaft, daß die steigende Zahl der Menschen, die Verbesserung ihrer Waffen und die wachsende Ge-

---

*) Dr. A. Boué wies schon 1850 in der später zu erwähnenden Gegend des Mannhartsberges an Flußübergängen Bilder menschlicher Füße nach, die in die Felsen gegraben waren; bekanntlich bezeichnen noch heute Indianer ihre Wege den Nachkommenden durch solche eingemeiselte Füsse, die nach bestimmter Richtung weisen.

schicklichkeit in der Jagd wenigstens einen großen Theil zu dieser allmählich vor sich gegangenen Umwandelung unserer Thierwelt beigetragen hat, wenn auch der Wechsel der klimatischen Verhältnisse und der Oberflächenformen und Umrisse unseres Erdtheils dazu mitgewirkt oder den Anstoß dazu gegeben haben mag. Es ist die Zahl dieser Thiere nicht gering und sei einstweilen beispielsweise nur das Mammuth, das Rhinoceros, der Urochs, der Höhlenbär, der Höhlenlöwe, die Höhlenhyäne unter den ausgestorbenen, der Grißlibär, das Rennthier, das Elenthier, der Steinbock, die Saiga-Antilope, der Vielfraß, der Lemming unter den ausgewanderten genannt.

Durch die Thatsache, daß diese Thiere mit den alten Europäern zusammenlebten und nach und nach ausstarben oder auswanderten, während diese sich fortentwickelten, wird ein neues Licht auf die ältesten Theile der Urgeschichte des europäischen Menschen geworfen und ein Maßstab für relative Altersbestimmung menschlicher Reste gewonnen, wie weiter unten gezeigt sein wird und es sind aus diesem Grunde die Reste dieser Thiere Dinge, auf welche jede urgeschichtliche Forschung Bezug zu nehmen hat. Wir fügen sie daher als dritte Gruppe vorgeschichtlicher Funde dem Materiale an, welches in den Resten der Menschen und den Werken menschlicher Hand vorliegt. Zu ihnen mögen dann auch die Pflanzenreste gezählt werden, die freilich selten, aber da, wo sie vorkommen, besonders für die Bestimmung des Klimas, das zur Zeit ihres Wachsthums herrschte, von Bedeutung sind.

Da es für alle Forschung nur Einen Weg, nämlich den der Zurückführung der Wirkungen auf ihre näheren

Methode der vorgeschichtlichen Forschung.

und ferneren Ursachen gibt, auf welchem die Gesetze der natürlichen Dinge erst aus dem Vergleich der Thatsachen gewonnen werden, um dann ihrerseits wieder lösend und erhellend auf deren Räthsel zurückzuwirken — so mag es überflüssig erscheinen, noch ein besonderes Wort über den Weg oder die Methode vorgeschichtlicher Forschung zu sprechen. Aber es sollen hier nur in Kürze einige **eigenthümliche Schwierigkeiten** hervorgehoben werden, welche sich der Erforschung der Vorgeschichte überall entgegenstellen und welche die Anwendung der üblichen Methoden hier nur unter bestimmten Vorsichtsmaßregeln fruchtbar erscheinen lassen.

Die größte Schwierigkeit, der wir hier begegnen, ist wohl der Mangel jedes Anhaltspunktes für die Zeitbestimmung. Man kann sagen, die Vorgeschichte fängt da an, wo die Möglichkeit der Zeitbestimmung aufhört. Geschriebene Berichte, seien es Pergamente oder Papyrusrollen, oder Münzen oder Denksteine, fehlen hier durchaus und es scheint nach allem, was wir bis jetzt wissen, daß der Gebrauch der Schrift und der Münzen, dieser unschätzbaren Leuchten des Geschichtsforschers, wenigstens in Mittel- und Nordeuropa erst zu einer Zeit aufkam, die schon unmittelbar an die Schwelle der geschichtlichen hinreicht. Man kennt, soviel uns bekannt, nur eine einzige Erzwaffe, die schriftartige Zeichen trägt und es scheinen so im Allgemeinen Jene im Rechte zu sein, welche Schrift und Münze mit zu den Kennzeichen der sogenannten Eisenzeit dieser Gegenden zählen. Wenn der geneigte Leser sich die Mühe geben will, aus irgend einem älteren Geschichtswerk sich eine Vorstellung von dem Chaos zu bilden, in das zum Beispiel die ägyptischen Alterthümer sich vor den Blicken der Forscher verschlingen und verwirren mußten, die noch nicht das Mittel gefunden hatten, die hieroglyphischen Inschriften zu entziffern, oder wenn er sich in die Schwierigkeiten hineindenken will, welche unsere Geschichtsforscher zu überwinden haben würden, wenn etwa ein Land wie Sicilien seine urgeschichtlichen, seine phönikischen, seine griechischen, römischen, maurischen, normannischen, spanisch-italienischen Bauwerke und Denkmale ohne jede Möglichkeit einer Zeitbestimmung vor Augen stellte, so wird er ungefähr einen Begriff von dem Haupthinderniß eines zuverläßigen, überall treuen geistigen Wiederaufbaues der Vorgeschichte gewinnen. Um bei dem letztgebrachten Bilde zu verweilen, würde man wenigstens den Versuch einer beziehungsweisen Zeitbestimmung machen, indem man zum Beispiel nach dem Grade von Vervollkommnung, der aus den Resten spricht, die vollkommensten als die jüngsten, die rohesten als die ältesten betrachten und zwischen diese beiden Punkte dann alles übrige einreihen würde. Aber der Irrthum würde dabei sofort sehr nahe treten, denn ohne Zweifel würden die griechischen Tempelreste vollendeter erscheinen als etwa die normannischen Schlösser, sodaß, auf diesem Wege fortschreitend, man zu einer geradezu verkehrten Anschauung von der Aufeinanderfolge dieser Dinge gelangte. Vielleicht würde man allmählich auch andere Reste als bloße Bauwerke in Betracht ziehen und würde dann, von der Erwägung geleitet, daß vollendete Leistungen auf dem Gebiete der Kunst weniger an Zeitfolge gebunden sind, als technische Fortschritte, der Wahrheit wohl näher kommen, wenn man zum Beispiel sähe, wie Geräthe, Waffen, Lebensbedürfnisse zur Maurenzeit vielfach fortgeschrittener als zu der der Griechen, in der spanischen Zeit wieder fortgeschrittener als zu der der Mauren erscheinen. Dennoch wäre es gewiß ein mühsames und sehr allmähliches Durchringen und wenn am Ende die großen Irrthümer auch vermieden würden, bliebe doch die Möglichkeit der Täuschung im Kleinen und Einzelnen nach allen Seiten offen.

Gegenüber der Urgeschichte sind wir nun in mancher Beziehung, besonders durch die Spärlichkeit und Zerstreutheit der Reste und durch ihre große Einförmigkeit und Einfachheit, noch in schwierigerer Lage, haben aber allerdings dafür auch wieder bedeutendere Hülfsmittel, die die beziehungsweisen Zeitbestimmungen in hohem Grade erleichtern. Es sind das die bereits erwähnten Veränderungen in den Oberflächenverhältnissen des europäischen Bodens und mehr noch die Veränderungen des Thierbestandes unserer Wälder, welche der vorgeschichtliche Mensch miterlebt hat und es sind ferner die sehr einflußreichen Fortschritte, welche er von der Unbekanntschaft mit nützlichen Metallen erst zum Gebrauche (und damit wohl bald auch zur Zubereitung) des Kupfers und Erzes, dann zu dem des Eisens machte. **Stein, Erz und Eisen bezeichnen drei Culturstufen des vorgeschichtlichen Menschen***) und bilden gewissermaßen die drei

---

*) Das Erz ging dem Eisen in der Zeit nicht nothwendig voran, wenn auch sein früheres Erscheinen für Europa die Regel zu bilden scheint und wenn es auch leichter zu bearbeiten sein mochte als das im Gestein schwer zu erkennende

Hauptgerüste für den geistigen Wiederaufbau der uralten Geschehnisse; sie ermöglichen die Einreihung auch anderer Reste, die mit ihnen gefunden werden und die, wie die Thongeräthe, von der ältesten Zeit bis auf die Erfindung der Drehscheibe nur einen sehr beschränkten Fortschritt und selbst diesen nur stellenweise aufweisen, wie man denn noch heute in gewissen Gegenden der Apenninen Thonwaaren ohne Drehscheibe und aus demselben groben, steinvermischten Thone fertigt, wie einst die Rennthierjäger sie an ihren Feuern stehen sahen. Nur ist bei dieser Trennung der Vorgeschichte in drei Culturstufen der erfahrungsgemäß sehr naheliegende Irrthum zu vermeiden, der aus ihnen Zeiträume macht, welche ziemlich gleichmäßig wenigstens in Europa aufeinandergefolgt sein sollten. Die Kenntniß des Erzes und Eisens hat sich eben wie jede andere Erfindung nur Schritt für Schritt und ungleichmäßig verbreiten können und es können die Küstenländer des Mittelmeeres es lange besessen haben, ehe es zum Beispiel in den Thälern Norwegens oder im Herzen unseres dichtwalbigen Vaterlandes in Gebrauch kam; darum kann ein Erzgeräth aus Südtalien oder Spanien viel älter sein als eines aus den Alpen oder aus dem hohen Norden, kann aber gleichalterig sein mit einem Steinbeil aus diesen Gegenden.*) Man sollte daher

---

und schwer auszuschmelzende Eisen. Oppert verficht zum Beispiel die Meinung, daß Assyrien das Eisen vor dem Erze gekannt habe.

*) Bei den Aegyptern waren Eisen-, Erz-, Kupfer- und Steingeräthe nebeneinander in Gebrauch; steinerne Sicheln,

nicht von Steinzeit oder Erzzeit oder Eisenzeit sprechen, denn das führt zu Mißverständnissen; wir werden uns immer der unzweideutigen Ausdrücke Steinstufe, Erzstufe, Eisenstufe bedienen.

Jedenfalls sind übrigens die drei Stufen des Steines, Erzes und Eisens am entschiedensten dadurch von einander gesondert, daß die nächstjüngere gewisse Eigenschaften hat, die der nächstälteren fehlen; so finden sich geradezu alle Funde der jüngeren Steinstufe auch in den Fundstätten, die schon Erz enthalten, aber es gesellen sich nun die neuen Erscheinungen der Schwerter, der Sicheln, der mannigfachen Schmucksachen, der verfeinerten Verzierungen an den Thonwaaren hinzu und ziehen eine Grenzlinie, die bei der nach Zahl und räumlicher Verbreitung doch noch immer großen Beschränkung der Fundstätten ziemlich scharf zu sein vermag; und mit dem Verhältniß der Eisen- zur Erzstufe ist es durchaus ebenso, denn nun kommen gar so bedeutsame neue Dinge wie Münzen und Schriftzeichen neu auf, es bekunden die Thonwaaren den * Gebrauch der Drehscheibe, es tritt auch Silber und Blei in den Gebrauch der Menschen ein.

Eine ähnliche Eintheilung vorgeschichtlicher Zeiträume geben die erwähnten Aenderungen im Bestande der Thierwelt an die Hand, aber sie ist womöglich noch behutsamer anzuwenden, als die ebenerwähnte, auf den Stein und die zwei Metalle begründete. Knochen vom Mammuth, vom Rhinoceros, vom Höhlenbären, Höhlenlöwen, Renn-

---

Beile, Messer, Lanzen und dergleichen finden sich nach Dümichen auf den Denkmälern abgebildet.

thier finden wir in Mitteleuropa niemals mit Resten zusammen, die den beiden Metallstufen, sondern immer nur mit solchen, die der Steinstufe (und zwar ihrer frühesten rohesten Ausbildung) angehören. Zum Beispiel in den Pfahlbauten, in den Muschelhaufen, in den Torfmooren, in den Hügelgräbern sind ihre Reste nie gefunden, wohl aber in den Höhlen und Spalten. Für diesen Unterschied ist aber keine andere Ursache zu ersehen, als daß eben zur Zeit, als jene Reste sich ablagerten, die genannten Thiere in der betreffenden Gegend nicht mehr wie früher dem Menschen zu Nahrung und sonstigem Nutzen dienten. Dieß ist klar. Allein die zwei großen Epochen, die man dadurch für die Vorgeschichte gewinnt, die, in der jene Thiere noch lebten und die, in der sie schon ausgestorben oder ausgewandert waren, darf man gleichfalls wieder nicht als scharf geschiedene Zeiträume auffassen, sondern man muß sie immer als lokal bedingt ansehen. Wir werden später diese Thiere im Einzelnen betrachten und dann erkennen, wie leicht es möglich war, daß sie in einem weiten Striche schon seit Jahrhunderten ausgerottet, im benachbarten fröhlich fortlebten. Das Vorkommen des Bären und des Rennthiers in Europa liefert vollgültigen Beweis hiefür. So können eben auch Mammuth und Rhinoceros und ihre Zeitgenossen sich noch lange in unzugänglichen Regionen erhalten haben, als sie der Hauptsache nach in Europa als ausgerottet gelten durften, ihre Geschichte wird allem Anschein nach ähnlich gewesen sein der des Elenthieres, die um ein Beispiel zu geben, in der untenstehenden Anmerkung skizzirt ist.*) Es ist demnach

---

*) Die Paläontologie berichtet uns, daß das Elen zur Diluvialzeit in Europa südlich bis in die Lombardei, westlich

klar, daß eine scharfe Zeitbestimmung auf ihr Vorhandensein oder ihr Fehlen im Allgemeinen nicht gegründet werden kann; nur nach gründlicher Erwägung der ört-

---

bis nach Frankreich und Großbritannien sich verbreitet hatte, daß es bis zum Nordabhang des Kaukasus und in Amerika bis Virginien ging. Heute ist es in Europa nach Ostpreußen, nach Rußland, nach der skandinavischen Halbinsel, in Amerika ebenfalls entsprechend weit nach Norden zurückgedrängt. Wie einzelne Gebiete Europa's nach einander diese hervorragendste der europäischen Hirscharten verloren haben, wissen wir aus mancherlei Quellen. So scheint es in Frankreich noch im zweiten Jahrhundert unserer Zeitrechnung gelebt zu haben, wird aus Helvetien zur Zeit des zweiten punischen Krieges erwähnt, erscheint im Nibelungenlied unter der Jagdbeute Siegfrieds, wo es heißt (in der Simrock'schen Uebersetzung)
„Einen Wisend schlug er wieder darnach und einen Elk," wird aus Schwaben im achten und aus Flandern im zehnten Jahrhundert als Jagdwild erwähnt. Aber schon im sechszehnten Jahrhundert wird nur noch Ungarn, Slavonien und Preußen als Heimath dieses Thieres genannt, doch scheint es damals auch in Polen noch häufig gewesen und in Schlesien sporadisch vorgekommen zu sein. Zu dieser Zeit war es schon in Mecklenburg und Bayern ausgestorben. In Böhmen lebten Elenthiere noch im vierzehnten Jahrhundert. In Westpreußen soll es erst im Beginne unseres Jahrhunderts verschwunden sein und in Polen ist es im Laufe desselben wohl fast ganz vertilgt worden; das letzte Elen in Galizien schoß man im Jahr 1760. Aehnlich ist dieses Thier auch in Schweden und in Westrußland in einigen Bezirken erst neuerdings ausgerottet worden und sogar in Nordasien soll es merklich seltener

28. Versuche u. Möglichkeit absoluter Zeitbestimmungen.

lichen Verhältnisse mögen sie die zwei großen Epochen bestimmen helfen. Der geehrte Leser findet indessen das Nähere über ihre Bedeutung für die Erforschung der Vorgeschichte in dem Abschnitt über die Thierwelt, welche den europäischen Urmenschen umgab.

Erlangen wir nun erstlich durch die drei aufeinanderfolgenden Stufen des Steines, Erzes und Eisens und ferner durch die Thatsache, daß währenddem sich die Urgeschichte des europäischen Menschen abspielte, eine bedeutende allmähliche Veränderung im Bestand der Thierwelt dieses Erdtheiles sich vollzog, die Möglichkeit einer allgemeinen Bestimmung über Aelter und Jünger der Funde und im Weiteren die Aussicht, mit wachsendem Material zu immer klareren Begriffen über Wesen und Entwickelung unserer Vorfahren vorzuschreiten, so ist es doch natürlich, daß man dem Wunsche nach **absoluten Zeitbestimmungen** im Rahmen dieser Geschichte nicht gerne entsagt, daß man wenigstens annähernde Schätzungen der Jahrtausende gewinnen möchte, durch welche die schattenhaften Geschlechter unserer Urahnen sich auf dem Boden dieses Erdtheiles bewegten. Der Wunsch ist berechtigt, insofern die große Verschiedenheit der allerdings noch weniger als hypothetischen Ansichten über die Zeitdauer einzelner Epochen dieser Geschichte ein störendes Element in der Arbeit der Forscher bildet und insofern

---

geworden sein. In Nordamerika fehlt es bereits ganz in einzelnen Staaten und sogar in gewissen Theilen von Canada. Man sieht wie nach Zeit und Raum ungleichmäßig dieß Aussterben sich vollzog.

die Möglichkeit, wenigstens theilweise ihm zu genügen,
zugegeben werden muß. Die Frage ist nun, ob irgend
einer der Versuche der Lösung des Problemes nahe ge=
kommen ist und auf sie mag eine kurze Prüfung der wich=
tigern Versuche die Antwort geben.

Wenn über einem urzeitlichen menschlichen Rest eine
Ablagerung sich gebildet hat, von welcher man die Zeit=
dauer kennt, innerhalb deren ein bestimmtes Maaß ihrer
Masse sich unveränderlich bildet, so läßt sich die Summe
der Jahre annähernd bestimmen, welche nöthig gewesen
ist, um die gesammte Ablagerung zu bilden und wenn
diese selbst so beschaffen ist, daß man annehmen kann,
das betreffende Fundstück habe nicht lange liegen bleiben
können, ohne von ihr bedeckt zu werden, so ist damit auch
dessen Alter annähernd bestimmt. Dieses ist die theo=
retische Grundlage der meisten hierhergehörigen Zeitbe=
stimmungen. Es ist aber leider, wie der Leser sogleich
sehen wird, den beiden Hauptbedingungen, die wir da
nannten, nämlich der Kenntniß der Zeit, in der sich unter
allen Umständen immer eine gleiche Masse einer bestimm=
ten Ablagerung bildet, sowie der Gewißheit, daß die Ab=
lagerung sofort begann, nachdem das Geräth oder die
Waffe oder der Knochen aus menschlicher Hand an die
Stätte gelangt ist, bis jetzt in keinem der zu erwähnen=
den Versuche vollständig Genüge geleistet. Betrachten wir
nun einige. —

In den fünfziger Jahren wurden einige größere
Bohrversuche an verschiedenen Stellen im Thale des Nils
angestellt und sind dabei noch bei sechszig Fuß Tiefe in
Gegenden, wo die ganze Thalsohle aus Nilschlamm be=

stand, das heißt, wo sie nicht durch hereingewehten Wüstensand verstärkt war, Stücke gebrannter Ziegel= und Topfscherben gefunden worden. Ein französischer Ingenieur Namens Girard nahm nun an, daß durch die Ueberschwemmungen des Nilflußes in der Ebene zwischen Kairo und Assuan im Jahrhundert durchschnittlich nur eine fünf Zoll dicke Schlammschicht gebildet werde, und es wurde aus dieser Angabe auf das Alter jener Funde geschlossen, wo denn begreiflicher Weise Riesenzahlen für das Alter einer ziegel= und topfbrennenden Nilthalbevölkerung gefunden wurden. Seitdem haben sich Sachkenner durchaus abfällig über die Girard'sche Berechnung ausgesprochen, da der Nil in seinen Ablagerungen örtlich so ungleichmäßig sei, daß eine solche Rechnung aufzustellen gar nicht möglich. Verschlammte Alterthümer aus der geschichtlichen Zeit der ägyptischen Cultur sollen klar die große Ungleichmäßigkeit des Nilschlammabsatzes beweisen. Uebrigens nicht bloß örtlich, sondern auch zeitlich sind alle fluvialen Ablagerungen von einer Ungleichmäßigkeit, die der Berechnung dieser Art spottet, und gerade das Ueberschwemmungsgebiet des Nilflusses scheint seit einigen Jahrtausenden geringer geworden zu sein. Wer wollte sich etwa erkühnen, aus dem heutigen Geröll= und Schlammabsatz des Rheines das Alter irgend einer seiner verlassenen Geröllbänke zu bestimmen? Es könnte nur Spielerei sein. — Im Mississippidelta wurde ein menschliches Skelet in einer Tiefe von sechszehn Fuß gefunden und nach der Höhe der darüberlagernden Anschwemmungsmasse wurde das Alter dieses Fundes auf mindestens fünfzig tausend Jahre geschätzt; bei dieser Schätzung kam aber auch noch das in Betracht, daß in dem Boden des Deltas die Reste von zehn Cypressenwäldern übereinanderlagern sollen und daß der Fund nun „unter den Wurzeln einer zum vierten versunkenen Walde gehörigen Cypresse". gefunden ward. Auch diese Berechnung krankt aber an völliger Unsicherheit ihrer Grundlagen, denn zuverlässige Beobachtungen über das Maaß des Wachsthums des Mississippidelta's besitzen wir nicht und die Wahrscheinlichkeit, daß dasselbe noch viel ungleichmäßiger sei als das der Nilschlammabsätze, ist sehr groß. Nicht sicherer sind die Schätzungen Arcelins über das Alter der sogenannten Rennthierzeit; er vergleicht die Dicke einer Schicht, die über römischen Resten ruht mit der, welche die rennthierzeitlichen bedeckt und findet für die letzteren sieben- bis achttausend Jahre. — In kleineren Verhältnissen sind ähnliche Berechnungen von Morlot angestellt worden, um das Alter gewisser im Delta der bei Villeneuve in den Genfersee fließenden Tinière gefundenen Reste verschiedener Epochen zu bestimmen. Dieses Delta soll durch seine ganze Beschaffenheit eine sehr regelmäßige Bildungsweise bekunden. Folgendes ward gefunden: Vier Fuß unter der Erdoberfläche eine Art Culturschicht mit römischen Ziegelbruchstücken und einer Münze; zehn Fuß tief unglasirte Topfscherben und ein Erzgeräth; neunzehn Fuß tief ein roher Topfscherben, Holzkohlen, zerbrochene Knochen und ein menschliches Skelet. Indem nun Morlot annimmt, daß die Zeit, die für die Ablagerung der vier Fuß Schutt über den Römerresten erforderlich gewesen sei (sechszehn bis achtzehn Jahrhunderte) einen Maßstab abgeben könne auch für die Dauer der tieferen Ablagerungen, kommt er zum

Schluß, daß das Erzgeräth drei= bis viertausend, die anscheinend der Steinstufe angehörigen noch tieferen Funde aber fünf= bis siebentausend Jahre alt seien. Diese Zah= len klingen nicht mehr so fabelhaft, aber unsicher erscheint auch hier wieder in hohem Grade die Voraussetzung, daß die Deltabildung, zumal eines den Alpen so nahen Flüß= leins, siebentausend Jahre regelmäßig vor sich gegangen sein solle. Kann nicht ein einziger Muhre an Einem Tage mehr Schutt in dessen Lauf und herab gebracht haben, als sonst vielleicht nur eine Jahrhundert lange Thätigkeit vermag? — Wiederum in kleineren Verhält= nissen bewegen sich einige Versuche über die Zeitdauer der Tropfsteinbildungen.

Dr. Heinrich Wankel hat gelegentlich seiner mähr= ischen Höhlenforschungen, von welchen wir im Höhlen= capitel ausführlicheren Bericht abstatten, auch Versuche gemacht, aus der Zunahme der Tropfsteinschichten auf Grund mancher Beobachtungen die Zeitdauer zu erschließen, welche zum Beispiel für die Bildung irgend einer über einer Höhlen=Culturschicht liegenden Tropfsteindecke erforderlich ist; er findet, daß selbst beim stärksten Tropfenfall, der größten Kalkhaltigkeit der betreffenden Wässer, der günstigsten Verdunstung sich kaum ein Millimeter Tropfstein in zehn Jahren bilde und schließt hieraus unter anderen, daß jene Tropfsteindecke in der Bypustekhöhle, von welcher wir, weil sie so merkwürdige Funde bedeckt, später eine Schilderung geben werden, nicht weniger als acht= tausend Jahre zu ihrer Bildung gebraucht habe, so daß also jene geglätteten Steinwaffen, welche von Einigen so= gar sehr nahe gegen den Beginn geschichtlicher Zeit gesetzt werden, vielleicht zehntausend Jahre hinter uns lägen. Wenn nun auch nicht diese Zahl schon stark unwahrscheinlich klänge, würde doch immer diese Methode der Zeitberechnung manchen Einwürfen offen stehen, die durch genaue Versuche und Messungen erst noch zu beseitigen wären. Ich rechne dahin vor allem die Veränderlichkeit der Einflüsse, welche Tropfsteinbildung befördern, also Reichthum des überlagernden Gesteins an Kalk, Luftzug der die Verdunstung fördert, Verstopfung der Zuflußcanäle durch Sinterbildung und dergleichen. Würde nach genauestem Studium aller dieser ein Maximum der Tropfsteinbildung gefunden, so würde erst darauf weiter zu bauen sein, aber die Berechnung Wantels scheint, soweit wir sie beurtheilen können, ein viel zu geringes Maximum anzunehmen und eben durch diesen Fehler zu einer so übermäßigen Jahreszahl zu gelangen. In der Kenthöhle in England hat man gar Tropfsteingebilde auf zweihundertzehntausend Jahre geschätzt! Und was sagen diese Schätzer zu einer Beobachtung, die Schaaffhausen als eine zuverlässige mittheilt und die da besagt, daß in einem durch Kalkgebirg getriebenen Tunnel in dreiviertel Jahren sich Stalaktiten von vier Zoll Länge und einem viertel Zoll Dicke gebildet haben? Bei solcher Verschiedenheit der Angaben will es uns bedünken, als ob eine unzuverlässigere Grundlage für derartige Zeitrechnungen als die Tropfsteinbildung mit aller Mühe kaum zu ersinnen gewesen wäre.

    Andere Berechner haben wieder andere Ausgangspunkte gewählt. So hat Steenstrup das Alter der dänischen Muschelhaufen auf wenigstens viertausend Jahre berechnet, indem er von der Thatsache ausging, daß dieselben an den Anfang der dänischen Torfbildung zu setzen seien. Gewiß wird die Torfbildung nicht viel kürzere Zeit gebraucht haben; hier liegt viel eher die Gefahr der Unterschätzung nahe, denn diese Torfmassen könnten auch zwanzigtausend Jahre zu ihrer Bildung erfordert haben. Aber es ist da, was man nun auch von der Zahl denken möge, die Steenstrup annimmt, ein Weg betreten, auf welchem, wenn auf irgend einem, eine Zeitrechnung der Vorgeschichte wenigstens zu erahnen sein wird. Sehr große Täuschungen sind bei Berechnung der Torfschichten nicht möglich, denn die Unregelmäßigkeiten ihres Wachsthums sind verhältnißmäßig gering und zahlreiche Reste aus alter Zeit ruhen in ihnen. Vervielfältigt man nun hier die Beobachtungen, so werden mit der Zeit mittlere Zahlen zu finden sein, die der Wahrheit nahekommen. Möglich auch, daß noch andere ähnliche verhältnißmäßig sichere Wege zu betreten sind, wenn erst einmal die Forschungen so weit vorgeschritten sein werden, um die Urgeschichte der Bewohner tropischer Länder zu umfassen. Jene Berechnung zum Beispiel, die Agassiz über das Alter eines menschlichen Skeletes anstellte, welches in einer Korallenbank lag, dürfte dann öfters wiederholt werden und nach allem, was wir über die Wachsthumsweise der Korallenbauten wissen, nicht ohne Ergebniß bleiben. Torf und Korallen wachsen eben organisch und haben dadurch eine Gewähr größerer Regelmäßigkeit in sich, als sie in den Schutt- und Schlammablagerungen der Flüsse und in dergleichen Gebilden zu finden ist.

Auch Bodenhebungen sind mit vorgeschichtlichen

Zeitberechnungen in Beziehung gebracht worden, indem man zum Beispiel das Maß der Erhebung von der Römerzeit bis auf die Gegenwart bestimmte und die gefundene Zahl dann zur Berechnung der Zeit benützte, welche seit der Erhebung einer Ablagerung verstrichen sein mußte, welche vorgeschichtliche Reste barg. In Schottland hat man solches versucht, aber die Grundlage ist wiederum sehr unsicher; wer bürgt, daß die Hebung der dortigen Uferstrecken eine gleichmäßige sei? Die Kraft, die sie hebt, ist nicht nur unbekannt, sondern auch durchaus unberechenbar. Aehnlich sind ferner Versuche gemacht worden, aus dem Zurücktreten des Sees das Alter eines bei Yverdun gefundenen Pfahlbaues zu bestimmen; derselbe trat in fünfzehnhundert Jahren um zweitausend fünfhundert Fuß von der genannten Stadt zurück und nun findet Troyon, daß der Pfahlbau, der seiner Zeit vom Wasser bespült worden sein muß, um eine Strecke zurückliegt, die sein Alter, vorausgesetzt, daß das Zurückgehen des Sees ein gleichmäßiges war, auf etwa breitausendfünfhundert Jahre schätzen läßt. Der Pfahlbau gehört der Stufe des Erzes an. Eine andere Schätzung auf gleicher Grundlage macht Gilliéron für einen Pfahlbau, der zu den ältesten gehören dürfte und fand sechstausendsiebenhundertfünfzig Jahre. Diese Zahlen klingen wieder nicht unwahrscheinlich und sie könnten vielleicht späterhin durch läuternden Vergleich mit anderen noch nützlich werden.

Verliert sich nun also die vorgeschichtliche Zeit, wo immer wir in ihre Tiefe zu bringen versuchen, noch überall ins Dunkel der Ungewißheit, so gibt es doch auf der anderen Seite wenigstens einige Anhaltspunkte, die da und dort ihr Angrenzen an die geschichtliche Zeit näher bestimmen lassen. Es ist schon das Auftreten des Erzes ein solcher Punkt, da diese Metallmischung anfänglich (schon bearbeitet) aus Süden oder Osten in die Länder des mittleren und nördlichen Europa's gebracht worden sein wird und selbst da in erst verhältnißmäßig später Zeit bekannt geworden ist, wie die homerischen und hesiodischen Dichtungen erkennen lassen, in denen der Gebrauch des Erzes zu Waffen und Geräth häufig erwähnt und das Eisen als kostbar geschildert wird. Es weisen in gleicher Richtung wie sie einige Hausthiere und Anbaugewächse der Pfahlbauten auf fortgeschrittenere, viel früher in das Licht der Geschichte tretende Völker des Südens und Ostens, von denen sie wohl im Tauschhandel zu uns gelangten; es umschließen die jüngsten Pfahlbauten der Eisenstufe gallische und römische Reste in solcher Zahl, daß die Annahme gestattet ist, es seien diese Niederlassungen bis in die Römerzeit herein bewohnt worden; es finden sich gleichfalls römische Münzen neben nordischen Funden, die dem Uebergang von der Erz- zur Eisenstufe angehören und ferner (wenn auch selten) in nordafrikanischen und südeuropäischen Hügelgräbern und Steinkammern. Man kann überhaupt wohl sagen, daß mit dem Auftreten des Eisens, wenn auch viele Eisenfunde durchaus vorgeschichtlich sind, insoferne wir in ihnen selbst kein Mittel finden, sie irgend einem Volke oder einer Zeit zuzuweisen, daß mit dem Eisen dennoch die Dämmerung der rasch herannahenden geschichtlichen Zeit entschieden in das Dunkel dieser Dinge hereinstrahlt; schon werden die Formen der gebräuchlichsten Waffen und Geräthe denen ähnlich, die wir in den Händen geschichtlicher Völker sehen, es schwindet das Ungewöhnliche auch in den Sitten und bald tritt uns auf dieser Stufe endlich mit Schrift und Münzen die volle Möglichkeit unzweifelhafter, geschichtlicher Deutungen entgegen. Dieses Angrenzen an die geschichtliche Zeit wird indeß bei Gelegenheit der einzelnen Funde im Einzelnen näher beschrieben werden, denn es ist wichtig.

Ist die Gewinnung eines einigermaßen sicheren Begriffs über die Zeiträume, in welche die Vorgeschichte des europäischen Menschen sich fassen läßt, wie wir gesehen, eine noch gar nicht zu lösende Aufgabe, so ist es doch begreiflich, daß man durch allerlei hypothetische Annahmen die Ungewißheit, welche darin liegt, zu mildern sucht; denn es ist natürlich schon für jede Schilderung der Vorgeschichte, soweit wir sie kennen, ein sehr bedeutender Unterschied, ob die Thatsachen über fünfzigtausend und hunderttausend und noch mehr Jahre (wie Einige thun) zerstreut werden, oder ob man sie in den Rahmen von ein Paar Jahrtausenden faßt. Eine Zeit lang war die Tendenz zur Annahme gewaltiger Zeiträume die vorherrschende, gegenwärtig scheinen sich die Meinungen dem entgegengesetzten Extrem zuzuwenden; aus den vorhin über das Angrenzen der Vorgeschichte an die Geschichte genannten Gründen ist für die Eisen- und Erzstufe Europas allerdings die Annahme sehr langer Dauer keine wahrscheinliche, aber für die Steinstufe, die schon durch die während ihres Verlaufes eingetretenen Veränderungen der europäischen Fauna den Anschein langer

Dauer gewinnt, bleibt einstweilen jede nicht gerade ins Fabelhafte sich verlierende Annahme erlaubt.

Im Ganzen wird aber die Vorsicht in diesen Dingen als ein oft erprobtes Princip sehr hoch gehalten und man sündigt lieber zu ihren als zu der Kühnheit Gunsten, denn je niedriger man die Zeiträume schätzt, um so näher bleibt man dem festen Boden der Geschichte. Der geehrte Leser wird vielleicht bei Besprechung der einzelnen Funde Gelegenheit finden, sich ein eigenes Urtheil über diese verschiedenen Standpunkte zu bilden und wollen wir ihm hier nicht vorgreifen, aber wir werden noch öfters auf die Sache zurückzukommen haben.*)

---

*) Würden sich die Funde aus tertiären Schichten bestätigt haben, welche zu verschiedenen Zeiten mit Freudengeschrei angekündigt wurden, so würden wir allerdings jahrhunderttausendalte Geräthe aus Menschenhand und Spuren seiner Waffen an Knochen miocäner (mitteltertiärer) Thiere besitzen. Aber die Finder hatten sich getäuscht und nicht bedacht, wie leicht Knochen zu ritzen und zu kratzen sind und wie die Feuersteine beim Zerspringen oft die scheinbar künstlichsten Gestalten annehmen. Auch das ist eine beachtenswerthe Quelle häufiger Täuschungen.

Steine, die von ihrer natürlichen Lagerstätte in der Tiefe der Erde oder eines Felsens an die Luft gebracht werden, zerspringen nämlich in Folge der durch ungleichmäßige Abgabe der „Bruchfeuchte" nach außen bewirkten ungleichen Ausdehnung; die Steinbrecher wissen das so gut, daß sie frischgebrochene Steine mit Schutt zudecken, um sie vor zu raschem Trocknen zu schützen Die Feuersteinknollen, spröd

Es würde doch vielleicht hinsichtlich der Zeiträume minbere Unklarheit über unserer Vorgeschichte lagern, wenn nicht die Spärlichkeit und Zerstreutheit der Funde eine so große wäre, daß wir immer noch viel mehr Lücken als feste Punkte in unserem Materiale zu sehen haben. Diese Lückenhaftigkeit ist, wie im Beginne dieses Abschnittes erwähnt wurde, eine unvermeidliche Eigenschaft der vorgeschichtlichen Ueberlieferung und über sie können weder die fast alltäglich von da ober dort einlaufenden Berichte über neuentdeckte Reste noch die Constructionen, die aus denselben schon ein lückenloses Bild zusammenzuziehen suchen, irgendwie täuschen. In jeder Theorie, die wir aufstellen, schon in der Eintheilung in die drei mehrfach genannten Entwicklungsstufen, müssen wir uns dieser Lückenhaftigkeit und Zu=

---

und zäh wie sie sind, springen nicht weniger leicht wie die großen Bruchsteine und springen zudem in so eigenthümlichen Formen, wie der Mensch sie durch Schlagen nur irgend erzeugen mag, und es geben daher sowohl die abgesprungenen Splitter als die Steinstücke, von denen sie absprangen, zu manchen Täuschungen Anlaß, indem man sie von vielen Erzeugnissen der alten Steinbearbeiter nicht unterscheiden kann. Es gilt ähnliches von anderen Steinen, welche von den alten Steinmenschen in Gebrauch gezogen wurden, so zum Beispiel vom Obsidian, den wir auf Lipari und Vulcano so massenhaft in steinmesserähnlichen Formen umherliegen sahen, daß es sehr schwer ward, sich zu überreden, es sei hierin nur ein Lusus naturae zu sehen; und doch zeigte ein heftiger Druck auf eine Obsidianplatte, daß sie sofort in Splitter von derselben Form zersprang.

fälligkeit bewußt bleiben. Kann es nicht sein, daß zum
Beispiel der Zufall, der die Reste in die Höhlen nieder=
legt, einmal ein Paar Jahrhunderte in einer Gegend
und vielleicht just in Mitteleuropa, dessen Höhlen wir
bis jetzt fast allein kennen, pausirte? Oder daß er schon
Gebildetes, Abgelagertes wieder zerstört? Wie viele
Funde, wie lange, lange Zeiten werden erforderlich sein,
bis da und dort eine neue Entdeckung uns ein Stücklein
des unbekannten Fadens in die Hand spielt, der die
Reste der älteren Pfahlbauten Süddeutschlands mit denen
der Muschelesser Dänemarks — beide scheinen fast auf
gleicher Stufe zu stehen — verbindet! Was zwischen
Nordsee und Alpen und anderswo auf der Welt war
und vorging, als diese ihre Kjökkenmöbbingers aufhäuften
und jene die ersten Pfähle in den Seegrund schlugen, ist
fast nur eine einzige große Lücke. Aber aus solchen
Lücken, die da und dort nur ein winziges Fadenende des
lang zerrissenen Gewebes unterbricht, setzt sich eben am
Ende die ganze stoffliche Grundlage der vorgeschichtlichen
Forschungen zusammen und es ist kein Verdacht, sondern
Gewißheit, daß die Bilder, welche wir uns von derselben
machen, die größte Aehnlichkeit mit einem reconstruirten
Mosaik besitzen, aus welchen kaum von tausend Steinen
einer dem ursprünglichen Werke, alle anderen der durch
Vergleichung und Schluß wohl oder übel geleiteten Phan=
tasie des Nachbilders angehören.

Aber ein noch folgenreicherer Mangel der Reste vor=
geschichtlicher Menschen liegt in der Unmöglichkeit, auf
Grund dessen, was sie von Wesen und Leben derer Aus=
sagen, denen sie angehörten, zu einem klaren Bilde der

vorgeschichtlichen Bevölkerung irgend einer Gegend zu gelangen. Mit Sprache und Schrift fehlt eben die natürlichste Form aller Ueberlieferung, die einzige, in der die Vergangenheit bis zu einem gewissen Grade unmißverständlich sich der Gegenwart und Zukunft mitzutheilen vermag. Waffen und Geräthe lassen uns nur gewisse, ohnedieß überall unter Menschen wiederkehrende Seiten der Lebensweise, wie Jagd, Fischfang, späterhin beginnenden Ackerbau und Viehzucht, dann häusliche Arbeiten wie Kochen, Nähen, Spinnen, Weben erkennen; die Art wie Todte beigesetzt sind, läßt einiges von Sitte und Glauben der Alten vermuthen; den Unterschied von Arm und Reich, von Niedrig und Hoch finden wir im verschiedenen Reichthum der Reste an einzelnen als Wohnungen zu deutenden Fundstätten, besonders aber der Gräber; Spuren von Handel und Verkehr zeigen sich im Vorhandensein fremdländischer, oft weither gekommener Dinge. Aber wie wenig ist dieß alles, wie durchaus unvermögend, die Frage zu beantworten, welche aufzuwerfen es immer am meisten drängt: Weß Stammes? Welcher Herkunft? Wie standen sie zu den Völkern, die später sie überfluteten und speciell zu dem, dem die heutigen Bewohner des Gebiets angehören? Und gingen andere daselbst ihnen vor?

Hier wäre der Rest ein sehr trübes Schweigen, wenn nicht die Knochen dieser Alten selbst eine Sprache, eine zwar schwer verständliche, aber immer eine Sprache redeten, die mit der Zeit zu entziffern sein wird: der Anatom vermag nicht nur auch im Knochengerüst den Mann vom Weib, den Aelteren vom Jüngeren, den

Muskelstarken und Muskelgeübten vom Schwachen zu unterscheiden — er kann auch Rasse von Rasse und wenigstens annähernd, wo er das Material in genügender Menge besitzt, einen Volksstamm (dieß Wort im weiten Sinn genommen und von den trübenden Vermischungen abgesehen, das heißt zum Beispiel einen ausgeprägten Germanen, von einem ebensolchen Romanen, Kelten, Slaven) von anderen sondern und erkennen. Es ist im Skelet des Menschen der Schädel, an dem sich, so wie er im Leben die Fülle von Eigenthümlichkeiten in den ihn zusammensetzenden Theilen vereinigt, auch wenn er nur noch Knochengerüste ist, die für Rassen und Völker bezeichnendsten Merkmale zusammenfinden; in geringerem Grade tragen auch andere Skelettheile, und am meisten wohl noch das Becken, sogenannte Rassenmerkmale, aber sie sind weniger in die Augen springend und trennen, soweit sie uns bekannt sind, nur die allergrößten Gruppen der Menschen, etwa die in jeder Beziehung scharfgeschiedenen Schwarzen von den Braunen, Gelben, Weißen.

Allerdings ist man noch nicht zu voller Klarheit über den Werth dieser anatomischen Unterscheidungen vorgeschritten und gewiß ist, daß man früher unbedeutenden Unterschieden eine zu große Bedeutung beigelegt hatte, weil man die ersten Schlüsse auf ein unzulängliches Material gründete, auch hört man über die Tragweite besonders craniologischer Schlüsse sehr verschiedene Urtheile aussprechen. Wir kommen in den folgenden Abschnitten auf die Sache zurück und wollen hier nur die beiden leitenden Thatsachen wiederholen, welche einst aus der vergleichenden Knochenkunde der vorgeschichtlichen Menschen gleichsam das Skelet erwachsen lassen werden, um das die Schlüsse, die man aus Waffen-, Geräth- und sonstigen Resten zieht, sich nur noch wie wenig wesentliche Lückenausfüllungen gruppiren werden: 1) Wesentlich verschiedene Völker zeigen bleibende Verschiedenheiten in ihrem Knochengerüste. 2) Die höhere oder niedrigere Stellung eines Volkes in der Entwicklungsreihe der Menschheit prägt sich gleichfalls im Knochengerüst und zwar am allermeisten im Schädel aus.*)

---

*) Auch die Veränderungen zu kennen, welche die Knochen bei längerem Liegen in der Erde erleiden, ist für den Vorgeschichtsforscher wichtig, da Zweifel über das Alter besonders menschlicher Knochenfunde oft nur durch chemische Untersuchung ihrer Zusammensetzung zu beseitigen sind. Das Kleben an der Zunge, das den lange in der Erde oder an der Luft gelegenen Knochen eigen ist, sowie die Abnahme ihrer organischen Bestandtheile genügt hier als Bestimmungsmerkmal nicht mehr. Die chemische Untersuchung lehrt hingegen, in welchem Verhältniß die organischen Bestandtheile sowie der kohlensaure Kalk abnehmen — der phosphorsaure Kalk, die Grundlage des Knochenkörpers bleibt in der Regel unverändert — und wird besonders werthvoll dadurch, daß sie uns hiermit ein Mittel an die Hand gibt, das beziehungsweise Alter unter gleichen oder ähnlichen Verhältnissen zusammenlagernder Knochen zu bestimmen. Wir haben indessen keinen Maßstab, der uns befähigte, das Alter der Knochen aus ihrer chemischen Zusammensetzung zu erkennen, denn Luft und Wasser, sammt ihren Beimischungen, wirken in verschiedenen Graben umändernd auf dieselben ein.

44 Große Bedeutung der menschl. Skelete.

Für das größte und interessanteste, aber dafür auch noch völlig unbekannte Gebiet der menschlichen Vorgeschichte, für die Zeiträume, die vor dem Gebrauche selbst der roheft bearbeiteten Steinwaffen liegen, liegt natürlich in den zu erwartenden Skeletfunden die einzige Hoffnung auf einstige Aufhellung. Will man nicht annehmen, daß der Mensch mit Steingeräthen in der Hand erschaffen worden sei, so muß man glauben, daß noch vorher Baumäste, Kiesel zum Schleudern und dergleichen einfachste Waffen ihm gedient hätten und da von diesen, wenn sie sich auch erhielten, keine die untrüglichen Spuren seiner Hand tragen werden, wird sein Dasein und sein Wesen in dieser Epoche nur allein durch die Reste seines eigenen Körpers zu erkennen sein. Es ist auch nicht unmöglich, daß wir unter unseren Skeletfunden bereits Reste aus dieser vorvorgeschichtlichen Zeit besitzen, wie denn der vielbesprochene Neanderthalschädel, welcher eine heut zu Tage in der ganzen Menschheit nicht mehr zu findende Rohheit der Schädelbildung, eine anscheinend in einigen Beziehungen noch weit unter dem Neger stehende Entwicklungsstufe darstellt, von einigen Anthropologen in diese Zeit gesetzt wird. Jedenfalls erwarten die vergleichende menschliche Knochenkunde in dieser Richtung noch große Aufgaben und glänzende Entdeckungen.

Da alle diese hier nacheinander genannten Forschungsmittel nicht genügen, um die ungeduldigen Fragen nach Vorgeschichte und Herkunft des Menschen sofort mit abschließenden Antworten zu befriedigen, hat man auch zu oft ziemlich weitabliegenden Speculationen seine Zuflucht genommen, um nicht warten zu müssen, bis die so langsam sich mehrenden Funde beutlicher zu sprechen begännen. Sprachforscher haben uns gelehrt, daß in den zahllosen Sprachen der heutigen Menschheit ein beutlicher Fortschritt von niederen Stufen zu höheren zu finden sei, daß aus älteren Sprachen sich eine früher niedrigere Entwicklung selbst der Wahrnehmungsfähigkeit (die oft besprochene, unserer Meinung nach aber sehr kurzsichtig gedeutete Armuth der griechischen Sprache an Farbenbezeichnungen gehört zu den Beweisen) erkennen lasse, daß die menschliche Sprache sich aus thierischen Lauten habe entwickeln können. Biologen haben in den niedrigsten Blödsinnigen (den sogenannten Cretin's) einen Rückschlag unserer heutigen Natur in ältere Gestaltungen erblicken wollen; sie sollten wie der Enkel oft dem Urahnen mehr als dem Vater gleicht, dem Rückschlag in die Gestalt längst vergangener Vorfahren unserer heutigen Menschheit ihren elenden Leib und verkrüppelten Geist danken; aber die Unpartheiischen haben diese Speculation, die vor ein paar Jahren viel von sich reden machte, verdienter Maßen zu den Atten gelegt. Mythen- und Sagenkundige wollten in den Zwerggestalten der Volkssagen Andeutungen eines einstigen Zusammenlebens unserer Ahnen mit einer sehr kleinen Menschenrasse und in den Lindwürmern verzerrte Bilder tertiärer Riesenthiere erblicken. Aehnliches taucht Vielerlei auf und wird noch manches auftauchen, aber es wird auch immer wieder vorüberziehen, wie die Sommerwolken und gleich diesen am Ende, wenn die Wahrheit erst kräftig zu scheinen beginnt, fast restlos in Dunst aufgehen. Es ist nun einmal das bestimmte Geschick neu aufstrebender Wissenschaften, daß zubringliches

Schlinggewächs der Phantasiegebilde sie umwinden muß und gut ist nur, daß noch jede sich Bahn gebrochen hat, wenn erst der gesunde Trieb mächtig in ihr wurde.*)

Eine Speculation aber erhebt sich weit über die Fläche, auf welcher die genannten sich ausbreiten und das ist die über den Ursprung des Menschengeschlechtes. Man darf heutzutage als bekannt voraussetzen, daß die größere Masse der Naturforscher den Menschen gleich allen übrigen Geschöpfen durch Entwickelung aus nächstniedrigen Formen sich hervorringen läßt, während eine Minderheit und eine große Masse von Nichtnaturforschern, welche unabhängig über diese Sachen

---

*) Ergötzlich sind in dieser Richtung die Gebilde krankhafter Gelehrtenphantasie, der die Paar alten Sachen das ruhige Urtheil so sehr verwirren, daß sie das Einfachste, Natürlichste mit absurden wahrhaft ungestalten Erklärungen behaften müssen. Einer findet in einer Höhle einen einzelnen Mammuthknochen mitten auf einer Steinplatte liegen und sieht alsbald ob dieser sonderbaren Lage einen Fetisch darin, ein anderer stempelt die natürlichen Feuersteinknollen zu höchst tiefsinnigen Bildwerken alter Steinmenschen und unter anderen schließt Much in seiner Beschreibung der Alterthümer vom Mannhartsberg aus der Thatsache, daß so viele steinzeitliche Thongefäße einen runden Boden haben, daß diese offenbar unpraktische Form auf Nachahmung des Schlauches beruhe, der das älteste Gefäß sei; die deutsche Sprache habe die Erinnerung dieses Vorganges in der Art behalten, wie sie das Wort Gefäß bilde, „indem sie die Vorstellung des Zusammenfassens beim Schlauche auf das Nachgebildete übertrug und es „Gefäß" nannte."

denkt und spricht, entweder den unmittelbaren Eingriff einer unerklärlichen Schöpferkraft anruft oder zu der Ansicht neigt, daß der Ursprung des Menschengeschlechtes für immer, auf alle Fälle wenigstens für jetzt, ein unlösbares Räthsel bleibe. Die Ansicht der Ersteren ist diejenige, welche in der bisherigen Behandlung der Vorgeschichte des Menschen die größte Rolle gespielt hat und ohne Zweifel auch in Zukunft spielen wird; die bedeutendsten Forscher auf diesem Gebiete haben sich für sie erklärt und in der Deutung vorgeschichtlicher Befunde sowie in den Theorien über dieselben ist sie, man kann sagen, in fast allen Fällen zum Ausgangspunkt gewählt worden. Sie beansprucht ernsteste Beachtung.

Die bis vor wenigen Jahrzehnten fast ausschließlich herrschende Ansicht, daß die gesammte organische Welt (Menschen, Thiere, Pflanzen) aus einer Masse streng und von je her gesonderter „Arten" bestehe, erwies sich, als die Beobachtungen erst ausgedehnter und eingehender wurden, viel weniger allgemein gültig, als man gedacht hatte. Man fand, daß die Merkmale, durch welche die einzelnen Arten unterschieden worden waren, veränderlich sind und begann sogenannte Varietäten aufzustellen, „Abarten," die durch bestimmte Abweichungen sich von den Arten unterscheiden sollten, aber auch diese Abarten, das sah man bald ein, müssen ins Unendliche vervielfacht werden, um alle Unterschiede zu fassen, denn gradweis stufen sie sich von Art zu Art ab und lösen so die Art, wie die frühere Naturgeschichte sie gefaßt hatte, thatsächlich auf. Was die Millionen und aber Millionen versteinerter Geschöpfe der Vorwelt, welche die emsige

Paläontologie aus den Schichten des Erdbodens grub und bestimmte und ordnete, über die Geschichte der organischen Welt in früheren Epochen uns lehren, stimmt im Brennpunkte aller der Schlüsse, zu denen sie gelangt ist, mit dem überein, was wir von den Lebenden erkannten.

Art ist nicht streng von Art gesondert, eine geht in die andere über und es wird in vielen Fällen gewiß, daß eine geologisch jüngere sich Stufe für Stufe aus einer älteren entwickelt hat; und sicher ist auch, daß diese Entwickelung in ihren größten Zügen eine fortschreitende Vervollkommnung der Geschöpfe darstellt. Die Geschichte der organischen Welt ist mit anderen Worten die Geschichte einer in verschiedenen Richtungen vom Niederen zum Höheren fortschreitenden Entwickelung. Und auch die Entwickelung jedes einzelnen Geschöpfes aus seinem Keim oder Ei scheint in vielen Punkten dasselbe zu beweisen, so daß man schon den Satz aufstellen konnte, daß die Entwickelung des einzelnen Geschöpfes die abgekürzte Geschichte seines Stammes sei.

Daß so die Schöpfungsgeschichte eine Entwickelungsgeschichte sei, wird heute kaum mehr geleugnet; die Frage nur, wie diese Entwickelung von niederen zu höheren Formen sich vollzogen habe, erzeugt die heißen Streite. Ob der von außen wirkende Kampf um's Dasein, ob ein innewohnender Entwickelungstrieb, ob beide zusammen das Herrliche vollbrachten, was heut die organische Welt ist? Die Frage ist noch nicht spruchreif und hat für uns an diesem Orte keine Bedeutung, denn uns beschäftigt jetzt der Mensch und so haben wir nichts anderes zu fragen als: Wie steht der Mensch zu dieser Erklärung der Schöpfungsgeschichte? Soll auch er sich aus nächstniederen Wesen, das heißt also aus thierischen Geschöpfen entwickelt haben?

Auch hier mögen die Dinge ihr Wesen selbst aussprechen. Die Menschheit, wie sie heute vor uns steht, ist vor allem nichts Gleichmäßiges, sondern wir sehen innerhalb der Völker, aus denen sie besteht, eine Reihe von körperlichen Unterschieden, die (wenn auch nicht in dem Maße wie man aus Unverstand und aus niedrigen Interessen einst annahm) die einen auf niedrigere Stufen verweisen, als die andern und die niedrigsten Völker haben ausgeprägtere thierische Merkmale als die höheren. Ueber die geistigen Unterschiede ist bei den verschiedenen äußeren Bedingungen, unter denen die Völker leben und lebten, ein abschließendes Urtheil nicht zu fällen, aber es unterliegt keinem Zweifel, daß das Negergehirn im Ganzen kleiner ist und auf niedrigerer Entwickelung steht als das der europäischen Culturvölker. Auf der anderen Seite sehen wir innerhalb der Thierwelt Andeutungen einer Entwickelung zu menschlichen Formen und die Affen, welche man lange, ehe die Frage nach dem Ursprung des Menschen auf die Tagesordnung der Wissenschaft gestellt ward, für die höchst entwickelten unter allen Thieren erklärte, sind entschieden auch die menschenähnlichsten; in ihrem Kreise hebt sich wiederum eine Gruppe ab, in welcher die Tendenzen zur Ablegung des vierfüßigen Ganges, zur hohen Entfaltung des Gehirns, zur Zurückbrängung der starken Bezahnung und der durchgehenden Behaarung eine entschiedene Annäherung an menschliche Merkmale andeuten. Es sind die, die man von lange her Anthropomorphi, „Menschenähnliche" nennt.

So ist ohne Zweifel in der Menschheit eine Richtung gegen die Thierwelt, in dieser eine Richtung gegen die Menschheit sichtbar, aber die Lücke, die zwischen beiden liegt, bleibt noch immer groß und es ist Aufgabe der Vorgeschichte, sie auszufüllen. Sie hat nun diese Aufgabe noch nicht um einen Schritt der Lösung näherbringen können, denn nur die Vorgeschichte des europäischen Menschen beginnt uns klar zu werden und diese ist ein kurzer Abschnitt, der in Jahrtausende fällt, welche am Nil und Euphrat und Ganges und noch weiter östlich zum Theil schon viel höhere geschichtliche Entwickelungen sahen. Europa scheint spät eine Wohnstätte der Menschen geworden, Asien und Afrika hierin um ein Großes vorangegangen zu sein und so wird es zweifelhaft, ob gerade die europäische Vorgeschichte eine Antwort auf die Frage nach dem Ursprung des Menschengeschlechtes jemals wird geben können. Wir haben aber im Vorhergehenden den Leser auf die Mittel zu ihrer Beantwortung hingewiesen, halten sie damit für das Ziel dieses Büchleins für erledigt und wenden uns nun der Betrachtung der Reste zu, auf denen unser Wissen von der Vorgeschichte des europäischen Menschen beruht.

Dritter Abschnitt.
Funde in Höhlen, sowie in älteren Schwemmgebilden außerhalb der Höhlen.

Die ältesten unter den unzweifelhaften Spuren des vorgeschichtlichen Menschen danken wir immer noch den Höhlenfunden und so sei denn mit ihrer Besprechung hier begonnen.

Ueber die Bedeutung der Höhlen als vorgeschichtlicher Fundstätten ist im vorigen Abschnitt das Nöthige kurz gesagt. Aber das ist hier noch zu erwähnen, wie die Erkenntniß, daß diese Bedeutung vorhanden und eine zweifellose sei, nur nach einer Reihe fruchtloser Bemühungen und unter Kämpfen sich zum Lichte hervorrang. Für die älteren Geologen überwog die Meinung, daß die Höhlenablagerungen als zufällig zusammengeschwemmte Dinge zu betrachten seien, alles Interesse, das sie nothwendig für so merkwürdige, neue Ergebnisse erwecken mußte, wie sie Ende der zwanziger und Anfangs der dreißiger Jahre Tournal, Christol, de Serres, Schmerling in Frankreich und Belgien bei ihren Höhlenuntersuchungen gewonnen hatten. Gerade daß diese Forscher das Zusammenlagern menschlicher Reste mit denen diluvialer Thiere hier nachgewiesen hatten, verurtheilte ihre Bemühungen in den Augen der tonangebenden Geologen, denn das Axiom, daß es keinen fossilen Menschen gebe, durfte durch anscheinend so zweifelhafte Funde nicht erschüttert werden und eher schwieg man diese todt, als daß man jenes aufgab. So dauerte es Jahrzehnte, bis die Höhlenforschungen in ihrem Werthe für die menschliche Vorgeschichte erkannt wurden; erst als die Pfahlbauten, die Hügelgräber, die Muschel= haufen ihre räthselhaften Schätze ausbreiteten, gewannen auch sie Bedeutung, die seitdem allerdings nur immer ge= wachsen ist.

Wir betrachten hier zuerst die belgischen, als die am längsten und im Ganzen wohl am erfolgreichsten durchforschten Höhlen, dann die französischen, deutschen, englischen und andere und reihen ihnen einige Funde an, die allem Anschein nach mit denen der Höhlen gleichal= terig sind.

In mehrfacher Beziehung hervorragend wichtig ist unter den belgischen Höhlen die von Chaleur im Thal der Lesse. (Fig. 2.) In der Nähe eines gewaltigen Kalksteinfelsens öffnet sie sich achtzehn Meter über dem heutigen Wasser= spiegel mit breitem Thor und ist geräumig und hell im Innern. Als sie ausgegraben wurde, fand man den Boden, d. h. die oberste der in ihr abgelagerten Schich= ten aus gelbem Thon bestehend, der der Ackererde der Um= gebung gleicht und unter dieser Decke fast in der ganzen Ausdehnung der Höhle ein Trümmerwerk herabgestürzter Steine, das offenbar von einem plötzlichen Bruch der Decke herrührte und mehrere Meter hoch lag; erst nach Wegräumung dieser Trümmer stieß man auf eine renn= thierzeitliche „Culturschicht", die aus Massen von Thier=

Fig. 2.

Die Belgischen Höhlen.

knochen und menschlichen Geräthen bestand und ihrerseits wiederum auf einer Trümmerlage ruhte, deren Ursprung offenbar gleichfalls in der Zerbröckelung und dem Absturz großer Theile der Decke zu suchen ist; aber diese zweite Steinschicht unterlagerten eingeschwemmter Thon und Geröll mit Knochen von Ursus priscus, vom Pferd und Rennthier und einigen Steingeräthen und auf diese endlich folgte die Lage rothen, dichten Thones, welche in ungestörten Höhlen die tiefste, unmittelbar dem Höhlenboden aufliegende Schicht zu bilden pflegt, keine menschlichen Reste enthält und mit großer Wahrscheinlichkeit als Absatz der Quellen betrachtet wird, welchen man die Auswaschung der Höhlen zuschreibt.

Was nun, abgesehen von der Fülle der Reste, der Höhle von Chaleur ihren besonderen Werth verleiht, ist die scharfe Trennung der genannten knochen- und geräthführenden Schichten, welche durch die zwei Trümmerlagen hergestellt wird; nicht allein gegen die jüngere gelbe Thonschicht der Oberfläche sind diese reichen Reste abgeschlossen, auch von der älteren, die durch Ursus priscus genügend bezeichnet wird, ist sie gesondert und es ist diese Einschließung einer so wichtigen Fundstätte nach oben wie nach unten um so höher zu schätzen, als gerade einige der reichsten Höhlen dieser und anderer Gegenden durch die spätere grünbliche Durchwühlung, welche Thiere und Menschen ihnen haben angedeihen lassen, eines guten Theiles der Belehrung, die sie über vorzeitliche Verhältnisse uns hätten spenden können, schon von vorneherein baar gewesen sind. Man kann in der That ohne Uebertreibung in dieser vortrefflich erhaltenen Höhle von Chaleur ein kleines rennthierzeitliches Pompeji begrüßen, zumal auch hier die Katastrophe unerwartet hereingebrochen zu sein scheint — ein Umstand, den wir aus lauter Wissensdurst Hartherzigen sehr erfreulich finden, wie schlimm er immer den armen Pferd- und Rennthierjägern mitgespielt haben mag.

Am Eingang dieser Höhle war die Feuerstelle der Bewohner; hier war ein beträchtlicher Raum mit Asche und Kohlen, mit Sand, Thon, Knochen und Steingeräthen, welche die Wirkungen des Feuers aufwiesen, bedeckt und rings um diesen Heerd lagen Steinplatten und Kiesel sammt unzähligen Knochenstücken und Steingeräthen; ein Würfelbein vom Mammuth lag daneben auf einer Steinplatte. Als man diese Lage der Feuerstelle hier so deutlich erkannt hatte, nahm man eine ganz ähnliche Einrichtung auch in anderen Höhlen wahr, wo die Lagerung der Reste weniger ungestört geblieben war; aber es ist von vornherein verständlich, daß in einer Höhle, die nur Eine Oeffnung hat, das Feuer sich in der Nähe derselben am wenigsten mit Rauch und Funken lästig zeigen wird, wie denn Dupont's Arbeiter, welche die Ausgrabung besorgten, sich ihr Feuer stets an ähnlichen Orten anzündeten.

Aber mehr oder weniger dicht war der ganze Boden der Höhle mit Knochen und Geräthen und deren Bruchstücken besäet, so zwar, daß an Feuersteingeräthen und Splittern allein gegen dreißigtausend aufgelesen wurden, und es gab die Thatsache, daß unter diesen eine Masse beim Schlagen mißrathener Stücke, ferner die Kerne, welche beim Schlagen der Beile und Messer von den

Knollen des Rohmaterials übrig geblieben, und daß auch viele Stücke vorhanden waren, welche die natürliche Verwitterungskruste des Feuersteins trugen, einen neuen Beweis, daß die Höhlen dauernde Wohnstätten, nicht bloß vorübergehende Schutz- oder Ruheplätze gewesen sind, an die Hand.

Diese Höhle hat die größte Anzahl der einfachen Schmucksachen geliefert, welche für das unvermittelt vom Nothwendigen zum Ueberflüssigen überspringende Wesen der Naturvölker noch heute so charakteristisch sind. Der Röthel, der zur Tättowirung benutzt worden sein dürfte, die durchbohrten Zähne und Schneckenhäuser, die Elfenbeinstücke und veilchenblauen Flußspathe sind hier häufig gewesen; hier ist auch der sonst so leicht zersetzte Pyrit mit unverkennbaren Anzeichen, daß er zum Feuerschlagen benutzt wurde, hier sind die Schwanzwirbel des Pferdes so vereinzelt und häufig gefunden worden, daß kein Zweifel an irgend einer Verwendung des Roßschweifes durch die Bewohner, die sonst nur die Köpfe und Gliedmassen ihrer Beute in die Höhlen zu schleppen pflegten, übrig bleibt, hier ist auch das fossile Holz und sind die Tropfsteinbruchstücke, die aus anderen Höhlen stammen, gefunden worden — beides wohl Zeugnisse; daß die Bewohner mitten unter den Mühseligkeiten des Lebens sich doch eine Freude an seltsamen Dingen bewahrt hatten, wie sie auch unter den heutigen Naturvölkern nicht fehlt.

Andere Höhlen, die im gleichen Thale aufgedeckt wurden, ergänzen die Nachweise, welche aus der von Chaleur gewonnen wurden, in verschiedenen Richtungen und dürfen, da ihre Reste im Ganzen und Großen von gleicher

Culturstufe zu stammen scheinen, in der Dämmerung, in die sie ja alle für uns noch entrückt sind, einstweilen wohl als Gesammtbild betrachtet werden, wenn wir auch noch keinen unmittelbaren Beweis für ihre Zusammenge=hörigkeit nach Zeit und Stamm aufzuzeigen haben; eine solche Zusammenstellung hat einen verdeutlichenden Werth und wird in gewissen Grenzen für so einförmige Perioden, wie die der älteren Steinzeit, in welcher Jahrhunderte über Jahrhunderte verflossen sein müssen, ohne einen be=deutenden Culturfortschritt zu bezeichnen, den Rang ein=nehmen, den wir den Hypothesen zuzuerkennen pflegen, d. h. den eines erlaubten, sogar erwünschten Hülfsmittels der Forschung.

So liegen bei Furfooz drei weitere Fundstätten aus der Rennthierzeit, von denen eine eine wirkliche Höhle (Trou des Nutons), die beiden anderen mehr nur durch Vorsprünge überdachte Felslöcher darstellen. Dupont, der belgische Geologe, welcher sich der Erforschung der Alter=thümer dieser Art, die in seiner Heimath so häufig und, man kann sagen, classisch vertreten sind, Jahre hindurch gewidmet hat, faßt sie als „Eléments d'un village Mon-goloïde" zusammen und in der That, wenn irgend eine Combination hier berechtigt ist, so ist es die, daß wenig=stens eine der Wohnstätten, als welche das Trou des Nutons und ein benachbartes Felsloch sich darstellen, mit der Begräbnißstätte, welche im Trou du frontal auf=gedeckt wurde, näher zusammenhängt, daß man dort den Wohnort der Lebenden, hier ihre Gruft vor sich habe; die etwas weit ausgreifende Bezeichnung Village oder gar das kühne Beiwort Mongoloïde mögen in der Feder des

Forschers, der nach jahrelangen Arbeiten auf diesem höchst
unbankbaren Gebiete in den Höhlen des Lessethals so un=
verhofft reiche Ernte fand, verzeihlich sein; es ist ja bekannt,
daß die heißen Wünsche für die Früchte ihrer Arbeit die
Hoffnungen der Forscher und Sammler nicht weniger
leicht über die Grenzen des Wirklichen hinausschweifen
lassen, als etwa die der Eltern, die sich die Zukunft ihrer
Sprößlinge ausmalen; man muß das als einen Theil
des Lohnes, der eifrig Strebenden gebührt, hingehen
lassen, so lange es nicht aufbringlich oder schädlich wird.

Die beiden Wohnstätten sind im Aeußeren sehr ver=
schieden, umschließen aber im Wesentlichen dieselben Reste.
Das Trou des Nutons ist eine weitgeöffnete, helle Höhle
von fünfundzwanzig Meter Länge und auf seinem Grunde
ruhen die mehrfach genannten, wenigstens in den belgi=
schen Höhlen sehr regelmäßig wiederkehrenden Schichten
des den eigentlichen Höhlenboden zunächst bedeckenden
dichten rothen Thones, der für Quellenabsatz gehalten
wird, über ihm eine vom Fluß eingeschwemmte Lage,
dann Tropfstein und über diesem endlich der gelbliche
Lehm mit den Resten der Thiere und des Menschen der
Rennthierzeit (Rennthier, Pferd, Gemse und dergl.) und
auf der Oberfläche fanden sich Reste aus der jüngeren
Steinzeit (Zeit der polirten Steingeräthe), sowie einige
römische und fränkische Alterthümer, ja selbst noch moder=
nere Stücke.

Da der Reichthum dieser Höhle an Fundstücken
nicht so groß war, als man nach ihrer sogleich zu er=
wähnenden Beziehung zum Trou du Frontal vermuthet
hatte, suchte man nach ferneren Wohnstätten und fand

deren in der That eine unter einem Felsen, der ganz in der Nähe breit in die Lesse vorspringt; unter steinigem Boden enthob man hier der Erde Pferde- und Rennthierknochen, sowie Feuersteinwaffen und fand, daß diese Dinge mit den aus dem Trou des Nutons gewonnenen Resten auf's erwünschteste stimmten.

Ganz anders war aber das Ergebniß der Aufdeckung des Trou du Frontal, welches ebenfalls eher als ein von Felsen geschütztes Loch, denn als Höhle zu bezeichnen ist. Zunächst fand man vor dem Eingange des Loches eine Dolomitplatte, welche nach Größe und Lage mit großer Wahrscheinlichkeit als ein früherer Verschluß des tieferen Theiles zu betrachten war; sie war gegen außen umgestürzt und von Lehm bedeckt. Weiter gegen den Eingang hin war offenbar eine Feuerstelle, ähnlich der im Trou des Chaleux gewesen, und um und in derselben lagen zahlreiche Steingeräthe und zerbrochene Thierknochen, die beide in Herkunft und Beschaffenheit mit den Resten der beiden eben genannten Höhlen übereinstimmten. Aber in der Tiefe des Loches lag ein Haufen von Knochen, der als von sechzehn Menschen verschiedenen Alters (darunter fünf Kinder) herrührend erkannt wurde, und in der Nähe dieser Knochen fand man Schmucksachen und Geräthe, welche offenbar zum Besten gehörten, was die Lebenden benützten, so etwa zwanzig Feuersteingeräthe die unter den 12—1500 in den benachbarten Wohnstätten gefundenen sich durch Stoff und Bearbeitung auszeichnen, fossile Schneckenhäuser von besonderer Größe und zierlicher Gestalt, durchbohrte Flußspathkrystalle, zwei Sandsteinplatten mit theils undeutbaren, theils als

Thiergestalten zu erkennenden Einritzungen, endlich die Bruchstücke einer Urne, welche soweit zusammengesetzt werden konnten, daß sie als der gleichend zu erkennen war, welche oben aus dem Trou des Chaleux erwähnt wurde. Nach all diesen Funden war nicht zu zweifeln, daß man hier eine Begräbnißstätte vor sich habe, da dieselbe aber offenbar nachträglichen Besuchen von Thieren oder Menschen ausgesetzt gewesen war, war über die Art der Beisetzung der Leichname nichts zu erkennen und wurde nur so viel klar, daß sie nicht (wie z. B. in den Dolmen) in Hockstellung stattgefunden hatte, da in solcher die sechszehn Leichname in dem engen Raume keinen Platz gefunden haben würden. Bemerkenswerth ist die Uebereinstimmung mit der später zu erwähnenden Gruft von Aurignac in einigen Nebendingen und vorzüglich in der Feuerstelle, welche hier wie dort am Eingang der Grabhöhle sich befindet und an beiden Orten mit zerschlagenen Thierknochen und mit Steingeräthen besäet ist, welche anzudeuten scheinen (wie Lartet und Dupont mit Bestimmtheit annehmen), daß hier Todtenmahle gehalten wurden. Ueber das Licht, das aus einer so geordneten Bestattungsweise auf gewisse Partien mammuth- und rennthierzeitlichen Geisteslebens fällt, wird gestritten, denn nicht Alle wollen in derselben das Zeugniß des Glaubens an ein Fortleben nach dem Tode sehen; uns scheint es, daß man diese Sitten ungezwungen nicht anders deuten kann; wenn es selbst Völker geben sollte, die dieses Glaubens entbehren, so berechtigt uns nichts dazu, die alten Rennthierjäger so tief zu stellen.

Als ob auf so kurzer Strecke sich ein wahres Schulbild, ein nach Möglichkeit klares, umfassendes Bild des Rennthiermenschen und seiner Umgebung entrollen wolle, bot das Trou Rosette, das unfern dem von Frontal in die gleiche Felswand gehöhlt ist, vier vollständige und dazu in ganz natürlicher Lage erhaltene Skelette, die sowohl durch ihre später zu berührenden Eigenthümlichkeiten, als durch die Rennthier- und Biberreste und einige Topfbruchstücke von der bereits beschriebenen ursprünglichsten ungebrannten Gattung, welche sie begleiten, sich als Reste der Rennthierzeit erweisen; es ist nicht klar, wie sie hierhergekommen sind, aber es ist gewiß, daß sie schon früh zugedeckt gewesen sein müssen, da sie sonst kaum in so ungestörter Lage sich erhalten haben würden, und daß sie als Leichname (nicht schon als Skelette, wie es wahrscheinlich in den Grüften von Frontal und Aurignac geschah) an diesen Ort gekommen sind: die Decke von drei Metern gelben Lehmes, die über ihnen lag, gab keine Auskunft über diese wissenswerthe Sache.

Da wir nun die belgischen Höhlen ziemlich eingehend betrachtet, können wir uns bei den **französischen** kürzer fassen und nur das Hervorragendste erzählen, von dem sie freilich eine Fülle bieten, aus der die Auswahl schwer ist.

Reich an Höhlenfunden, wie keine andere Gegend, hat sich die Dordogne erwiesen; hier gehen auf engem Raume zahlreiche theils natürliche, theils durch Menschenhand erweiterte und wohnlich gemachte Höhlen in das von steilwandigen Thälern durchschnittene Kalkgebirg und Namen wie Leo Eyzies, Laugerie, la Madeleine, Le Moustier sind aus dieser Region jedem Anthropologen wohl-

Französische Höhlen.

bekannt. Reste vom Höhlenbär, von der Höhlenhyäne, dem Höhlenlöwen, dem Mammuth sind hier selten gewesen, aber um so häufiger sind dafür die Rennthier- und Pferdereste — so häufig, daß man sich mit der Erklärung helfen zu können meinte, diese Menschen seien überhaupt gar keine Jäger mehr gewesen, sondern hätten sich Heerden von Rennthieren und Pferden gehalten, von denen benn diese an einem einzigen Orte oft auf mehr als tausend Thiere der gleichen Art hindeutenden Reste herrührten. Aber alle Waffen und Geräthe sind auch hier dem alten Typus so treu geblieben, es deutet jedes so entschieden auf ein jagendes und fischendes und keines auf ein Hirtenvolk, daß es nöthig scheint, diese ungewöhnlichen Ansammlungen von Pferde- und Rennthierknochen einstweilen als eines der Räthsel hinzunehmen, wie sie gerade das Vorkommen, die Lagerung, die Vertheilung der vorgeschichtlichen Reste so oft aufgibt. Zudem tragen auch weder Rennthier- noch Pferdeknochen jene Spuren, die den Hausthierzustand so deutlich vom wilden unterscheiden und es sind, worauf man mit Recht Gewicht legt, keine Spuren desjenigen Thieres gefunden das gerade einem Hirtenvolk das unentbehrlichste ist und, das sonst allen Anzeichen nach überall das e r s t e Hausthier war — des Hundes. Daß auch heut im wilden Zustande Pferd und Rennthier zu den entschiedenst geselligen Thieren gehören, mag das Eigenthümliche ihrer massenhaften Reste in etwas klarer machen. Bemerkenswerth ist auch, daß Schaf und Ziege völlig fehlen, daß das Schwein selten vorkömmt. Steinbock, Gemse, Murmelthier, Schneehase, Ptarmigan (Schneehuhn) sind nicht selten vertreten (der Steinbock zum Beispiel in der Höhle von Le Veyrier mit sechs Individuen) und scheinen auch hier ein kälteres Klima anzudeuten — die Nachwirkung der allerdings jetzt wohl schon im Rückzug befindlichen Eiszeit Mitteleuropas. Unter den übrigen Thieren ist besonders bemerkenswerth der Edelhirsch, der nach dem Pferd und Rennthier wohl am häufigsten vorkommen dürfte, während der Urochs verhältnißmäßig selten ist.

Wir sind in der Dordogne in einem Kreidegebiet und so ist es ganz natürlich, daß auch die Menge der Feuersteingeräthe eine sehr große ist. (Fig. 3 u. 4.) Feuerstein kommt hier in Masse vor und seine Knollen brauchten bloß aufgelesen und zerschlagen zu werden, um Werkzeug und Waffen zur Genüge zu liefern; so herrscht denn ein Ueberfluß an ganzen, zerbrochenen, halbvollendeten Feuersteingeräthen, ohne daß doch bei allem Reichthum und aller Güte des Materials die Bearbeitung einen besonderen Vorzug vor jener zeigte, die wir an anderen, ärmeren Orten gewahren.

Wir sind hier noch vollkommen auf der Stufe der „ungeschliffenen" oder, was dasselbe sagen will, der ohne besondere Kunstfertigkeit geschlagenen Steingeräthe. Die wirklich schönen gehauenen Steinwaffen, denen wir später begegnen werden, treten erst da auf, als das Behauen für manche Zwecke nicht mehr genügte und durch Schleifen und Bohren ersetzt ward. Neben Feuerstein ist Knochen das Hauptmaterial für Werkzeug und Gewaffen gewesen — gesplittert und polirt war er, zumal Rennthierknochen einer der dichtesten ist, die man kennt, zu manchen Zwecken dienlich.

Steinwaffen von verschiedener Vervollkommnung.

Fig. 3. Feuersteinkern, von dem Messer abgeschlagen sind.

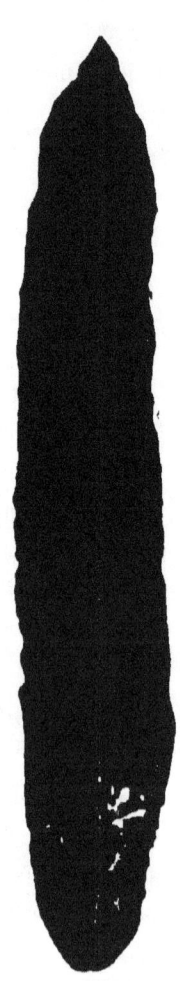

Fig. 4. Messerartige Feuersteinlamelle.

66 Funde in Höhlen.

Von solchen Dingen sagen Bilder (Fig. 5—9) mehr als

Fig. 5. Dolche.

alle Beschreibungen und wir wollen dem Leser keinen Ballast unnützer Worte aufbürden. Aber wir müssen doch kurze

Französische Systemmacherei. 67

Erwähnung thun verschiedener Formen dieser Geräthe, denen Franzosen einen ganz besonderen Werth beilegen, indem sie dieselben für „typisch", das heißt zu einer Zeit oder an einem Orte besonders oft wiederkehrend und darum bezeichnend erklären. Die Sache ist oft besprochen worden und wenn wir unsererseits sie auch für hohl halten, so wird sie doch

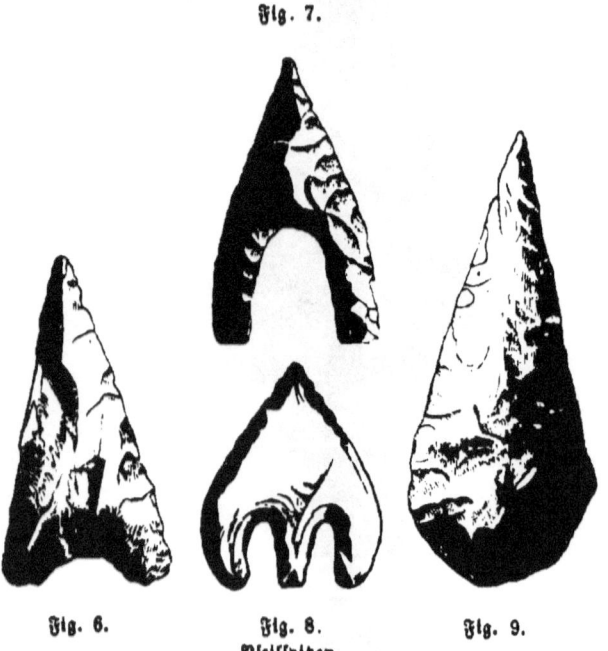

Fig. 7.

Fig. 6.   Fig. 8.   Fig. 9.
Pfeilspitzen.

vielleicht von irgend einer anderen Seite an den Leser herantreten und verdient schon um des Lichtes willen, das sie auf einen Hauptschaden unserer Wissenschaft, auf die voreiligen Systematisirungen wirft, einige Erwähnung. So theilt Mortillet die französischen Höhlen in solche, die reicher an Stein und andere, die reicher an Knochengeräthen sind und

5*

Funde in Höhlen

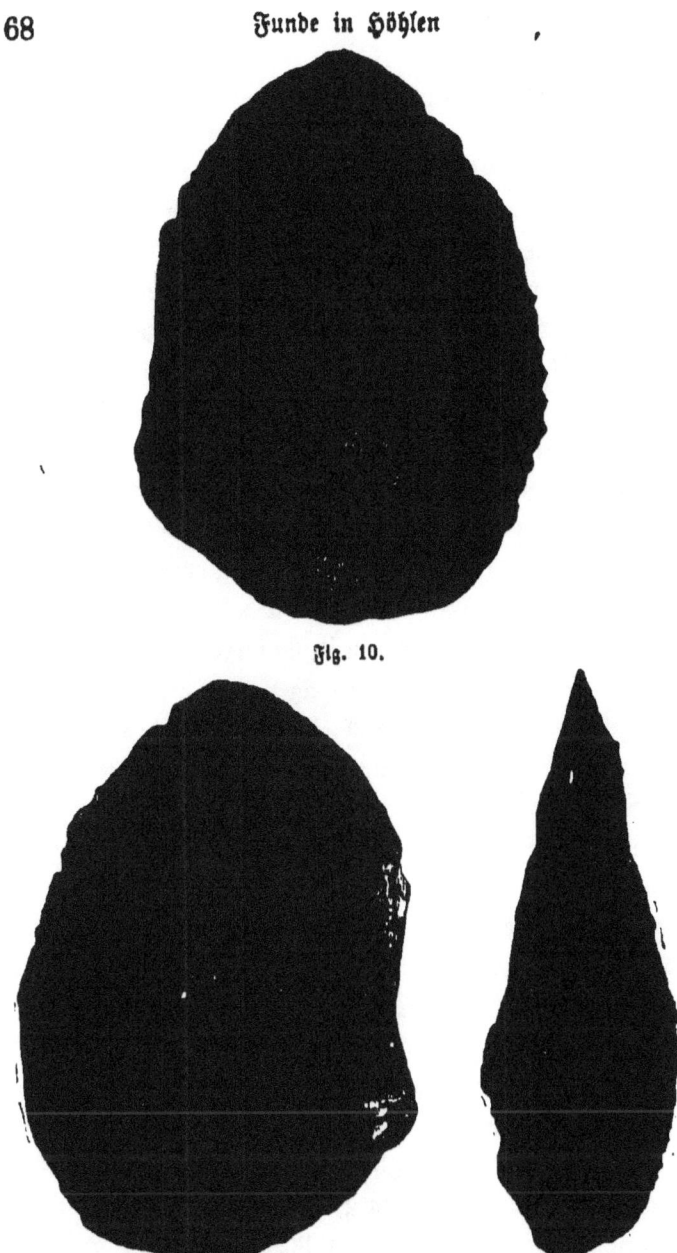

Fig. 10.

Fig. 11.   Fig. 12.
Feuerstein-Werkzeuge aus der Höhle von Le Moustier.

erklärt diese für die jüngeren, jene für die älteren. (Fig. 10 —12) Dann unterscheidet er sie wieder in die „Epoche von Moustier" mit mandelförmigen Beilen und einseitig behauenen Pfeilspitzen, die „Epoche von Solutré" ohne die mandelförmigen Beile, mit doppelseitig behauenen Pfeilspitzen, die „Epoche von Aurignac" mit häufiger werdenden Knochengeräthen, die wieder einige Eigenthümlichkeiten zeigen, wie zum Beispiel, daß die Lanzen- und Pfeilspitzen ihren Schaft in eine Spalte aufnehmen und endlich die „Epoche der Madeleine", welche die Blüthe der Rennthierzeit darstellt und unmittelbar zur Stufe der geschliffenen Steinwaffen überführt. Die diluvialen Thiere verschwinden, wogegen die später in kältere Regionen gewanderten wie Rennthier, Gemse, Steinbock und dergleichen häufig sind. Hier sind dann auch jene Zeichnungen und Schnitzereien am häufigsten, die einen so eigenthümlichen Zug in das Angesicht der französischen Höhlenfunde bringen. Der Leser sieht nebenstehend einige dieser Gebilde, die bis jetzt ohne Vorgänger und Nachfolger in der ganzen Vorgeschichte blieben. (Fig. 13—16.) Er sieht da Mammuth, Rennthiere, Fische kenntlich, wenn auch roh dargestellt, und manches andere, was wir hier nicht zeigen können, ist in den Quellenschriften zur Abbildung gebracht. Entschieden muß die Liebe zum Nachbilden ein Charakterzug dieser Rennthierjäger gewesen sein und sie sind nicht bei unvollkommenen Anfängen verharrt, sondern diese Sachen stehen zum Theil in ihrer verhältnißmäßig gewandten realistischen Ausführung und im Vergleich zu dem meisten, was heutzutage Wilde in Zeichnung oder Bildschnitzerei leisten, so hoch, daß man mit Recht anfänglich an ihrem

70 , Zweifel an ihrer Aechtheit.

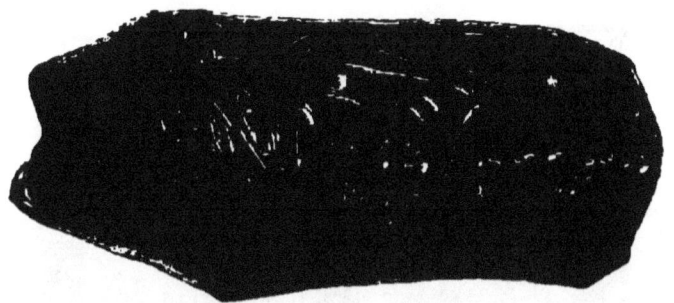

Fig. 13. Elfenbeinstück mit der Zeichnung eines Mammuth. Aus der Höhle von La Madeleine.

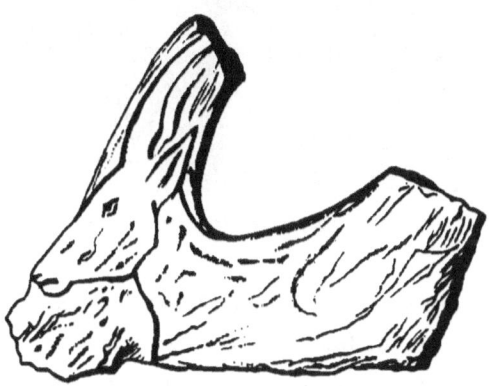

Fig. 14. Bild eines Steinbockes auf ein Stück Rennthiergeweih gravirt. (Fundort La Madeleine.)

Alterthum zweifeln mochte; faſt alles, was wir von Wilden in der Art kennen, geht nicht wie dieſe Mammuth- und Rennthierbilder auf treue Naturnachahmung, ſondern auf Verzerrung des Wirklichen aus und ſo ſind zum Beiſpiel ſelbſt die Bilder und Bildwerke der alten Mexikaner und Mittelamerikaner trotz aller langen Uebung und trotz der ſonſtigen Fortgeſchrittenheit ihrer geſammten

Zeugnisse für dieselbe. 71

Fig. 15. Abbildung von Fischen auf einem Stück Rennthiergeweih. (Fundort La Madeleine.)

Fig. 16. Abbildung einer Gruppe von Rennthieren. (Fundort La Madeleine.)

Cultur zumeist gräuliche Zerrbilder, deren Naturnachahmung sich in herkömmliche, wenn man so sagen darf, stylisirte Formen einschließt. Aber bei den genannten Zeichnungen tritt auch eine gewandte, kühne Linienführung hervor, die nur das Resultat langer Uebung sein kann, und die Fähigkeit, mit ein Paar kräftigen Strichen ein ganz naturgetreues charakteristisches Bild hinzustellen. Aber dennoch ist bei unpartheiischer Erwägung aller Gründe ein Zweifel an der Aechtheit dieser Funde heute doch kaum mehr möglich. Erstlich wurden Bildwerke dieser Art in Frankreich schon zu einer Zeit (Anfang der fünfziger Jahre) gefunden, in der sie noch nirgends Gegenstand der Aufmerksamkeit waren, in der überhaupt vorgeschichtliche Alterthümer noch fast unbeachtet blieben, so daß ein Grund zu ihrer Fälschung gar nicht zu finden ist. Ferner sind sie nicht bloß in Frankreich, sondern später auch in Belgien gefunden worden und zwar an ziemlich weit entlegenen Orten. Zum dritten kennt man doch wenigstens einige wilde Völker, die mit ebenso großer Treue und Geschick wie die alten Rennthierjäger zeichnend und schnitzend die Natur nachbilden. Die zierlichen Schnitzereien aus Wallroßzahn, Wallfische, Eisbären, Seehunde, Fische und dergleichen darstellend, welche in unsere ethnographischen Sammlungen von den Aleuten her gebracht worden sind, werden dort von einem Volke verfertigt, das unter klimatischen Bedingungen lebt, die denen unserer mitteleuropäischen Rennthierzeit entsprechen mögen und das, abgesehen von den Kenntnissen, die spärliche Berührung mit nordasiatischer und europäischer Cultur ihm geboten hat, im Ganzen auch auf keiner höheren Culturstufe steht als diese Alten. Bei ihm mag man aber diese Geschicklichkeit im Zeichnen und Bilden vielleicht auf Einflüsse von Japan her zurückführen, zumal die Japanesen in dieser Richtung — ihre Schnellmaler, welche ungemein treue charakteristische Bilder mit ein paar Strichen hinwerfen, bezeugen das — Unübertreffliches leisten; dagegen sind die Zeichnungen der Buschmänner, welche uns Fritsch in seinem südafrikanischen Reisewerk beschreibt, kaum auf äußere Einflüsse zurückzuführen und zeigen in ihrer ganzen Ausführung einen ähnlichen Charakter wie die der Rennthierjäger; und die Buschmänner sind eines der elendesten Völker, das man kennt — arm, verkommen, verachtet, verfolgt.

Aber auch ohne diese Erwägungen liegt für eine allgemeinere Betrachtung nichts Unwahrscheinliches in einer so frühen, vereinzelten Entwickelung der Fähigkeit der Naturnachbildung. Wir sehen in alter und neuer Zeit unter den verschiedensten Völkern die verschiedensten Gaben und Neigungen zerstreut und immer ungleich vertheilt; man denke an die musikalische Begabung zum Beispiel der Zigeuner. Wir sehen ferner irgend eine Bethätigung, einmal zur Entwicklung gelangt, sich oft zu einer isolirten Höhe entfalten, die wunderbar über das Niveau der Umgebung hervorragt. Die japanesische und chinesische Halbcultur liefert genug Beispiele hiefür. Hatten diese Alten die Gabe der Naturnachahmung und bewirkte irgend ein Umstand, daß es Sitte ward, sie zu pflegen, so ist ihre Fertigkeit erklärt, und beide Annahmen sind durchaus zulässig.

Weisen schon diese höchst merkwürdigen Funde den Dordognehöhlen eine hervorragende Stellung unter den Zeugnissen der Vorgeschichte an, so erheben sie die verhältnißmäßig reichen Funde menschlicher Skelete und Skelettheile zu einer außerordentlichen Bedeutung und was in dieser Richtung entdeckt ist, verdient genaueren Bericht.

Wichtig ist da vor allem die Höhle Cro Magnon bei Les Eyzies, deren Oeffnung zum Glück vollständig verschüttet war, so,daß erst ein Eisenbahndurchschnitt sie zugänglich machte. Man fand mit Kalksteintrümmern, die von der Decke und den Wänden gefallen waren, wechsellagernd einige Kulturschichten (Kohlen, Steingeräth, Knochenbruchstücke, dabei in der untersten einen Mammuth=

stoßzahn), die zum Theil von geringer Mächtigkeit, deren eine aber sechzig Centimeter dick war; aus ihnen konnte man schließen, daß die Höhle öfters zeitweilig bewohnt und wieder verlassen, zu einer Zeit aber ziemlich lange bewohnt worden sein mußte. Auf der obersten Culturschicht lagen endlich Skeletreste von fünf Menschen, drei Männern, einem Weibe und einem noch nicht ausgetragenen Kinde; zahlreiche durchbohrte Seeschneckenhäuser (gegen dreihundert), durchbohrte Zähne, eine eiförmige Platte Elfenbein, bearbeitete Knochen und Feuersteine lagen bei ihnen und stellten ohne Zweifel Schmuck und sonstige Grabmitgaben dar.

Die Untersuchung der zwei Männer und des Weibes, von welchen genügend vollständige Skelettheile vorhanden waren, ergab nun vor allem, daß sie von bedeutend größerem Körper, auch stärker gewesen sein mußten, als die heutigen Bewohner der Gegend im Durchschnitt sind; die Größe des einen Mannes mochte nahezu sechs Fuß, die des anderen und des Weibes nicht viel weniger betragen — ein Ergebniß, das dem aus den belgischen Höhlen gewonnenen geradezu entgegengesetzt ist. Die Schädel zeugen von bedeutendem Gehirnvolumen, das auf keine geringe Geisteskraft schließen läßt und sind von entschieden langer (dolichocephaler) Form, ohne dabei wie die unserer niederen Rassen schmal zu sein. Dagegen besitzt der Unterkiefer in der Breite seiner Aeste einen thierischen Charakter und auch die große Breite des Gesichtes, der vorspringende Zahneinsatz, die stark entwickelten Muskelansätze an den Schenkelknochen scheinen in gleicher Richtung zu weisen. Aber eine bestimmte ethnographische Einreihung ist trotz dieser eigenthümlichen Merkmale unmöglich, denn wir kennen heute kein Volk, das dieselben in sich vereinigte und müssen nun einstweilen annehmen, daß hier der Typus einer eigenen vorgeschichtlichen Rasse gegeben sei, den hoffentlich weitere Funde ergänzen, unserem Verständniß näherrücken werden. Die Deutung, die sie durch Pruner Bey gefunden haben, welcher Finnenschädel in ihnen erkennen wollte und die dann Quatrefages in seiner famosen Schmähschrift „La race prussienne" zur Construktion einer innigen Verwandtschaft zwischen Höhlenmenschen und Prussiens (natürlich erst nach 1870/71) benützte, ist anerkannt bodenlos; um sie zu kennzeichnen, braucht man nur anzuführen, daß Pruner Bey ein Merkmal finnischer Rasse auch in dem Gaumen dieser alten Schädel nachweist: mit solchem Gaumen hätten sie nur eine „weiche und schwache" Sprache sprechen können!

Erwähnung verdient auch die vielbesprochene Höhle von Aurignac in Südfrankreich, deren Funde noch immer hohen Werth behalten, wenn auch ihr Bestes — die siebenzehn menschlichen Skelete, die sie als Gruft umschloß — durch den Stumpfsinn einiger Bürger meistens verloren ist. Der Maire von Aurignac ließ nach der zufälligen Entdeckung dieser Höhle alle Skelete, die in ihr beigesetzt waren, zusammenwerfen und an einem Ort begraben, den später Niemand mehr finden konnte. Lartet hat sie nachträglich noch durchforscht und was er fand, ist uns besonders als Ergänzung zu den Funden im Trou du Frontal von Interesse. Die Höhle war durch einen schweren Steinblock verschlossen gewesen und Knochen von Thieren, die der Mensch benagt und zertrümmert hatte, lagen innerhalb und außerhalb der Höhle; die letzteren waren nach Zehenspuren und Koprolithen zu urtheilen nachträglich auch noch von Hyänen benagt worden. Es fanden sich Knochen vom Mammuth und Nashorn, vom Höhlen- und braunen Bären, vom Höhlenlöwen, der Höhlenhyäne, der Wildkatze, dem Iltis, dem Dachs, dem Wolf, dem Fuchs, dem Bison, dem Rennthier, dem Hirsch und Riesenhirsch und dem Eber. Darunter waren der Bison mit zwölf bis fünfzehn, das Pferd mit ebensoviel, das Rennthier mit zehn bis zwölf, der Fuchs mit achtzehn bis zwanzig, Hyäne und Höhlenbär mit fünf bis sechs Individuen am zahlreichsten vertreten.

Nicht immer waren übrigens nur die Höhlen die Wohn- und Begräbnißstätten der Menschen dieser Zeit, wie ihre bevorzugte Stellung unter den Fundorten glauben machen mag; nebenstehende Abbildung des schützenden Felsendaches bei Bruniquel (Fig. 17.), unter welchem reiche Funde rennthierzeitlicher Reste gemacht wurden, zeigt, daß auch wohlgelegene Oertlichkeiten andrer Art dem scharfen Auge dieser Waldläufer nicht entgingen. Möglich, daß unter diesen Felsen, nicht nur unter freiem Himmel, sondern sogar unter Hütten gewohnt ward. Einer der jüngsten Funde menschlicher Skeletreste in Begleitung ungeschliffener Steingeräthe und in Höhlen, ist im Jahr 1872 von Rivière in einer Höhle bei Mentone gemacht worden. Das Skelet eines Mannes, dessen Formen nach der wahrscheinlich nicht sehr tief begründeten Ansicht der Pariser Anthropologen an die Menschen von Cro-Magnon erinnern, lag vollständig in der Stellung eines Schlafenden

Fig. 17. Abri „sousroche" de Bruniquel.

etwa sieben Meter tief im Höhlenschutt; Zähne und durch=
bohrte Muscheln lagen wie Reste einer Halskette (oder
eines Kranzes?) umher und unter ihnen fand sich noch
eine Knochennadel. Durch schöne Bearbeitung des Steines
und Knochens sollen die Reste aus der Höhle von Solutré
(Saône et Loire) sich auszeichnen, wenigstens spricht be
Ferry in seiner Beschreibung von den „beaux jours de Solutré" im Gegensatz zu „fabriques primitives" anderer
Fundstätten und Mortillet rühmt die Pfeil= und Lanzen=
Spitzen als wunderschöne Sachen: leur taille est des plus
savantes et délicates, comme le prouve leur peu d'epais-
seur, leur peu de convexité médiane, et la manière dont
les éclats ont été détachés, dans bien de cas, d'un seul
coup d'un bord à l'autre." Ihm zu Folge muß man
bis zur Epoche der allerdings sonst unerreicht künstlichen
und theilweise sehr schönen behauenen Steine herabsteigen,
wie sie der skandinavische Norden auf der Stufe der ge=
schliffenen Steingeräthe bietet, um irgend Aehnliches zu
finden. Der Formenreichthum ist dabei ein sehr bedeuten=
der, so daß zum Beispiel auch hier wieder ein ganzes
System von Lanzen= und Pfeilspitzformen aufgebaut wird;
da sind fünf Typen A—E von den ersteren, die als
Nußblatt=, Lorbeer= oder Kastanienblatt=, Platanenblatt=
Form u. s. f. benannt werden; von Pfeilspitzen werden
gar neun Typen (A—I) unterschieden, und wunderbar
ist allerdings die Vollendung in diesen kleinen Dingen.
Es dürften gerade diese Höhlen der fortgeschritteneren
Rennthier= und Pferdejäger als Mittelglieder zwischen der
ältesten europäischen Steinzeit und der des geschliffenen
Steins, die schon zu den Pfahlbauten mit ihrer Viehzucht

und ihrem Landbau übergeleitet, bereinst große Bedeutung erlangen, wenn reiche Funde ihnen das Zufällige abstreifen, mit dem sie in ihrer heutigen Vereinzelung noch behaftet sind. Solutré ist aber auch durch Begräbnißstätten wichtig, die mitten unter den Resten der Rennthierjäger sich gefunden haben; da ist schon ein Grab in Kammerform aus rohen Steinplatten und in ihm das Skelet eines Weibes, neben welchem Rennthier= und Pferdeknochen und einige Feuersteinmesser liegen; andere Gräber sind (wenigstens jetzt) unbedeckt, und meistens liegt eine Steinplatte unter dem Haupt oder zu den Füßen des gestreckten Leichnams. Die Leichen sind zahlreich, so daß Mortillet nicht zögert, die ganze Station für einen Kirchhof zu erklären. Was aber die Deutung der Skeletreste anbelangt, so ist etwas Bestimmtes ebensowenig zu sagen, wie bei den vorerwähnten Resten, wiewohl die Franzosen auch hier den finnischen oder gar den „mongoloiden" Typus herausgefunden haben.

Die Fauna von Solutré ist ohne Frage eine diluviale und nicht nur die Massenhaftigkeit der Reste (man schätzt unter den bisherigen Funden über zweitausend Pferde und ein Paar hundert Rennthiere) sondern auch, das, wie es scheint, hier unzweifelhafte Vorkommen des Mammuth gibt ihr ein hervorragendes Interesse. Dazu die Menge und feine Bearbeitung des Geräthes! Ein Dutzend solcher Fundstätten und der Höhlenmensch müßte leibhaftig vor uns stehen und selbst ein gut Stück von seiner Herkunft und von dem, was aus ihm geworden, mit Feuerstein und Knochen klärlich melden!

Die Seltenheit der Töpferei in den französischen

Höhlen ist eine bemerkenswerthe Thatsache, die von den deutschen Höhlen nicht gilt. Dennoch sind die letzteren im Ganzen viel weniger reich und es scheint also da ein Zwiespalt zu liegen, den weitere Funde aufzuklären haben werden.

Schmucksachen mancher Art, wie wir sie bereits aus belgischen Höhlen gelegentlich erwähnten, sind auch in den französischen zu finden und geben zu keiner weiteren Bemerkung Anlaß, als daß sie auch hier vielfach auf Wanderungen oder Verkehr hindeuten; so finden sich Bergkrystall aus der Auvergne und Basalt von ebenda in der Station von Chez—Pours, Bernstein, den in Europa nur Preußen und Sicilien liefert, lag in der Höhle von Aurensan, daneben auch Ocher, der wohl gleich dem weitverbreiteten Röthel zum Tätowiren dienen mochte. Pfeifchen aus Knochen sind gleichfalls gefunden und Knochenlamellen mit regelmäßigen Kerben, die Lartet als „Martirknochen", das heißt, als eine Art Kerbholz ansieht. Eigenthümlich sind auch in hohem Grade die Stäbe mit ringförmigem Griff, welche von den ersten Beschreibern als „Bâtons de Commandement" bezeichnet wurden; sie sind sowohl in Belgien als in Frankreich gefunden, tragen hier wie dort Zeichnungen von Fischen, Rennthieren, Löwen, Pflanzen, und sind im Allgemeinen von ziemlich übereinstimmender Gestalt; aber über ihre eigentliche Bedeutung ist man noch nicht klar. Französische Forscher wollen Ehrenzeichen der Häuptlinge und Aehnliches in ihnen sehen, andere meinen, es dürften Schleuderwerkzeuge gewesen sein, wieder andere sehen ein Spielwerk in ihnen. Die letztere Meinung dürfte eher berechtigt sein als die anderen, denn wenn auch Lartet und Christy in ihren „Reliquiae aquitanicae" erzählen, daß Eingeborne des Mackenzieflußes Waffen von ähnlicher Gestalt anfertigen, die sie „Ding zum Schlagen" nennen, so sind doch die fraglichen Dinge theils zu klein und schwach (eines aus der Höhle von Goyet mißt vollständig kaum dreißig Centimeter), theils zu üppig verziert, um als einfache Waffen gelten zu können.

Ein eigenthümliches gleichfalls knöchernes Geräth, doch sicherer zu deuten, ist der in Mooren des skandinavischen und deutschen Nordens dann und wann gefundene Wurfspeil — ein meist aus Elenknochen geschnitztes an beiden Enden zugespitztes Stäbchen, welches etwa in der Mitte eine Rinne trägt, in die vermittelst Harzausfüllung scharfe Feuersteinsplitter sägenförmig eingesetzt waren; das eine Ende steckt in einem hölzernen Schaft. Dieses Geschoß, das wahrscheinlich einen besonderen Vortheil im Absplittern der Feuersteinspitzen bietet, die dann die Wunde zersetzen, wird noch heute von den Eskimos bei der Jagd auf Wasservögel häufig benützt und auch bei den Australiern und Polynesiern sind ähnliche Waffen im Gebrauche.

Die englischen Höhlen stehen hinter den belgischen und französischen an Fülle und Bedeutung ihrer Einschlüsse zurück, aber um zu zeigen, wie Aehnliches in weiter Verbreitung an diesen Stätten wiederkehrt, wollen wir hier in Kürze die Ergebnisse der Ausgrabungen in der Brixham Cave mittheilen, welche dadurch, daß sie in einer den Höhlenforschungen noch fremd gegenüberstehenden Zeit (1858) gemacht wurden, auch ihre geschichtliche Bedeutung haben.

Man fand in der Brixham Cave mit Feuersteingeräth gemischte Reste folgender Thiere: Mammuth, Nashorn, Höhlenbär, Grißlybär, Braunbär, Höhlenlöwe, Höhlenhyäne, Rennthier, Pferd, eine Ochsenart, Hirsch, Reh und Lemming. Dieß ist eine ächte und rechte Diluvialgesellschaft und daß der Mensch in ihrem Kreise lebte, scheint nicht zweifelhaft. — Kents Cavern bei Torquai ist zu verschiedenen Zeiten von Ausgrabungen heimgesucht worden und schon 1825 wurden in ihr Spuren vom Zusammenleben des Menschen mit diluvialen Thieren gefunden, aber nicht beachtet. 1840 wurde sie von einem so zuverlässigen Forscher wie Godwin Austen durchforscht, der darüber der geologischen Gesellschaft sagte: „Menschliche Reste und Geräthe, wie Pfeilspitzen und Messer aus Feuerstein sind in allen Theilen der Höhle und durch die ganze Dicke ihres Lehmes verbreitet und es kann weder im Erhaltungszustand noch in der Vertheilung der Lagerung ein Unterschied gefunden werden, der die Reste des Menschen von den übrigen trennt." Die „Uebrigen" aber waren auch hier die wohlbekannten Mammuthe, Nashörner, Löwen, Bären, Hyänen, Pferde, Ochsen, Rehe. Auch diese Stimme ward damals überhört.

Die deutschen Höhlen haben bis heute weder so ausgezeichneter noch so reichlicher Funde sich zu rühmen, wie die französischen, aber die wenigen, die man untersucht hat, sind in musterhaft genauer, sorgfältiger Weise geöffnet und ausgeleert worden, so daß sie, auch abgesehen vom Interesse, das schon ihre Nähe uns einflößt, eine genauere Darstellung verdienen. Schwaben, Franken, Bayern und Westphalen haben bisher die hervorragendsten Höhlenfunde ergeben. — In Schwaben birgt der Hohlefels, eine in's Achtthal vortretende Klippe des Südrandes der schwäbischen Alb, in sich eine Höhle (f. Titelbild), wie sie in dieser Gegend nicht selten sind: dieselbe hat einen bequemen Eingang und ihre Höhe, Breite und Tiefe mögen je hundert Fuß betragen; sie ist feucht wie fast alle Höhlen, aber nicht in dem Maße, daß es zum Tropfen kommt, und ihre Temperatur schwankt das ganze Jahr hindurch wenige Grade um die mittlere Temperatur dieser Gegend (8,1 C.). Ihren Boden deckte Schutt von den Wänden und unter diesem lag zunächst eine meist handhohe Schicht Fledermauskoth, unter welchem mehrere Meter tief ein Lehm folgte, der die sogleich zu erwähnenden Knochen und Geräthe umschloß; versuchsweise bis zu fünf Meter Tiefe ausgehoben, zeigte es sich, daß er ungefähr in der Mitte am reichsten war und gegen die Tiefe zu immer ärmer wurde. Ueber etwa vorhandene tiefere Ablagerungen liegen leider keine Angaben vor.

In dem Lehm fanden sich am häufigsten die Knochen von Bären, Rennthieren und Pferden. Die Bärenknochen gehören nach Fraas, dem wir eine gelungene Beschreibung dieser Höhle verdanken (Archiv für Anthropologie. Fünfter Band), drei verschiedenen Arten an und zwar wiegen die des eigentlichen Höhlenbären (Ursus spelaeus) vor, während die des an sich kleineren, aber als Raubthier jedenfalls gefährlicheren alten Bären (Ursus priscus) spärlicher und am seltensten die einer neuen, von Fraas zuerst aus den Funden von Schußenried ausgesonderten Art, des Rennthierzeitlichen Bären (Ursus tarandinus) auftreten, welche zu unserem Petz wohl in ähnlichem Ahnenverhält-

Der Hohlefels.

niß steht, wie Höhlenlöwe und Höhlenhyäne zum Löwen und zur Hyäne Afrikas. Vom Rennthier mögen etwa sechzig Individuen vertreten gewesen sein und auch das Pferd, das nach einem vollständigen Schädel als in Größe und Gestalt unserem Ponny vergleichbar erkannt wurde, war stark vertreten. Elephant und Rhinoceros (wohl keine anderen Arten als die gewöhnlich in den Höhlen vorkommenden, aber wegen der Spärlichkeit und übeln Erhaltung ihrer Reste nicht mit Sicherheit nach ihrer Artangehörigkeit zu bestimmen), Urochs (Bos primigenius), ein kleiner Ochs, kaum höher als ein Schaf, nur stärker und kräftiger gebaut (vielleicht Bos brachyceros?), der Höhlenlöwe, der Luchs, die Wildkatze (beide kräftiger entwickelt als ihre heute lebenden Nachkommen; die letztere war in den Resten von gegen zwanzig Individuen vorhanden), Steinmarder und Iltis, Biber, Haselmaus, Schermaus, Ackermaus fanden sich alle mehr vereinzelt; von Vögeln waren Schwäne, Gänse, Enten (unter ihnen sehr wahrscheinlich der Singschwan und die große Graugans), der Dompfaff und die Dohle zu bestimmen, es wurden ferner Reste vom Frosch und von Süßwasserfischen (Barsch oder Karpfen) gefunden. Menschenknochen, die sich vereinzelt vorfanden, konnten, da sie von Fleischfressern zur vollständigen Unkenntlichkeit zernagt worden, in keiner Weise zur Bestimmung der Rasse oder des Stammes, dem etwa die Hohlefelsbewohner angehört haben könnten, verwerthet werden.

Unter den Geräthen, die mit diesen Knochen zusammengefunden wurden, ragt ein kräftiges Haubeil, aus dem Unterkiefer des Bären bereitet, hervor. (Fig. 18.) Ge-

86   Der Hohlefels. Esper's Entdeckungen.

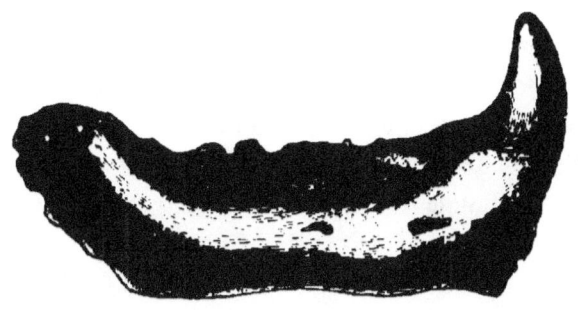

Fig. 18. Bärenkiefer als Haubeil.

lenk= und Kronfortsatz sind weggenommen, um einen handlichen Griff zu erlauben und der starke, scharfe Eckzahn bildet das eigentliche Beil; eine ganze Anzahl dieses wirksamen Geräthes wurde erhoben und an zahlreichen Knochen sah man die Spuren seiner Anwendung. (Fig. 19.)

Feuersteinklingen der schmalen, meist dünnen, dreikantigen Art fanden sich zahlreich, ihr Material war in den oberen Juraschichten der Nachbarschaft leicht zu gewinnen. Knochengeräthe, die sich ebenfalls zahlreich vorfanden, waren vorwiegend aus dem hierzu besonders dienlichen Rennthierknochen und =geweih gefertigt und waren besonders durch falzbeinartige Werkzeuge, die wohl zum Abbalgen der Thiere benützt wurden, durch Nadeln und Pfriemen vertreten. Rohe Topfscherben waren ebenfalls vorhanden.

Fig. 19. Rennthierknochen mit Schlagmarke vom Bärenkiefer.

Der Hohlefels. Esper's Entdeckungen. 87

Von durchbohrten Sachen, die zum Anhängen bestimmt und jedenfalls eher Amulete als Schmuck waren, z. B. durchbohrte Pferdezähne, Wildkatzenkiefer u. dergl. wurden mehrere erhoben und haben nicht verfehlt, zu kühnen Speculationen über ihren Zusammenhang mit der altgermanischen Heiligung der Pferde und Katzen anzuregen.

Kurz nachdem mit diesen Funden auch in Deutschland die Höhlenforschung einen glänzenden Beginn gefunden hatte — in den zahlreichen westphälischen Höhlen sind zwar bis jetzt zum Theil sehr werthvolle Menschen- und reichliche Thierreste gefunden, aber die Beweise für ihre Gleichzeitigkeit sind noch nicht unanzweifelbar; vor gerade hundert Jahren (1773) fand übrigens schon Esper in der Gailenreuther Höhle zu seinem, wie man gerne glauben wird, „in der That ganz schröckhaften Vergnügen" Unterkiefer und Schulterblatt von Menschen mitten unter Knochen und Zähnen diluvialer Thiere. „Haben beide Stücke einem Druiden, oder einem Antediluvianer oder einem Erdenbürger neuerer Zeit gehört?" frägt er und muthmaßt richtig, daß sie doch mit den sie umgebenden Thierresten gleichalterig sein dürften — wurde durch einen Einschnitt der Nürnberg—Regensburger Eisenbahn im Naabthal bei Etterzhausen (Oberpfalz) der Inhalt einer zweiten Höhle mit Menschen- und Thierresten, die im Allgemeinen mit denen aus dem Hohlefels übereinstimmen, ans Licht gebracht und im Herbst 1871 von Professor Fraas aus Stuttgart und Professor Zittel aus München mit Sorgfalt ausgegraben. Diese Höhle war ursprünglich gegen dreißig Meter lang und acht Meter breit, hatte eine portalähnliche Mündung und stellt noch jetzt, nachdem ihr vorderes Drittel in den Bahnkörper gefallen ist, eine stattliche, lichte Halle dar. Bei der Ausgrabung fand sich keine eigentliche Schichtung des den Boden bedeckenden Culturschuttes, sondern man stieß auf unregelmäßige Haufen von Asche, Modererde und Lehm und unter diesen waren die Aschenhaufen am reichsten an Culturresten; aber unter diesem Schutte trat im vertieften vorderen und mittleren Theil der Höhle eine Schicht rothbrauner vorzüglich aus dem Moder thierischer Knochen bestehender Erde auf, die zahlreiche Knochen diluvialer Thiere, aber keine Spur menschlicher Geräthe oder Bearbeitung aufwies und unter ihr lag der grünliche tertiäre Lehm, der auch an anderen Orten der Umgebung vorkömmt. Die Knochen der Moder= schicht deuteten auf folgende Thiere: Höhlenbär, Höhlen= löwe, Nashorn, Urochs, möglicherweise auch Höhlenhyäne und steht unter ihnen der Höhlenbär mit zwei Dritttheilen aller Reste weit voran. — Viel reicher sind aber die Thierreste in der Culturschicht, welche freilich stark zer= trümmert und zersplittert und untereinandergewühlt sind. Trotzdem hat sich aus ihnen doch eine lange Reihe von älteren und neueren Thieren, ausgestorbenen und lebenden, zusammenstellen lassen und ist es von besonderem Werth gewesen, daß schon der ganze Erhaltungszustand der ein= zelnen Knochen oder Knochenbruchstücke die ersteren von den letzteren leicht unterscheiden ließ. Da fanden sich Reste von Mammuth, Nashorn, Urochs, vom kurzhörnigen Ochsen (bos brachyceros), Rennthiere, Antilope, Höhlen= bär und Höhlenhyäne und trugen alle im größeren Mangel organischen Stoffes, in dunklerer Farbe und im Dendritenreichthum Spuren höheren Alters als die des

Hausochsen, des Edelhirsches, des Rehs, des Pferdes, der
Ziege, des Schafes, des Hausschweins, des Hundes, des
Wolfes, des Fuchses, des Dachses, des Bibers, des
Hasen und einiger wenigen Vögel und Fische, welche unter
sie gemischt waren. Professor Zittel hat in seinem Berichte die Häufigkeit der einzelnen Arten zu bestimmen
gesucht und fand, daß das Rennthier am häufigsten, (allerdings aber auch nicht durch mehr als höchstens 10 Thiere)
vertreten sei, daß ihm zunächst Höhlenbär und Hirsch,
dann Rind und Hausschwein, dann Ziege und Pferd,
dann Mammuth und Nashorn kommen u. s. f.; er hat
ferner aus der Art der Zertrümmerung geschlossen, daß
sie alle dem Menschen zur Nahrung gedient haben*),
und daß dieß hier sogar in eingreifenderer Weise der
Fall gewesen zu sein scheine als in den meisten andern
von vorgeschichtlichen Menschen bewohnten Höhlen, da die
Knochen sammt und sonders zerschlagen, ja selbst die
anderorts verschonten Fersenbeine der Gier nach Saft
und Mark geopfert worden seien, so daß die Hälfte aller
aufgefundenen Knochen ihrer allzu großen Zertrümmerung
halber gar nicht mehr habe bestimmt werden können.

Diese Vermischung der älteren und der jüngeren Thiere,

---

*) Selbst den Hund, den sie als Hausthier hegten, ver-
schonten bezeichnender Weise diese Gefräßigen nicht; übrigens
soll die Rasse dieses Hundes nach Zeitteles dieselbe sein, der
auch der Erzhund angehört, dessen Reste die jüngeren Pfahlbauten und einige auf der Erzstufe stehende vorgeschichtliche Ablagerungen ziemlich häufig geliefert haben. (Von
ihm später mehr.

deren Reste niemals — soweit bis heute unsere Kenntniß geht, welche bezüglich der Höhlenbewohner endlich doch einmal über die ersten Stufen hinaus ist — zusammenliegen, wo die Lagerung nicht gestört ist, deutet darauf hin, daß nachdem die Höhle von den alten Bewohnern verlassen worden, die sich in ihr von Mammuth, Rennthier, Höhlenbär und deren Zeitgenossen genährt hatten, sie später wieder von Menschen bewohnt wurde, welche bereits einer vorgeschritteneren Culturstufe angehörten und selbst Hausthierreste in dieselbe einführten; möglich sogar, daß sich dieses öfter wiederholte, daß selbst die Hausthierreste verschiedenen Zeiten angehören. Die Geräthfunde bestätigen jedenfalls, daß Verschiedenzeitiges hier zusammengewühlt ist, denn zahllose Feuersteingeräthe (Messer, Sägen, Pfeil- und Lanzenspitzen) der rohesten Arbeit[*], sowie angearbeitete Geröllsteine, lagen neben einem alterthümlichen, gebrochenen Eisenmesser und neben Hirschgeweihstücken, die offenbar mit metallenen Geräthen eingeschnitten und angebohrt waren[**], und häufig fand man

---

[*] Professor Zittel berichtet, daß nur die besseren Stücke, an der Zahl gegen 2000 aufgehoben wurden, daß aber selbst diese meistens mißlungene Stücke, Abfälle und dgl. zu sein scheinen. Die dreikantige Pfeilspitze, welche wir in Fig. 20 u. 21 geben, ist noch eines der besten Stücke. Das Material ist Feuerstein aus Jura- und Kreideschichten der Umgegend.

[**] Wir erwähnen hier als Zeugniß der von vorneherein allerdings nicht leicht glaublichen Leichtigkeit, mit der

Stein- und Metallgeräthe. 91

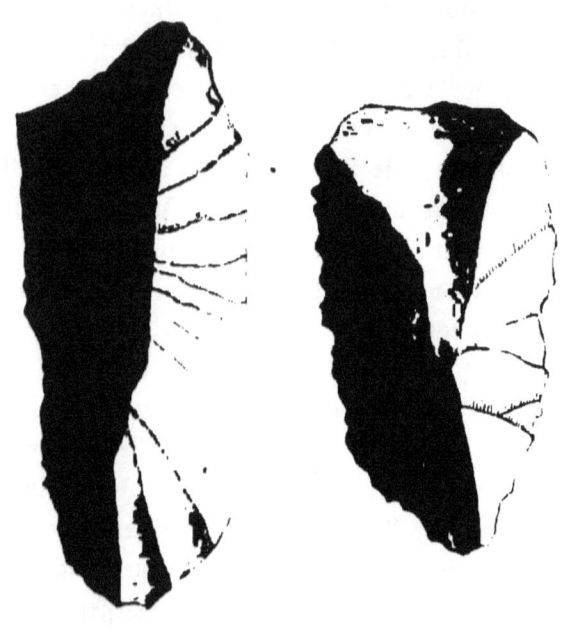

Fig. 20. Fig. 21.
Feuersteinsplitter, von Menschenhand bearbeitet.

unter ihnen Topfscherben, die zwar alle ohne Drehscheibe gearbeitet zu sein scheinen, aber doch von verschieden sorgfältiger und feiner Arbeit sind. Bei einigen ist der Thon geschlämmt und bis zum Klingen gebrannt, das Gefäß

Spuren der Bearbeitung durch Metalle von denen der Steingeräthe zu unterscheiden sind, daß Steenstrup die Metallspuren an diesen Geweihen als solche erkannte, als man nur erst Steingeräthe bei denselben gefunden hatte.

dünnwandig und in der Weise verziert, wie man es in
den jüngeren, Erzgeräthe führenden Pfahlbauten und den
älteren Grabhügeln findet, bei andern ist er grob, mit
Steinchen gemischt, das Gefäß von ungleicher Dicke und
sehr unvollkommenem Brand. Es scheinen auch diese
Unterschiede auf verschiedene Zeiträume hinzudeuten, denen
diese Dinge angehören. Eine interessante lokale Eigen=
thümlichkeit der Thongeräthe ist die mehr oder minder
starke Beimischung von Graphit, welche keinem fehlt;
vielleicht zwei Drittel aller Scherben bestehen aus der
stark graphithaltigen Masse, aus der noch heut bei Passau
die feuerfesten Tiegel bereitet werden und selbst die fein=
sten sind wenigstens mit Graphit eingerieben. Die Nähe
der Passauer Graphitlager erklärt das. Außer Topf=
scherben sind auch verzierte thönerne Spinnwirtel gefun=
den. Was den Charakter der Thongeräthverzierung be=
trifft, so stimmt er, wie erwähnt, durchaus mit dem der
entsprechenden Reste aus den Pfahlbauten und aus älteren
Grabhügeln, doch sind, wie wir unten sehen werden,
ähnliche Reste auch mährischen Höhlen enthoben worden.
Endlich sei aus den weiteren Funden noch ein zwei
Fuß durchmessender Granitblock erwähnt, der als Mühl=
stein benützt worden sein mag, da seine eine Seite glatt
abgescheuert, die andere aber mit zwei Vertiefungen ver=
sehen ist, die wahrscheinlich zur Einfügung von Hand=
griffen dienten.

Vom Menschen selbst ist nur Scheitel und Hinter=
hauptbein eines ganz jugendlichen Individuums gefunden.

Dieß sind also die Dinge, die in der „Räuberhöhle"
erhoben wurden und die (um das Gesammtbild, das sie

geben, hier noch einmal zusammenzufassen) in Kürze dahin zu deuten sein werden, daß erst die Höhle der Wohnort wilder, ausgestorbener Thiere, vor allem des Höhlenbären, war, wie die menschlicher Reste entbehrende Moderschicht bezeugt, daß der Mensch diese vertrieb, seine Wohnung in der Höhle aufschlug und nun dieselben Bestien sammt ihren ungeheuren Zeitgenossen jagte und mit einer Sorgfalt und Gier aufaß, welche auf ärmlichere Zustände — die Armseligkeit der in diese Zeit zu setzenden Feuersteingeräthe unterstützt diesen Schluß — deutet, als in andern Höhlen geherrscht zu haben scheinen; daß in späterer Zeit dieselbe Höhle von wahrscheinlich gleichfalls vorgeschichtlichen Menschen bewohnt wurde, deren Reste an die Culturstufe der das Erz kennenden Pfahlbaubewohner anklingt. Der durchwühlte Zustand aller Reste, das Eisenmesser, vielleicht selbst der Name scheint ferner noch neuere Bewohnung anzuzeigen und sei der Sonderlichkeit wegen zum Schluß erwähnt, daß während des letzten Eisenbahnbaues in dieser Gegend ein Eisenbahnarbeiter sich in dieser Höhle eine Liegerstatt zusammengehäuft und längere Zeit in ihr gehaust hat.

Im höhlenreichen Westphalen hat die Höhle von Balve einen reichen Fund thierischer und menschlicher Reste ergeben, dessen Einzelheiten im Wesentlichen, wenn auch nicht im Reichthum mit dem übereinstimmen, was die Aufdeckung der belgischen, französischen, süddeutschen Höhlen schon früher ans Licht gebracht hat. In ihr liegt zu oberst eine etwa meterdicke Schicht von Kalksteinstücken, die von der Decke und den Seiten herabgefallen sind; in ihr fanden sich Knochen von Mammuth, Nashorn,

Rennthier, Höhlenbär, Wolf, Fuchs, Wildkatze, Biber, Hasen, Schwein und Marder, ferner rohes Thongeräthe und bearbeitete Knochen; auf sie folgt eine Schicht schwarzer Erde von etwa drei Meter Mächtigkeit, in welcher Geweihstücke des Rennthiers häufig, ferner Zähne des Mammuth, des Rhinozeros, des Schweines, des Hirschen und eine größere Zahl von Steingeräthen gefunden wurde; dann kommt eine Lehmschicht mit Geröll, aus welcher neben einigem Steingeräth und bearbeiteten Knochen, besonders häufig Höhlenbärenreste neben solchen vom Rhinozeros, Rennthier, Pferd, dem Höhlenlöwen, der Höhlenhyäne zu Tage kamen; ein dunkler Streif trennt diese Lehmschicht von einer zweiten ähnlichen, die Reste von Mammuth, Bär und Schwein umschloß, und einer dritten, noch tieferen, in welcher neben den ebengenannten auch das Nashorn vertreten ist; zwei weitere Lehmschichten umschließen noch einige Mammuthreste und unter ihnen beginnt ein Lager von Kalksteinbruchstücken, das die Sohle der Höhle zu bedecken scheint. Ein menschlicher Unterkiefer ist früher einmal in dieser Höhle gefunden worden.

Viel öfter als irgend ein anderer Höhlenfund in Europa wurde seit Jahren ein Schädel genannt, welchen man in den fünfziger Jahren aus einer Höhle des Neanderthals bei Düsseldorf erhielt. Derselbe ist unvollständig, zeigt aber in flacher Stirn und stark vorspringenden Augenwülsten eine so fremdartige, zu niedriger Bildung neigende Gestalt, daß er als vermeintlicher Typus einer damals sehr allgemein acceptirten europäischen Urrasse von niedriger Entwickelung rasch zu großem Ruhme kam. Aber soviel er auch immer commentirt worden ist, sind zwei

Hauptfragen mit Hinsicht auf ihn noch immer völlig offen, nämlich die nach seinem Alter und die, ob er nicht vielleicht eine vereinzelte, krankhafte Abweichung von der normalen Schädelgestalt europäischer Menschen darstellt. (Fig. 22.) Es dünkt uns, was letztere betrifft, bedenk=

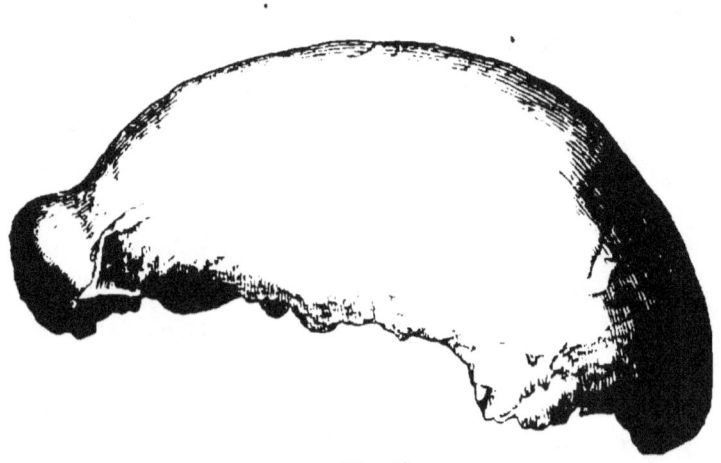

Fig. 22.
Neanderthal=Schädel, Seitenansicht.

·lich, daß der neueste Untersucher dieses Schädels, V i r ch o w, von ihm und den mit ihm gefundenen Gliedmaßenknochen, als von „einem evident pathologischen Fund" spricht, dessen Benützung zur Rassenbestimmung er für höchst bedenklich hält; die Frage nach dem Alter aber ist nicht zu beant= worten, da die betreffenden Knochen in einer Lehmschicht ohne andere Reste, die etwa zu näherer Bestimmung dienen könnten, gefunden wurden. Daß aus der gleichen Höhle neuerdings geschliffene Steinsachen, also jüngere erhoben wurden, trägt natürlich nicht dazu bei, diese Angelegenheit klar zu stellen. Ein Schädel übrigens, der dem Neanderthaler ähnlich sein soll, ist im vorigen Jahre bei Brüx in Böhmen gefunden worden; derselbe gehört nach den übereinstimmenden Angaben Derer, die ihn untersucht haben, einem knochenkranken vielleicht syphilitischen Menschen an; Schaafhausen schreibt ihm, wie auch einem Schädel von Gibraltar und einem von Cannstadt, ferner einem im Löß bei Colmar gefundenen Schädelbruchstück Aehnlichkeit mit dem Neanderthalschädel zu, aber der pathologische Charakter des einen wie des andern muß allen diesen Funden gegenüber die vorsichtigste Beurtheilung am angezeigtesten erscheinen lassen.

Die mährischen Höhlen. Da die Beziehungen des Ostens zum Westen in unserem Erdtheil eine so bedeutende Rolle spielen, da seine heutigen Westbewohner vorzüglich aus dem fernen und viele davon aus dem nahen Osten gekommen sind, da das Morgenland auch schon in den Zeiten, die für uns noch vorgeschichtliche sind, an Entwickelung der menschlichen Fähigkeiten und besonders an Geschicklichkeit in der Ausbeutung der Naturschätze den mehr abendwärts gelegenen Landen vorausgeeilt war, da endlich gar von Vielen im fernen Morgen die Wiege des Menschengeschlechtes gesucht wird, so wollen wir immer mit besonderer Aufmerksamkeit die Dinge betrachten, welche in ostwärts gelegenen Gegenden ein Licht auf vorgeschichtliche Verhältnisse zu werfen scheinen. Die Höhlenforschungen sind nun zwar solchem Wunsche bis heute gar wenig günstig, denn sie finden — von unsicheren, weiter unten zu berührenden Mittheilungen abgesehen — ihr Ende schon in Mähren, da aber schon dieß eine nennenswerthe Erweiterung ihrer bisherigen, auf England, Frankreich, West- und Süddeutschland wesentlich beschränkten Verbreitung bedeutet, so seien sie nichtsbestoweniger mit einiger Ausführlichkeit beschrieben.

Im mittleren Mähren liegt zwischen Syenit- und Grauwackegebirg eine Masse Devonischen Kalksteins, die reichlich von Höhlen durchzogen ist und in welcher unterirdische Bäche noch immer in aushöhlender Arbeit begriffen sind; Schluchten und tiefe Thäler sammt reichlicher Bewaldung machten diese Gegend gewiß zu einem ganz heimlichen und angenehmen Wohnort der Menschen, die vom Wald zu leben angewiesen waren, und der Thiere, die im Walde Schutz und Nahrung fanden und ihrerseits dem Menschen wieder Nahrung boten.

Unter den vielen Höhlen dieses Gebietes ragt vor Allem die Höhle Vypustek*) durch ihre Größe und Erstreckung und durch die Reste aus vorgeschichtlicher Zeit hervor, welche aus ihrer Tiefe ans Licht gebracht wurden. Was ihren Umriß betrifft, so sieht ihn der Leser auf beifolgendem Kärtchen (Fig. 23.) und weiter ist nur vorauszuschicken, daß sie im Thal von Kyritein liegt, daß ihre beiden Eingänge niedrig und dunkel und daß ein hoher waldbewachsener Bergrücken sie überdacht; sie nimmt

---

*) Výpustek heißt Auslaß.

Die Vypustekhöhle.

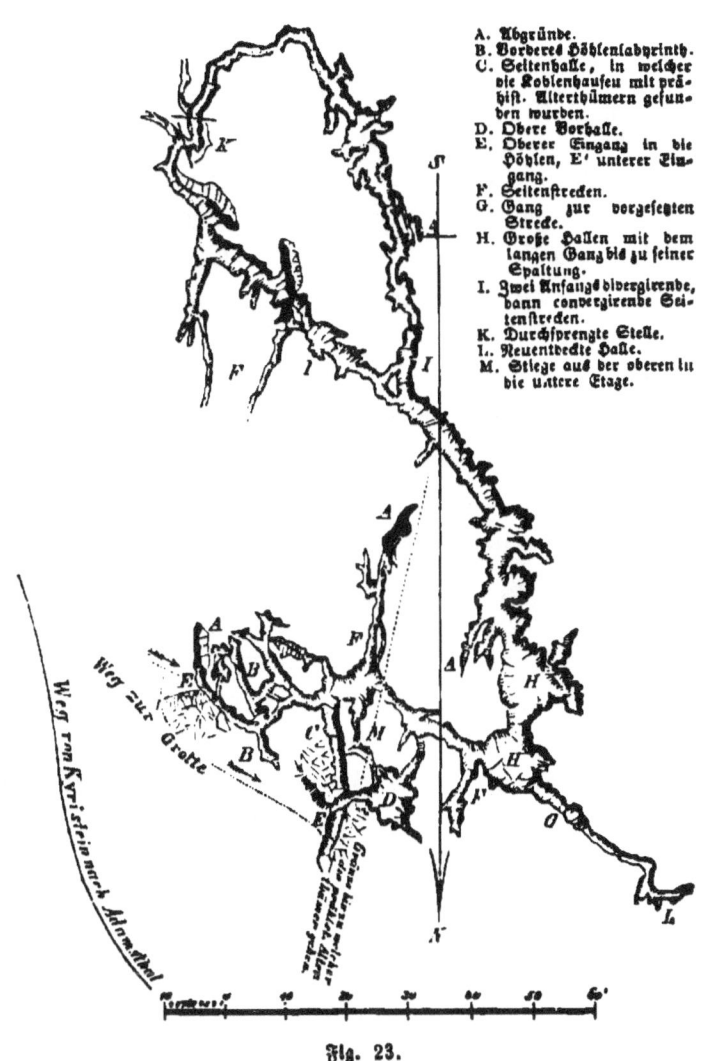

Fig. 23.

(Kärtchen der Vypustekhöhle. Umriss.)

sammt allen Verzweigungen einen Raum von zweitausend-
und sechshundert Quadratmetern ein und hat eine Länge
von zwölfhundert Metern. In ihr fanden sich nun an
verschiedenen Stellen unter einer schützenden Decke später
gebildeten Tropfsteins, die manchmal bis zwei Fuß dick
ward, die unzweideutigen Reste vorgeschichtlicher Bewohnung. Es lagen unter dieser Decke große Massen von
Asche und Kohlen und in diesen zahlreiche Gefäßscherben
und zwar diese in einigen Fällen so, daß man sah, sie
waren am Orte, wo sie lagen, zerbrochen und später nicht
weiter gestört; ferner Knochen- und Steingeräthe und
viele Thierknochen, die die Reste menschlicher Mahlzeiten
sind. Es waren Kohlenhaufen da, die auf zusammen-
gehäuften Steinen lagen, und Aschenhaufen, unter welchen
der Boden gestampft, geglättet und in bedeutende Tiefe
roth gebrannt war. Hier fanden sich nun ferner in sehr
zerstreuter Lagerung einige Steingeräthe und zwar Stücke
von durchbohrten und geglätteten Grünsteinbeilen, ein geglätteter Meisel aus Basalt, einige angeschliffene und ein
noch dazu durchbohrtes, wohl zum Anhängen bestimmtes
Tropfsteinbruchstück, ein Stück Röthel und ein aus Kalkstein flach spatelförmig ausgehöhltes schwer beutbares
Werkzeug. Aus Knochen der Ziege und des Schafes
waren Beingeräthe vorhanden — einfache ahlen- und
schabmesserartige Werkzeuge, auch einige Schüsselchen
aus Gelenkpfannen ausgehöhlt. Am reichlichsten indessen
waren die Thonsachen vertreten, die, wiewohl ohne Drehscheibe gefertigt, wenigstens zum Theil feingearbeitet und
durch geschmackvolle Zierathen ausgezeichnet waren. Es
waren da zweierlei Thongeräthe; die einen bestanden aus

7 *

grobem, mit Steinchen gemischtem, die anderen aus zartem, geschlämmtem Thon und während jene schlecht gebrannt und unverhältnißmäßig (bis vierundzwanzig Millimeter) dick erschienen, waren diese viel dünner und hatten keine mit Fingern und Nägeln eingedrückten Verzierungen an sich wie jene, sondern trugen Linien=Ornamente, die mit Werkzeugen eingegraben waren. Nebenstehende Abbild= ungen zeigen zur Genüge, wie diese Verzierungen über die niederen Stufen des Geschmacks und der Geschicklich= keit hinaus sind. (Fig. 24 u. 25.) Diese Reste alle deuten nicht auf die ältere Steinstufe, wie es sonst die meisten Höhlenfunde thun, sondern sie gehören offenbar der jüngeren an, in der die Steinverarbeitung zur An= fertigung so geglätteter und durchbohrter Beile vorge= schritten war, wie wir sie eben aus dieser Höhle angeführt haben. Nun ist es aber sehr merkwürdig, daß die Lehm= schicht, welche ohne irgend eine Zwischenlagerung diese Aschen= und Kohlenschicht unterteuft, sofort (wie H. Wankel berichtet) Höhlenbärenknochen führt, während wir doch in dieser Höhle eine Tropfsteinhöhle vor uns haben, von welcher schwerlich anzunehmen ist, daß die Tropfsteinbildung jemals dauernd unterbrochen worden sei. Gewöhnlich nimmt man aber an, daß die Stufe der geglätteten Steingeräthe nirgends mehr in Europa in die Zeit falle, in welcher Höhlenbären bei uns lebten, daß sogar die sogenannte Höhlenbärenzeit sehr weit hinter dieser sogenannten jüngeren Steinzeit zurückliege, und der Umstand, daß alle Ablagerungen, welche geglättete Stein= geräthe und die anderen ihnen entsprechenden Reste ent= halten, vor allen die Pfahlbauten, die nordischen Muschel=

unmittelbar von Höhlenbärenknochen unterlagert. 101

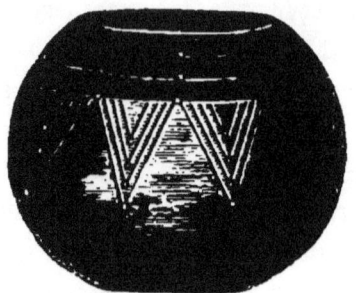

Fig. 24.

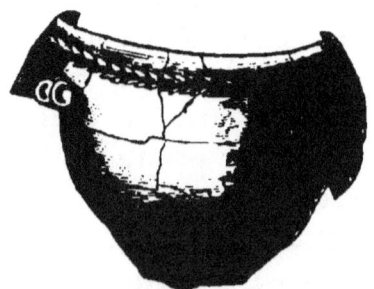

Fig. 25.
Thongeräthe aus der Vypustekhöhle.

haufen, die Felsengräber, überhaupt kein kleinstes Restchen der Thiere enthalten, die in Alt-Europa mit Mammuth und Höhlenbär zusammenlebten (selbst des Rennthieres nicht, das doch selbst heutzutage noch der skandinavischen Gebirgsthierwelt angehört!), läßt diese Annahme als eine sehr wohlbegründete erscheinen. Hier liegen nun aber die Geräthe, die der jüngsten Entwickelung der Steinstufe angehören, unmittelbar über den Höhlenbärenknochen, während man doch unter der erwähnten Annahme schließen sollte, daß eine sehr bedeutende Tropfsteinlage sie trennen müßte. Wie soll nun das gedeutet werden? Einen Beobachtungsfehler anzunehmen, ist nahezu unmöglich; zu denken, daß die Höhle etwa durch anderweitigen Abfluß der kaltzuführenden Quellen zeitweis aufgehört habe, Tropfstein zu bilden, ist man nicht berechtigt; endlich anzunehmen, daß Höhlenbären hier gelebt hätten, als schon Menschen mit polirten Steinarten sich in der Höhle niederließen, widerstreitet der großen Mehrzahl bisheriger Erfahrungen, wird aber allerdings durch einige andere oben erwähnte Fälle nicht ganz unwahrscheinlich gemacht, wie wir am gehörigen Orte gleichfalls hervorgehoben haben. Jedenfalls ist das ein interessanter Befund, welcher viel eingehendere Nachforschung und Darstellung verdiente als ein einzelner Privatmann ihm widmen konnte.

Im gleichen Thale öffnet sich etwa eine Stunde weiter abwärts eine andere merkwürdige Höhle, die von Byčiskála, welche ursprünglich nur in der Tiefe einen niedrigen, und weiter oben einen zweiten Eingang besitzt, welch letzterer genügendes Licht in die Halle läßt, die den vorderen Theil der Höhle bildet, um eine mondscheinartige Dämmerung in derselben zu erzeugen; von dieser Halle führt ein rechtwinklig abzweigender Gang von dreihundertundzwölf Meter Länge zu einem fast fünf Klafter tiefen, teichartigen Tümpel, der vermittelst eines Floßes überfahren wird, worauf man zu einer vierzehn Meter langen und acht Meter breiten Felsenkammer gelangt, deren Boden vollkommen mit Wasser angefüllt ist. In einer von dem

Höhlengange abzweigenden Seitenhalle, die vom Höhlen=
mund neunzig Meter entfernt ist, in der Länge dreißig,
der Breite sechzehn, der Höhe acht bis zehn Meter mißt,
umschloß diese Býčiskálahöhle nun folgende Alterthümer:
Zunächst bedeckt den Boden eine bedeutende, bis vier Meter
mächtige Sandschicht, in welcher schon früher Menschen=
skelete in sitzender Stellung gefunden, aber leider ver=
schleudert worden waren; Wankels Bemühungen ist es
aber doch gelungen, noch einige Skelettheile aus diesem
Sande zu erheben und ist besonders ein Schädel zu be=
merken, dem der Finder einen ausgesprochen dolichocephalen
Charakter, fünfseitige Form, größte Breite weit hinter der
Hälfte, und in Massen und Verhältnissen viel Ueberein=
stimmendes mit den meisten alten Schädeln aus Höhlen
und Gräbern der Vorzeit zuschreibt. Unter der Oberfläche
dieses Sandes wurden dann auch Knochen von Hund,
Hirsch, Reh, Schaf, Biber nebst Gefäßscherben gefunden,
ohne daß hierüber Genaueres gemeldet wurde. Aber
unter einer zehn bis zwanzig Millimeter dicken Tropf=
steinlage, welche diesen Sand unterlagert, findet sich eine
andere, offenbar eine ächte Höhlen=Culturschicht. Dieselbe
besteht aus einem groben, quarzreichen Sande, gemengt
mit kleinem Grauwackengeschiebe, Hornsteinstücken, der
Länge nach aufgeschlagenen Thierknochen, Thierkiefern,
Geräthen aus Stein und auch einzelnen Menschenknochen
und so liegt sie auf dem festen wie gestampften, von Kohle
und Asche bedeckten Höhlenlehm. Die ganze Lagerung
und die Beschaffenheit des Einzelnen zeigt an, daß diese
wichtigen Dinge seit ihrer Ablagerung nicht mehr gestört
wurden; die Tropfsteindecke schützte sie, aber wo die durch

die Höhlen stürzenden Wasser hinzuwirken vermochten, rissen sie diese Decke weg, spülten dann die Sandschichten und diese tiefere Culturschicht zusammen und untereinander und boten so gleichsam eine Experimentalerläuterung der verwirrten Fundverhältnisse, wie sie in so manchen Höhlen herrschen. Die Thierknochen gehörten am allermeisten dem Pferd, dann dem Rennthier, dem Büffel, dem Vielfraß, dem Hasen, dem Wolf, der Wildkatze an. Und gleichwie wir es in anderen Höhlen gesehen, sind auch hier die Gliedmassenknochen unverhältnißmäßig häufig und beweisen, daß der Rumpf meistens außerhalb der Höhle abgefleischt wurde. Steingeräthe fand sich mancherlei aus mancherlei Material gefertigt; aus Feuerstein, aus Hornstein, aus Chalcedon, aus Prasem, aus Jaspis, aus Eisenkiesel lagen durchaus ungeschliffene Beile, Messer, Lanzen- und Pfeilspitzen, vollendet und unvollendet, umher und häufig waren die Steinkerne, von denen sie abgeschlagen worden. Und von all diesen zum Theil allerorts seltenen Steinen ist nur der Hornstein in der Gegend häufig, wie er denn in der Höhle selbst im Gerölle liegt, während alle anderen aus weiter Ferne stammen. Auch Nadeln, Schabwerkzeuge und dergleichen aus Knochen, besonders aus Rennthiergeweih liegen umher.

Von **südeuropäischen Höhlen** haben bisher die sicilianischen die bemerkenswerthesten Ergebnisse geliefert (Fig. 26—33); zwar sind umfassende Erhebungen welche eine eingehende Vergleichung und Classifikation der Höhlenfunde gestatten würden, dort noch zu wünschen, aber das, was bisher gefunden und bestimmt wurde, bietet im Vergleich mit den nord- und mitteleuropäischen

Sicilianische Höhlen.

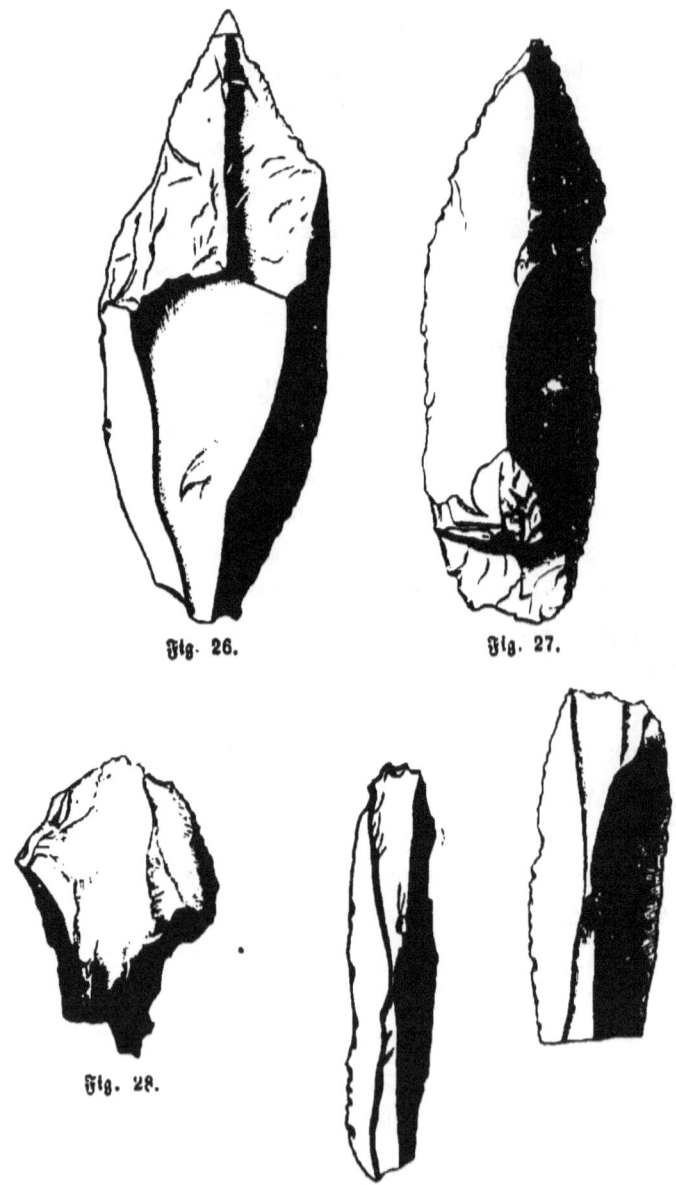

Fig. 26. Fig. 27.

Fig. 28.

Fig. 29. Fig. 30.
Feuersteinwaffen, und -geräthe aus sicilianischen Höhlen.

106 Ihr Unterschied von den mitteleuropäischen.

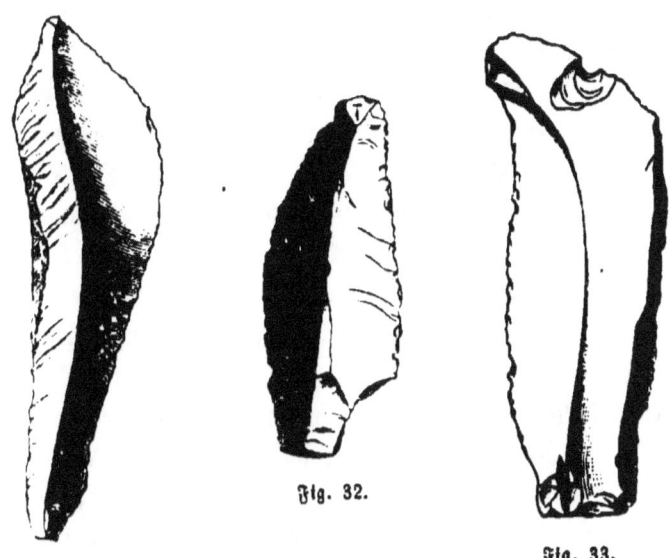

Fig. 31. Fig. 32. Fig. 33.
Sicilianische Feuersteinsplitter.

Höhlenalterthümern einige neue Erscheinungen, die um so wichtiger, je einförmiger, und beschränkter jene im Ganzen sind. Es ist hier schon das Eine bedeutsam, daß in Sicilien eine von der nord- und mitteleuropäischen sehr verschiedene Thierwelt mit den Menschen zusammenlebte, die nur Steingeräthe besaßen, während im Uebrigen die Urbewohner ganz wie dort die Stufen der roheren Steingeräthe, dann der geschliffenen, dann des Erzes und Eisens nach einander erstiegen zu haben scheinen. Besonders die Fülle nordischer Thiere und besonders der Rennthierreste, die einem Abschnitte der sogenannten Steinzeit einen so eigenthümlichen Charakter verlieh, wird hier vermißt, was man wohl auf einen schon damals vorhandenen erheblichen Abstand der klimatischen Zustände beider Regionen deuten

darf, und es wird bei weiterer Ausbeutung der sicilianischen
Alterthümer eines der interessantesten Resultate die Er=
kenntniß der Aehnlichkeiten und Unterschiede der so unter
weit verschiedenen äußeren Umständen entwickelten vorge=
geschichtlichen Verhältnisse sein. So bot die Höhle von
San Teoboro in ihrer obersten Schicht neben Steinwaffen
Knochen vom Pferd, einer Ochsenart, Ziege und Hirsch,
in der mittleren gleichfalls mit Steinwaffen Knochen vom
Pferd, Ochsen, Kaninchen, die aber nach unten seltener,
während die des Elephas antiquus, des braunen Bären,
der gefleckten Hyäne, zweier Hirscharten häufiger werden
und auch Reste vom Schwein auftreten; in der untersten
Schicht zeigen sich zahlreiche Reste von Pferden und
Hirschen. Die Ablagerung dieser Reste scheint aber keine
ganz regelmäßige gewesen zu sein, so daß zum Beispiel
die wichtige Frage, ob in Sicilien die Steinmenschen mit
dem südlichen Vertreter des Mammuth, dem Elephas an=
tiquus zusammengelebt haben, auf diese Funde hin allein
noch nicht für im bejahenden Sinne gelöst gehalten werden
darf, andere scheinen sie aber entschieden zu bejahen. Die
Steinwaffen waren durchaus ungeschliffen. In der Höhle
von Perciata hat man Reste vom Schwein, Hasen, einer
Pferde= und zwei Hirscharten mit sehr ursprünglichen
Steinwerkzeugen gefunden. In der von Maccagnone
fand Falconer in der oberen Schicht Reste von Hippo=
potamus, Elephas antiquus, Hyaena crocuta, zwei Hirsch=
arten und zwei anderen Wiederkäuern, in der Mitte außer
Hyäne und Hippopotamus noch den Höhlenlöwen, einen
großen Bären und kleine Wiederkäuer, in der unteren
neben Pferd und Wiederkäuern Kieselwerkzeuge. Im

Ganzen glauben die sicilianischen Forscher schließen zu dürfen, daß der Mensch auf ihrer Insel zur Diluvialzeit aufgetreten sei, als das Hippopotamus bereits südwärts gedrängt, Elephas antiquus aber und Hyäne noch im Lande lebten. Daß er in der späteren Zeit, als die Kunst der Steinbearbeitung zu größerer Vollkommenheit vorge= schritten war, gleichfalls nicht fehlte, beweisen die prächtigen Steinwaffen, die da und dort zerstreut gefunden sind und zum Theil aus ätnaischer Lava und anderen einheimischen Gesteinen, zum Theil aber aus einem Material gefertigt sind, dessen Heimath auf dem nahen Festlande oder den kleineren Inseln gesucht werden muß.

Auch in Malta sind verzierte Topfscherben, Kohlen und Nilpferdknochen zusammen in der Höhle von San Giorgio gefunden.

In Spanien sind, wie die Bodengestaltung des Landes erwarten läßt, Höhlen nicht selten, aber wir wissen bis jetzt wenig über ihre Einschlüsse. In einer castilianischen Höhle (Pena la niel) sind Knochen vom Urochs, Pferd, Hirsch und Reh, von Menschenhand zerbrochen und neben ihnen rohes Steingeräth gefunden; in einer anderen der= selben Gegend (Cueva Lobrega) ist ein Menschenschädel, ein Hundsschädel mit mehr als wolfsartigem Gebiß, Knochen von kleinen Ochsen, vom Schwein, Hirsch, Reh, der Ziege, bearbeitete Knochen und rohe Topfbruchstücke entdeckt worden.

In den Geröll=, Sand= und Lehmablagerungen, welche theils nicht mehr vorhandene Flüsse, theils die noch jetzt fließenden, unter anderen Umständen wie größeren Wasser= massen, verzweigterem Laufe, anderer Bodengestalt in der

Diluvialzeit (f. S. 29 u. ff.) über die Länder gebreitet haben, finden sich an vielen Orten rohe Werke von menschlicher Hand in unmittelbarer Nachbarschaft der Reste jener ausgestorbenen Thiere, die zu erwähnen wir bei Besprechung der Höhlenfunde so oft Gelegenheit hatten*) und derjenigen großen Diluvialsäugethiere, welche diese in anderen Theilen der Erde vertraten; es sind zum Beispiel in Indien Feuersteinbeile von dem Typus der hier zu besprechenden in den Schichten gefunden worden, welche Reste von Elephas insignis und nomadicus, Hippopotamus palaeindicus und anderen diluvialen Bewohnern Südasiens umschließen.

In Europa ist die classische Fundstelle solcher Reste das Sommethal, wo sie am ersten (durch Boucher de Perthes) nach ihrem wahren Wesen und ihrer Bedeutung erkannt wurden und wo die namhaftesten Geologen und Alterthumskundigen das Dasein zwingender Beweise für die Annahme des Zusammenlebens des Menschen mit diluvialen Thieren anerkennen mußten, als die

---

*) Faßt man die gut beglaubigten Funde aus Frankreich und England zusammen, so finden wir da vertreten das Mammuth sammt seinem Verwandten Elephas antiquus, ferner Rhinoceros tichorhinus und megarhinus, Bos priscus und primigenius und wahrscheinlich auch moschatus, Bison europaeus, Ursus spelaeus, Hyaena spelaea, Felis spelaea, Cervus euryceros (Riesenhirsch), tarandus (Rennthier) und elaphus, ferner das Pferd, von dem es unsicher, ob es hier nicht in zwei verschiedenen Arten auftritt. Auch Hippopotamus major wird genannt.

110   Feuersteinwaffen, menschliche Reste

Höhlenforschungen erst begonnen hatten, ihre merkwürdigen Ergebnisse zu übersehen. (Fig. 34.) Dort kommen roh=

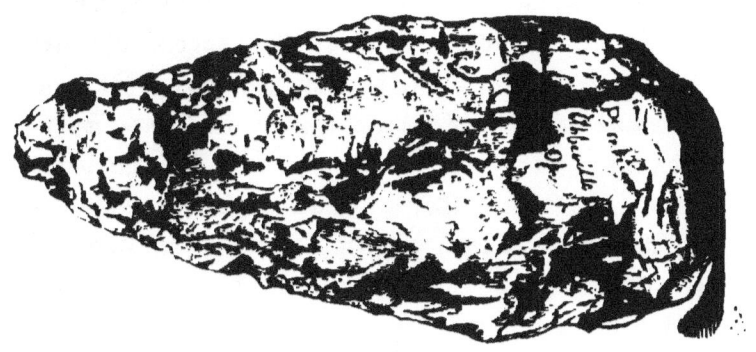

Fig. 34.
Steinbeil aus dem Sommethal.

behauene Aerte aus Feuerstein in den ältesten Schichten des diluvialen Gerölles vor, in Lagen, die hundert Fuß über dem jetzigen Wasserstande liegen und doch bereinst von demselben Flusse abgelagert wurden, der sich seitdem so tief in den Grund eingegraben hat. Und dieses Vor=kommen ist nicht etwa nur ein örtliches, das man als zufällig zu deuten vermöchte, sondern es wiederholt sich in verschiedenen Theilen der westlichen Flußgebiete Frank=reichs und in England und wird, wie Berichte aus Spa=nien, Italien, Indien vermuthen lassen, die wegen ihrer Kürze und Unbestimmtheit noch keine direkten Schlüsse erlauben, sich mit der Zeit als eine kaum weniger allge=meine Erscheinung darstellen, wie etwa die Höhlenfunde oder die Hügelgräber.

Die Spuren des Menschen in diesen Schwemm=gebilden bestehen vorwiegend, wie erwähnt, aus großen

Feuersteinwaffen, die mit groben Schlägen in meist ei- und mandelförmige Gestalt gebracht sind und so ziemlich das einfachste für Kampf und Jagd wirksamste darstellen, was sich der Mensch aus diesem später so vielseitig verwertheten Stoffe überhaupt bilden mochte; außer ihnen sind Einschnitte an den Knochen der obengenannten Thiere wahrgenommen worden, die indessen ohne das Zusammenvorkommen mit diesen Waffen keinen ernstlichen Anspruch auf Beweiskraft machen dürften. Häufchen von Coscinoporen und Orbitulinen, nach Rigollot im Sommethal in einer Weise beisammenliegend, welche an Schmuckschnüre erinnert, deren Faden verwest ist, dürften kaum für sichere menschliche Reste gehalten werden; ihre Durchbohrungen können natürlich sein. Ihr Zusammenlagern ist allerdings verdächtig, aber man muß Genaueres abwarten. — Auch von menschlichen Skeleten sind Reste in diesen Schwemmgebilden gefunden worden; so ein Unterkiefer bei Abbeville, der seiner Zeit großes Aufsehen erregte, ein Schädel und andere kleinere Stücke. Ein anderes Schwemmgebilde, aus welchem schon seit lange da und dort Reste ausgestorbener Diluvialthiere erhoben wurden, der Löß, hat bei näherer Durchforschung in verschiedenen Flußthälern, wie zu erwarten, auch Reste vorgeschichtlicher Menschen ergeben. Zu Engisheim bei Colmar fand man in ihm, wie oben erwähnt, Schädelreste eines Menschen neben Knochen des Mammuth, des Bison, des Bos priscus, eines großen Hirschen; im Löß bei Choisy-le-Roi im Seinethal sind Feuerstellen, um welche Kieselmesser umherliegen, entdeckt worden. Feuersteinwaffen, besonders Beile und Messer, von meist sehr roher, an die Sommethalfunde erinnernder

Arbeit liegen massenhaft auf den flachen Feldern des Hennegau in Belgien. „Sieht man, so schreibt einer, der ein solches Fundfeld bei Spiennes besucht hat, im Archiv für Anthropologie (IV. 481), die Tausende an, die im Brüsseler Museum liegen und denkt man an die weiteren Tausende, welche seit Jahren die Besucher hier sammelten, so sollte man meinen, das Feld wäre längst abgesucht. Jedes Jahr aber fördert der Pflug neue zu Tage, so daß jene Aecker eine wirklich unerschöpfliche Fundgrube genannt werden können." Die belgischen Anthropologen nehmen an, daß die einstigen Eigenthümer dieser Waffen gleichalterig mit den Höhlenbewohnern des nahen Hügellandes gewesen seien und daß sie dieselben nach manchen Kämpfen unterdrückt hätten. Die Verschanzung von Hastedon, eine kleine Hochebene, welche von verglasten Wällen umgeben ist, soll eine Art Festung der waffenreichen Hennegauer gewesen sein. — Thatsachen liegen für diese Meinungen übrigens nicht vor.

Wir haben nun die wichtigsten unter den Fundstätten überblickt, die bis heute die ältesten zuverlässigen Spuren vom Dasein des Menschen in Europa geboten haben und der geehrte Leser wird sich nach Aufzählung so vieler Einzelheiten am Schlusse nach einer Zusammenfassung und Beurtheilung dessen umsehen, was sich an allgemeineren Resultaten aus diesen offenbar sehr ungleichartigen Funden folgern läßt. Es sei dieß in aller Kürze versucht.

Die zuletzt erwähnten Funde im Schwemmland verschiedener Flußgebiete, dieß ist vor allem hervorzuheben, stammen so gut wie die Höhlenfunde von Lagerstätten, welche von Natur schwankend, unzuverlässig sind; ein Geröll ist nicht wie ein Kalk- oder Sandstein, daß es fest das umschließt, was an organischen Resten zu irgend einer Zeit in es eingebettet ward, es kann leicht von Wasserläufen durchsetzt werden, die seine inneren Verhältnisse, seine eigenen Bestandtheile und seine Einschlüsse verändern, es kann von seiner Lagerstätte weggespült und anderswo in anderer Ordnung wieder abgelagert werden, es kann selbst durch äußere Anstöße verstürzt, umgewühlt werden. Einzelne Funde in solcher Umschließung sind daher niemals geeignet zu einem sicheren Schluß über ihr Alter, ihre Herkunft und dergleichen hin zu leiten; nur bei sehr zahlreichen, unter verschiedensten Verhältnissen auftretenden darf man hoffen, jene störenden Zufälligkeiten abzuschwächen und so zu Schlüssen zu gelangen, welche der Wahrheit möglichst nahe kommen; aber auch da wird immer noch die Vorsicht zu beobachten sein, die bei jeder so fernliegenden Sache die nothwendigste ist: die größten Umrisse zuerst zu erkennen und ihre Ausfüllung mit Einzelheiten nicht eher zu versuchen, als bis ihr Rahmen in möglichster Vollendung dasteht.

Da ist denn ohne Zweifel das hervorragendste Resultat die Erkenntniß, daß der Mensch in Europa noch mit einer Anzahl ausgestorbener oder ausgewanderter Thiere zusammengelebt hat und zwar mit Thieren, die unserer heutigen Thierwelt so fremd geworden sind wie der Elephant, das Nashorn, der Löwe, die Hyäne. Dieses ist sicherlich das unerwartetste aller bis heute erlangten vorgeschichtlichen Resultate und es gewinnt an Bedeutung dadurch, daß eine Anzahl dieser Thiere, besonders der

jetzt nach Norden oder ins Hochgebirg gedrängten (Renn=
thier, Gemse, Steinbock, Schneehase, Lemming und der=
gleichen), zu der Annahme berechtigen, die auch durch eine
Reihe sehr triftiger geologischer Gründe gestützt wird, daß
zu der Zeit, da der Mensch Europa bewohnte, das Klima
dieses Erdtheiles ein feuchteres und kälteres war, als es heute
ist und daß wir als Grund für die seitdem eingetretene Aender=
ung des Klimas gewisse geologische Vorgänge anzusprechen
haben, welche höchst wahrscheinlich vorwiegend in starker
Verminderung der Meeresbedeckung der nordischen und
östlichen Flachländer und in der veränderten Richtung des
für unsere Wärmeverhältnisse so einflußreichen Golfstromes
zu suchen sind. Daß der vorgeschichtliche Mensch Europas
diese Veränderungen miterlebt hat, ist keinem Zweifel mehr
unterworfen, wenn er vielleicht auch erst am Ende der
Kälteperiode, die man als diluviale Eiszeit bezeichnet, auf=
getreten sein sollte und welche praktische Folgen sich be=
sonders bezüglich der Bestimmung des Alters der euro=
päischen Menschheit an diese Erkenntniß knüpfen, findet der
Leser im zweiten Abschnitt, wo von den Zeitbestimmungen
die Rede ist, angedeutet.

 Es ist der weitere allgemeine Schluß erlaubt, daß
die eigentlichen Höhlenbewohner, das heißt diejenigen,
welche die häufigsten Reste in denselben hinterlassen haben,
in vielen Höhlen lange Zeit wohnten und einige auch als
Begräbnißplatz benützten, Völkern angehörten, die von
der Jagd und Fischerei lebten, von denen als Waffen
nur behauene Steine und Knochen bekannt sind und welche
Gefässe aus Thon entweder nicht oder nur in geringerem
Maße verwendeten.

Es ist ferner, allerdings unter ausdrücklicher Hinweisung auf die Kärglichkeit der menschlichen Skeletreste aus dieser Periode zu schließen, daß die Alten ihrem körperlichen Wesen nach von denen, die jetzt ihre Wohnstätten eingenommen haben, viel weniger verschieden sind, als einige der heute die Erde bewohnenden Völker. Noch Schmerling wollte in seinen belgischen Höhlenschädeln Negermerkmale erkennen und andere Zeitgenossen sprachen wenigstens von Nubier- und Zigeunerschädeln, aber die neueren Forschungen haben diese vermeintlichen Unterschiede immer mehr verkleinert und lassen einen unmittelbaren Vergleich vorgeschichtlicher Skeletreste mit denen heutiger Völker einstweilen noch als verfrüht erscheinen. Selbst die besonders von französischen Forschern mit so großer Bestimmtheit ausgesprochene Meinung, daß die Höhlenschädel die Merkmale von Finnen, Esthen, Lappen zeigen, gründet sich mehr auf einige flüchtige Aehnlichkeiten, als auf tiefere Stammverwandtschaft und ist noch lange nicht geeignet, der ganzen Frage nach der ethnographischen Stellung der vorgeschichtlichen Bewohner Europas den Charakter einer einstweilen noch offenen zu benehmen*).

Auch das ist klar, daß der Zeitraum, auf welchen die in diesem Abschnitte nacheinander betrachteten Funde

---

*) Die Angabe, daß die alten Höhlenbewohner Menschenfresser gewesen seien, welche eine Zeit lang mit Bestimmtheit auftrat, ist in einigen Fällen als auf falschen Schlüssen beruhend nachgewiesen, in keinem aber mit Sicherheit bewiesen worden.

von den Aerten des Sommethals bis zu den reichen und mannigfaltigen Resten der Rennthierjäger herab, sich vertheilen, ein beträchtlicher sein muß, daß er wahrscheinlich größer ist, als die Dauer aller folgenden vorgeschichtlichen Zeiten, ohne daß wir aus den früher erörterten Gründen ihn mit Jahreszahlen auszumessen vermöchten. Auch ohne irgend einen der Reste, die uns jetzt so reichlich zu Gebote stehen, zu kennen, würden wir immer für diese Epoche (die man am passendsten wohl als die der biluvialen Menschenreste bezeichnen mag) eine sehr lange Dauer in Anspruch nehmen müssen, denn steinerne Waffen und Geräthe sind auf jenen niedersten Culturstufen, welche ihrem ganzen Wesen nach die unbeweglichsten und dauerndsten sind, das natürlichste Handwerkszeug des Menschen, wogegen die Einführung der Metalle einen neuen Faktor in die Entwickelung bringt, der derselben sehr bald ein rascheres Tempo geben wird. Bedenkt man, wie naheliegend die Verwerthung des kaum irgendwo mangelnden Steinmaterials gewesen sein muß — der Baumast, der zur ersten Keule ward, konnte nicht näher liegen — so erlangt diese Zeit eine Ausdehnung in die dunkelsten, fernsten Gebiete der Urgeschichte, denn es ist im Grunde kaum ein Zustand des Menschen denkbar, und sei er noch so thierisch, auf dem er nicht zum Steine, der auf jedem Wege lag, gegriffen haben und unter Umständen denselben auch bald zweckentsprechend zugehauen haben sollte.

Was nun die zweckmäßigste Gliederung dieser älteren Periode der Urgeschichte Europas betrifft, so würde dieselbe immer auf den Menschen selbst basirt sein müssen; man würde die Völker zu sondern suchen, welche nach-

Eintheilung der Eiszeit.

einander oder nebeneinander unseren Erdtheil bewohnt haben und wenn das auch zuerst nur auf Grund ihrer Skeletreste geschehen könnte, so würde man doch mit der Zeit für jegliches wahrscheinlich weitere Merkmale in Cultureigenthümlichkeiten, Wohnplätzen und Verbreitung herausfinden. Dieser Aufgabe steht allerdings für jetzt noch die Mangelhaftigkeit des Materials entgegen; aber ihre Lösung ist, wenn auch zunächst nur provisorische Resultate in Aussicht stehen, wenigstens als eines der wichtigsten Ziele urgeschichtlicher Forschung anzustreben.

Die gegenwärtig in ziemlich allgemeiner Geltung stehende Gliederung dieser Zeit ist dagegen absolut ungenügend. Sie stützt sich zunächst auf die Thatsache, daß der alteuropäische Mensch mit einer Anzahl theils ausgestorbener, theils zurückgedrängter Thiere zusammengelebt hat, ferner auf die allerdings bis jetzt allgemein bestätigte Erscheinung, daß auf eine Epoche, während welcher derselbe ausschließlich behauene Steingeräthe verwendete, eine andere folgte, in welcher vorzugsweise mit geschliffenen Steingeräthen gearbeitet und gekämpft ward; aber es ist zu bemerken, daß diese beiden nicht ganz scharf von einander zu scheiden sind, da sie vielfach in einander übergreifen. Was aber das Aussterben und Zurückweichen einer Reihe von Thierarten betrifft, mit denen in früherer Zeit der Mensch zusammengelebt hat, so ist es kaum glaublich, daß es auch nur über das mittlere Europa hin genügend gleichmäßig stattgefunden habe, um die Anhaltspunkte für eine Reihe von Epochen der älteren Urgeschichte abgeben zu können. Man meinte, der Höhlenbär sei zuerst ausgestorben, dann seien Rhinoceros und Mammuth gefolgt, dann sei das Rennthier nord- und ostwärts ausgewichen und endlich sei der Bos primigenius, der Urochs, verschwunden und das gab nun vier Zeitabschnitte, in die man die Funde eintheilte, je nachdem sie noch mit Resten des Höhlenbären, oder des Mammuth, oder des Rennthiers oder endlich des Urochsen in solcher Weise zusammengefunden worden waren, daß man annehmen konnte, sie seien gleichzeitig mit diesen abgelagert worden. Demgemäß zerfiel die ältere Urgeschichte des Menschen in Mitteleuropa in eine Höhlenbärenzeit, eine Mammuthzeit und eine Rennthierzeit, mit welch letzterer die Urochsenzeit zu vereinigen sein sollte; da sich aber allmählich klar herausgestellt hat, daß wir die Periode, in der der Höhlenbär in diesen Regionen ausgestorben ist, noch nicht klar bestimmen können und da es sogar scheint, als habe derselbe, was übrigens von vornherein wahrscheinlich ist, mancherorts sogar noch die beiden riesigen Dickhäuter überlebt, so sind die beiden ersten Abschnitte dieser Eintheilung wenigstens vorerst nicht anzuwenden, ohne den Thatsachen selbst einen Zwang anzuthun. Und mit der sogenannten Rennthierzeit ist es wahrscheinlich nicht anders. Oder sollen wir nicht auf der Hut sein auch gegen diese Categorie, wenn wir einen Höhlenkenner wie Fraas das Rennthier als ein noch zur Römerzeit im hercynischen Walde schweifendes Wild bezeichnen hören, während Andere es schon ein Paar Tausend Jahre früher aus Mitteleuropa verschwinden lassen? Daß auch Brandt, eine Autorität in diesen Dingen, in seinen zoogeographischen Beiträgen sich gegen die Verallgemeinerung dieses besonders von Lartet und Garrigon ausgebildeten Systems vorgeschichtlicher Epochen ausspricht, dem er höchstens eine örtliche Berechtigung zugesteht, kann nur darin bestärken, sich ablehnend gegen jede voreilige Ein- oder Abschnürung dieser Art zu verhalten, die das Wachsthum einer Wissenschaft in willkürliche Formen preßt.

Im Vorhergehenden mußte oft der diluvialen Thiere Erwähnung geschehen, die eine so große Bedeutung für das Verständniß der menschlichen Vorgeschichte haben, und es wird nun nicht überflüssig sein, ein Paar eingehendere Worte über ihr Wesen und ihre Verbreitung hier anzufügen.

Von Elephanten sind für die mitteleuropäische Vorgeschichte wichtig Elephas primigenius (das Mammuth) und Elephas antiquus; von ihnen besaß der erstere einen mehr nördlichen Verbreitungsbezirk als der letztere, ohne daß dieß ihr Zusammenvorkommen, wie uns schon die Funde im Sommethal lehrten, in weiten Gebieten beeinträchtigte. Dem Mammuth, das auch in Nordamerika verbreitet war, gehören jene riesigen Leiber an, die dann und wann mit Haut und Haaren aus der gefrorenen Erde Sibiriens auftauchen und jene gewaltigen Knochenhaufen, die seit Jahrhunderten einen regen Handel mit „sibirischem Elfenbein" nähren. (Fig. 35—37, 39.) Andere Ueberlieferungen aber als in den vorgeschichtlichen Funden besitzen wir über das Zusammenleben dieser Thiere mit dem Menschen nicht.

Von drei Arten Nashörnern, die zur Diluvialzeit lebten, hatte Rhinoceros tichorhinus (Fig. 38) in Europa einen ähnlichen Verbreitungsbezirk wie das Mammuth, während die beiden anderen, Rh. leptorhinus und Merkii mehr im

120 Die Thiere der Eiszeit.

Fig. 35.
Backenzahn des Elephas antiquus.

Fig. 36. Backenzahn des Elephas primigenius (Mammuth.)

Fig. 37. Backenzahn des Elephas Africanus.

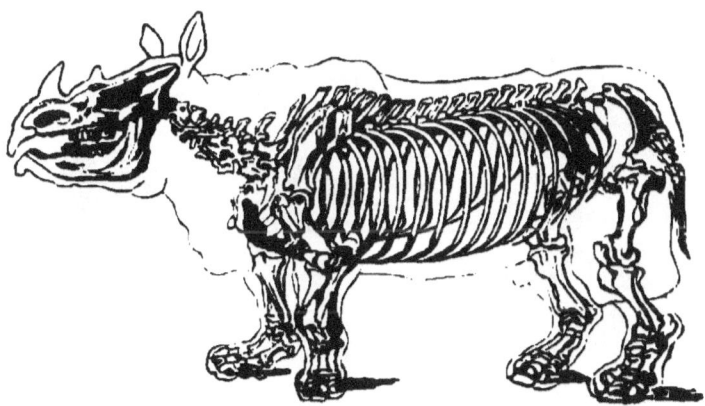

Fig. 38. Skelet des Rhinoceros tichorhinus.

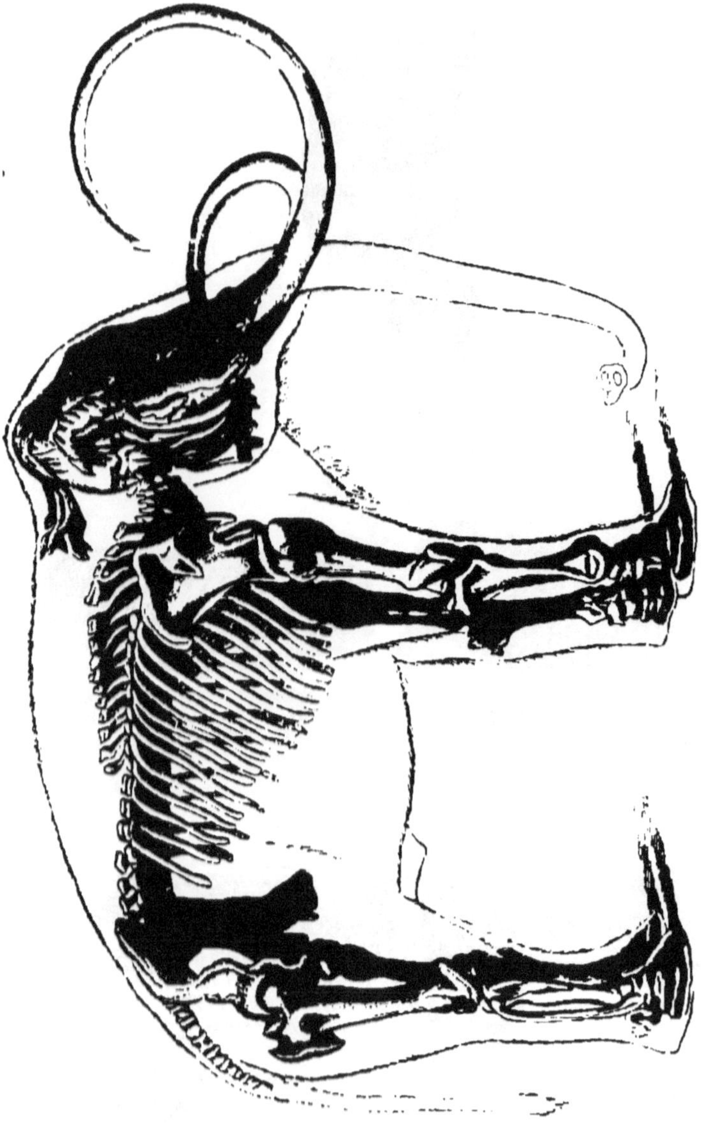

Die Thiere der Eiszeit.

Fig. 39. Mammuthskelet.

122   Nashörner; Urochs.

Süden schweiften. Jenes ist gleich dem Mammuth und in ähnlicher Weise behaart gewesen, wie man an gefrornen Individuen aus Sibirien bemerkt, doch ist hier wie dort aus dieser Behaarung noch kein Schluß auf ein kälteres Klima zu machen, nachdem wir noch heute unter den Tropen sehr dichthaarige Thiere (zum Beispiel unter den Affen) treffen und es ist darum auch nicht nothwendig anzunehmen, daß diese Riesenthiere nur in kälteren Zeiten unsere Gegenden bewohnten.

Der Urochs (Bos primigenius) (Fig. 40), von wel=

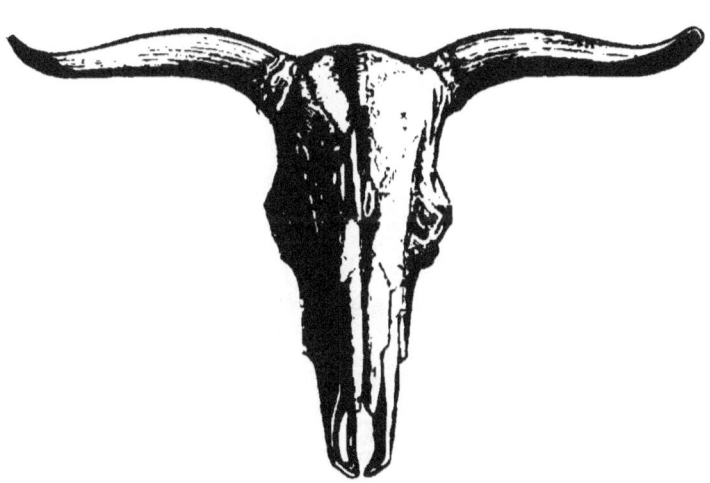

Fig. 40. Bos primigenius, Schädel.

chem im Pfahlbautencapitel Näheres zu melden sein wird, da er als Stammvater einer der von den Pfahlbauern gezüchteten Rinderrassen zu betrachten ist, hat sich allem Anschein nach bis in geschichtliche Zeiten in Deutschland und dessen östlichen Grenzländern in wildem Zustande erhalten; Cäsar läßt ihn im hercynischen Wald vorkommen, im Nibelungenlied ist von „starker Ure viere" die Rede und ein Reisender des sechzehnten Jahrhunderts, Herberstein, führt ihn als Genossen des Wisent oder europäischen Bison aus Preußen an. Es ist selbst wahrscheinlich, daß die Chillinghamrinder Englands, eine Rasse im Park gehegter ursprünglich anscheinend wilder hellfarbiger Rinder, direkte Abkömmlinge dieses stattlichen Urbewohners unserer Wälder sind. In Amerika sind Reste dieses Rindes noch nicht gefunden worden.

Bison europaeus, der Wisent, Büffel oder Bison (Fig. 41) hält sich in Europa nur noch in gehegtem Zustande in den lithauischen Wäldern, lebt dagegen im

Fig. 41. Der Wisent.

westlichen Asien noch in der Wildniß und ist gewiß einer der spätest ausgerotteten alten Gesellen des Menschen; er ist in Osteuropa bis in die letzten Jahrhunderte hinein vorgekommen und dürfte in seiner Ausrottungsgeschichte zahlreiche Parallelen mit dem Elenthier bieten; im Osten, so in Siebenbürgen und Ungarn ist es selbst dem Bewußtsein der Lebenden noch so wenig fremd geworden, daß die Sage ihn in dem und jenem dichten Walde fortleben läßt.

Der **Moschusochs** (Ovibos moschatus) (Fig. 42) ist unter den diluvialen Hufthieren eines der selteneren,

Fig. 42. Moschusochse (Ovibos moschatus).

aber es ist dasjenige, welches am entschiedensten auf ein einst kälteres Klima deutet, da es heute nur einen polaren und zwar amerikanischen Verbreitungsbezirk besitzt. Sein Zusammenvorkommen mit den anderen diluvialen Thieren und dem Menschen ist in keiner Weise zweifelhaft, doch dürfte es mehr unter denselben ein zeitweiliger Einwanderer vom Norden als ein beständiger Genosse gewesen sein.

Das **Rennthier** (Tarandus rangifer) (Fig. 43) hat der Leser bereits als eines der hervorragendsten Glieder der Diluvialfauna kennen gelernt und was wir über es früher gesagt, möchte nur dahin zu ergänzen sein, daß uns die Geschichte des Verschwindens oder der Verdräng=

Rennthier.

Fig. 43. Rennthier (Tarandus rangifer)

ung dieses Thieres aus Mitteleuropa dunkler ist, als man gerade bei ihm, dem so häufigen, für den Menschen so wichtigen Wilde erwarten sollte. Die geschichtlichen Andeutungen — mehr als Andeutung findet sich nirgends — sind unsicher und aller Scharfsinn ist beim Mangel zuverlässiger Anhaltspunkte nicht im Stande die Zeit oder gar die Ursachen des Rückzuges der Rennthierheerden nach Norden, oder den Grund, warum sie nicht gleich dem Steinbock und der Gemse in die Hochgebirge zogen u. dergl. zu enträthseln. Nur vermuthungsweise können wir sagen, daß auch es später aus unseren Gegenden verschwand, als man im Allgemeinen anzunehmen geneigt ist und daß es, wiewohl man in den Pfahlbauten und Felsengräbern es noch nicht gefunden, nicht unwahrscheinlich ist, daß es noch im Beginne unserer Zeitrechnung Deutschlands Wälder vereinzelt durchstreifte. Allen Nachrichten nach ist es noch heute im Zurückweichen nach Norden begriffen und dürfte auch seine Geschichte der besser bekannten Verdrängungs=

126 Riesenhirsch.

geschichte des Elenthiers in den Hauptzügen ähnlich sein. In Norwegen, seinem derzeitigen südlichsten Wohnbezirk in Europa, ist es nur durch die strengsten Schutzmaßregeln bis heute im wilden Zustande erhalten. Daß es aber durch seine ganze Organisation auf kalte Gegenden an= gewiesen sei, wie man aus dem Mißlingen eines neuerlichen Akklimatisationsversuches im Roseggthal in der Schweiz geschlossen hat, ist nicht zu beweisen; die vordringende Cultur scheint auch ihm verderblicher geworden zu sein, als etwaige Klimawechsel.

Der Riesenhirsch (Megaceros hibernicus) (Fig. 44),

Fig. 44. Skelet des Riesenhirsches

dessen imposante Reste in Deutschland, Frankreich, Großbritannien, Ober= und Mittelitalien (einigen Angaben nach selbst noch im Torf) gefunden sind, hatte im Ganzen einen mehr nach Süden ausgedehnten Verbreitungsbezirk als Renn= und Elenthier. Er ist gänzlich ausgestorben und wir haben kein verbürgtes Zeugniß, daß er in geschichtlicher Zeit in den genannten Ländern gelebt hat.

Das Elenthier (Cervus Alces) (Fig. 45) be=

Fig. 45.

wohnt noch heute das nordöstliche Europa und Nordamerika, in geschütztem Zustande selbst die Nordostspitze Deutschlands. Ueber seine Geschichte ist im zweiten Capitel das Wissenswertheste mitgetheilt.

Das Pferd der Rennthierzeit, ohne Zweifel ein wild und in Heerden lebendes Thier, war in Größe und Gestalt unseren kleinen Pferderassen — etwa den Ponies — ähnlich. Gleich dem Urochsen ist es im wilden Zustande ausgestorben, um als Hausthier in mancherlei

128 Steinbock, Gemse. Höhlenraubthiere.

Rassen fortzuleben und die häufigen Sagen von wilden Pferden sind neben seinen massenhaften Resten die einzige, allerdings sehr nebelhafte Andeutung, daß es einst mit dem Menschen in anderem als nur dienendem Zustande zusammengelebt hat.

Steinbock und Gemse gehören noch heute, wenn auch vielfach bis zur Ausrottung zurückgedrängt, der mitteleuropäischen Hochgebirgsfauna an und gehen hier südlich bis nach Spanien und den walachischen Karpathen hin.

Unter den Raubthieren sind die drei mächtigsten — Höhlenbär, Höhlenlöwe und Höhlenhyäne (Fig. 46—48) für unsere Gegenden total ausgestorben. Der Bär unserer dichteren Wälder (Ursus arctos) ist nach Fraas ein Abkömmling des sog. Ursus tarandinus, den die meisten Paläontologen wohl einfach als Ursus arctos bestimmten; der Grislybär der amerikanischen Felsengebirge stammt vom Ursus priscus unserer Diluvialfauna, welcher unter allen Bären durch ausgeprägtesten Raubthiercharakter dem Eisbären des Nordens am

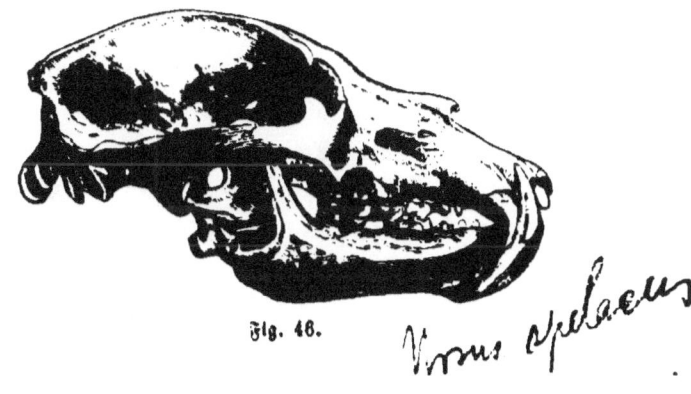

Fig. 46. *Ursus spelaeus*

Höhlenraubthiere. 129

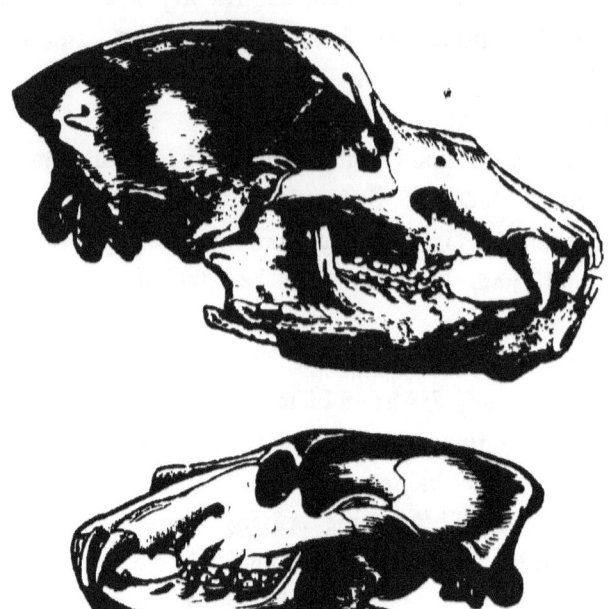

Fig. 47. Ursus spelaeus.

Fig. 48. Ursus arctos.

nächsten steht, während vom Höhlenbären (Ursus spelaeus) dem „großen, dickköpfigen, plumpen" (Fraas), der viel weniger fürchterlich als priscus war, kein Abkömmling in die heutige Thierwelt übergegangen ist.

Der Höhlenlöwe (Felis spelaea) (Fig. 49) ist durch den nicht wesentlich verschiedenen Löwen Nordafrikas (Fig. 50), die Höhlenhyäne (Hyaena spelaea) durch die schon in Sicilien zur Diluvialfauna gehörige gefleckte Hyäne vertreten. Zweifelhafte Reste einer leopardenartigen

Fig. 49. Felis spelaea.

Fig. 50. Felis leo.

Katze sind öfters beschrieben worden. Luchs (Lynx lynx) und Vielfraß (Gulo europaeus) sind, jener in die Gebirge und in den Norden, dieser in den Norden zurück=

gebrängt. Der Wolf (Canis lupus), zäher als diese Genossen, beginnt dennoch gleichfalls sich auf die geschützten Gegenden des Ostens und Nordens zu concentriren und nur die kleinen Raubthiere wie Fuchs, Marder, Iltis, Wiesel halten sich noch aus verschiedenen Gründen inmitten der in jeder Beziehung naturfeindlichen Cultur der Jetztzeit.

Unter den Nagern ist keiner ganz ausgestorben, doch ist der Schneehase (Lepus variabilis) und das Murmelthier (Arctomys marmota) in die Gebirge und den Norden, der Lemming (Myodes lemmus) und der Pfeifhase (Lagomys alpinus) in den Norden zurückgegangen und wird der Biber (Castor fiber) für Mitteleuropa wohl bald ganz der Vergangenheit angehören.

Auch die Vögel sind zu der Zeit, in welche die Höhlenfunde fallen, durch einige, wenn auch wenige, Arten vertreten, welche sich seitdem nord- und ostwärts verzogen haben, doch haben sie für den Menschen niemals die Bedeutung gewinnen können, wie die vorstehend genannten größeren Säugethiere, welche als Raubthiere und als Jagdwild in so innige Beziehungen zu seinem ganzen der Natur so nahestehenden, von ihr so mannigfach bedingten Leben traten, daß sein ganzes Dasein ein durchaus anderes war, als das eines Jägervolkes heute in irgend einem Theile Europas sein könnte. Wir stehen diesem längst vergangenem Leben zu ferne, um es in Einzelheiten auch nur erahnen zu können, aber wenn wir die großen Umwandlungen betrachten, welche bis auf unsere Tage die Thierwelt unserer Gegenden zum guten

Theile durch die Hand des Menschen erlitten hat, so müssen wir uns wenigstens sagen, daß inmitten solchen Wechsels der Mensch nicht derselbe bleiben konnte; der Kampf mit so vielen riesenhaften und wilden Thieren mußte ihn stählen, ihr Dahinsterben mußte ihn auf friedlichere Ernährung hinweisen und einige unter ihnen, die er durch Zähmung der Wildniß entzog, ehe sie hier ausgerottet wurden, sind als Hausthiere von großartigster Bedeutung für seine spätere Entwickelung geworden.

Vierter Abschnitt.
Die Muschelhaufen (Kjökkenmöddinger), und die zerstreuten Funde von Steingeräthen.

Von allen Thieren, welche dem Menschen zur Nahrung dienen, sind die Muscheln und Schnecken am stärksten mit nicht eßbaren Theilen versetzt, denn ihre Schalen oder Gehäuse sind im Verhältniß zu dem kleinen Stückchen Fleisch, das ihren Bewohner darstellt, sehr massig und können auch nicht, wie etwa die Markknochen oder die schwammigen, saftigen Gelenkstücke der Knochen durch Zerschlagen oder Zerkauen weiter für die Ernährung verwerthet werden; ist das Thier gegessen, so ist die Schale werthlos und da, wie selbst unsere Feinschmecker wissen, ein wohlbestellter Magen unglaubliche Mengen solcher Schalthiere zu verspeisen vermag, so ist es natürlich, daß an Orten, wo die letzteren ein Hauptnahrungsmittel bilden, sich gewaltige Massen von Speiseresten anhäufen müssen. Ich erinnere mich in der Nähe von Aigues-Mortes bei Montpellier am Landungs- und Rastplatz der Fischer fußhohe Haufen entleerter Muscheln, besonders häufig von den in diesen Gegenden mit Vorliebe verspeisten Clovisses (Venus), getroffen zu haben, die die Frühstücks= reste der Fischer darstellten; wie sehr aber das Muschel= essen, auch wo es spärlicher betrieben wird, sich durch die dabei abfallenden Schalen für lange Zeit verräth, mag die Thatsache beweisen, daß in einem lange Jahre unbe= wohnten fürstlichen Schlosse, in welchem wir als Kinder spielten, der Gartenboden derart mit Austerschalen ge= spickt war, daß wir sie zu vielen Dutzenden sammeln konnten; wäre dieses Schloß abgerissen und anderen Zwecken dienstbar gemacht worden, so hätten die vielen Austern im Boden, die ohnedies schon Jahrzehnte da ge= ruht haben mochten, doch noch für lange Zeit die Ueppig= keit verkündigt, die einst in ihm gewohnt hatte und ein kurzsichtiger Geologe hätte auf die umgekehrte Vermuthung fallen können, wie Jene, die in den Austerbänken des Mainzer und Wiener Tertiärbeckens Reste römischer Schlem= mereien sahen.

Wo nun Schalthiere bei am Meere wohnenden Men= schen ein Hauptnahrungsmittel ausmachen, häufen ihre Reste sich am Ende zu ganzen Hügeln an und können, wenn sie aus älteren Zeiten stammen, für den Alter= thumsforscher dadurch von hoher Wichtigkeit werden, daß sie, wie das in der Natur der Sache liegt, auch andere Abfälle, als bloß die Schalen der verspeisten Muscheln und Schnecken, vor allem Knochenreste anderer zur Speise verwendeter Thiere, sowie Reste menschlicher Geräthe um= schließen, die sie durch ihre Massenhaftigkeit und compakte Beschaffenheit vor Zerstreuung oder Zerstörung bewahren, wo nicht das Meer sie selber wieder mit seiner Brandung weggefressen hat. In der That sind solche Anhäufungen alter Speisereste in verschiedenen am Meere gelegenen Gegenden Europas und anderer Welttheile aufgefunden worden und haben nach eifriger Durchforschung durch eine Menge von Culturresten, welche sie ergeben haben, bald eine gewisse Wichtigkeit für die Vorgeschichte zunächst des europäischen Menschen erlangt.*)

Von diesen Schalenhaufen sind noch heute die **dänischen**, an der Ostsee liegenden, die wichtigsten, denn vor allen, die in anderen Gegenden Europas bekannt geworden sind, zeichnen sie sich durch Häufigkeit und durch Reichthum an Alterthümern aus und sind dabei in einer Weise eifrig und gründlich durchforscht worden, die bewundernswerth ist. Es ist auch dieser Zweig der Vorgeschichte durch nordische Natur- und Alterthumsforscher am ersten und meisten gefördert worden und es ist ein Denkmal dieses Ruhmes, daß der Name, den die Dänen

---

*) „Küchenabfälle" im weiteren Sinne treten auch schon aus früheren Perioden der menschlichen Vorgeschichte in den Kreis der beachtenswerthen Reste. So sind einzelne Ablagerungen der sogenannten Rennthierzeit nichts als Knochenmassen mit Geräthbruchstücken untermischt, wie die Abfälle reichlicher Mahle sie mit der Zeit ergeben mußten, so sprach Fraas bei der Kopenhagener Anthropologenversammlung von oberschwäbischen Speiseabfällen, in welchen Knochen des Rennthiers, Polarfuchses, Vielfraßes, Bären mit Feuersteinmessern zusammenliegen. Aber wenn man von Küchenabfällen schlechtweg spricht, denkt man doch immer nur an die eigentlichen Kjöttenmöbbinger.

diesen Schalenhaufen geben, „Kjökkenmöbbinger" (Küchen=
mober, Speiseabfall) gleichsam als Terminus technicus
für alle ähnlichen Dinge, wo immer sie vorkommen mögen,
auch im Deutschen und Englischen und Französischen öfters
gebraucht wird. Betrachten wir zunächst die dänischen
Kjökkenmöbbinger, um die anderen in Kürze zu überblicken,
nachdem wir von diesen einen einigermassen klaren Begriff
erlangt haben werden.

Die dänischen Kjökkenmöbbinger liegen im
Allgemeinen in geringer Entfernung vom Meere und meist
nur wenige Fuß über seiner jetzigen Fläche; in einigen
Fällen hat man sie bis zu zehn und mehr Kilometern
vom heutigen Strande entfernt, also schon im Inneren
gefunden und dann geschlossen, daß das Meer sich zurück=
gezogen haben müsse, seitdem sie aufgehäuft worden seien,
und dieser Schluß scheint durch die Thatsache, daß in
mehreren Theilen Dänemarks Anzeichen für eine früher
kräftigere Buchtenbildung, selbst für eine breitere Ver=
bindung der Ost= mit der Nordsee vorhanden sind, ge=
stützt zu werden. So lange aber nicht mit besonderem
Bezug auf die Stätten jener Kjökkenmöbbinger ein tieferes
Eindringen des Meeres zur Zeit ihrer Anhäufung nach=
gewiesen ist, wollen wir die Frage, warum sie nicht der
im Uebrigen sehr allgemeinen Regel der möglichsten Strand=
nähe folgen, offen lassen.

Größe und Gestalt dieser Schalenhaufen sind na=
türlich sehr verschieden; einige sind wallartig und er=
strecken sich bis zu 300 Meter Länge, während die Höhe
gewöhnlich 1½ bis 2, manchmal aber selbst 3 Meter
beträgt, andere sind 30 bis 60 Meter breit, andere wieder

sind ringförmig, als ob die Wohnstätten ihrer Anhäufer in ihrer Mitte gestanden hätten, und die meisten sind von wechselnder Dicke, welche gleichfalls auf die größere oder geringere Entfernung und Zerstreuung der Wohnstätten ihrer Anhäufer zurückgeführt wird.

Von einem typischen Schalenhaufen der Art gibt Lubbock folgende Beschreibung: „Dieser Schalenhaufen, einer der bedeutendsten und anziehendsten unter den bis jetzt untersuchten, liegt unfern der Küste bei Grenoa im nordöstlichen Jütland in einem prächtigen Buchenwald, welchen sie Aigt oder Aglskov nennen; er ist im Mittelpunkt ungefähr zehn Fuß dick, aber die Dicke nimmt nach allen Seiten hin ab und es umgeben ihn kleinere Haufen von ähnlicher Beschaffenheit. Eine dünne Erdschicht, auf welcher Bäume wachsen, bedeckt ihn. Ein charakteristischer Durchschnitt eines solchen Kjökkenmödding setzt Jeden in Erstaunen, der ihn zum ersten Male sieht und es ist schwer mit Worten das Bild zu beschreiben, welches sich da bietet. Die ganze Anhäufung besteht aus Schalen und zwar herrschen bei Meilgaard die der Austern vor; da und dort sieht man einige Knochen, seltener Steinwerkzeuge oder Topftrümmer. Ausgenommen den Grund und die Oberfläche ist von Kiesel und Sand nichts zu sehen; der ganze Haufen enthält also nur Culturreste und es schienen mir nur einige grobe Kiesel eine Ausnahme zu machen, doch sind diese selten und mögen zugleich mit den Austern gefischt worden sein."

Wiewohl nun diese Schalenhaufen lange bekannt sind, zumal ihre Vortrefflichkeit als Dünger die Umwohnenden häufig zu ihrer Ausbeutung bewog, ist doch ihre eigentliche Beschaffenheit und ihre Entstehungsweise erst vor nicht vielen Jahren zu erforschen begonnen worden, konnte aber dann natürlich nicht lange im Dunkeln bleiben. Es fiel zu allererst auf, daß die Schalen, aus welchen sie gebildet sind, nur halb oder ganz ausgewachsenen Thieren angehören, während die natürlichen Muschelbänke Reste aus allen Altersstufen umschließen, daß die verschiedenen Arten, die in ihnen vertreten sind, in der Natur nicht zusammenzuleben pflegen, daß endlich der Mangel alles zwischenlagernden Sandes und Kieses auf keine natürliche Ansammlung deute. So konnte man sie nur für Menschenwerke halten und sah solche Annahme bald durch eine Fülle wichtiger Funde bestätigt; Waffen und Geräthe aus Stein, zerschlagene und eingeschnittene Knochen, zu Herden erhöht zusammengelegte Steinplatten, selbst einzelne menschliche Skeletreste wurden ausgegraben. Bis zum Jahre 1860, in welchem der sechste Bericht der Kjökkenmöbbinger-Untersuchungscommission (Forchhammer, Steenstrup, Worsaae) erschien, waren ungefähr fünfzig Schalenhaufen untersucht und mehrere Tausend Fundstücke im Kopenhagener Museum niedergelegt.

Was nun den Inhalt dieser Anhäufungen betrifft, so kommen die am häufigsten vertretenen Schalthierreste von den Arten Ostrea edulis L. (Gemeine Auster), Cardium edule L. (Herzmuschel), Mytilus edulis L. (Miesmuschel), Littorina littorea L.; seltener und zwar (mit örtlichen Ausnahmen) meistens sehr selten sind vertreten: Venus pullastra Mont., Venus aurea Gm., Trigonella plana Da. C., Carocolla lapicida L., Nasea reticulata L., Buccinum nudatum L., Littorina obtusata L., Helix nemoralis Müll., Helix strigella Müll. — Schon aus diesen Schalen läßt sich, indem man sie mit den heute an denselben Oertlichkeiten wohnenden Artgenossen vergleicht, ein Schluß ziehen, wie er leider in dem ganzen Gebiet der Vorgeschichte selten möglich ist. Die Auster zunächst ist, einige ganz beschränkte Vorkommen im Kattegat abgerechnet, heute aus der Ostsee verschwunden, während einige andere der aufgeführten Arten viel kümmerlicher geworden sind, als sie in den Kjökkenmöddingers sich darstellen und gilt dieß besonders von der Herzmuschel und der Littorina; diese Veränderungen, welche in den Zeitraum fallen, der seit Anhäufung der Kjökkenmöddinger verflossen ist, schreibt man der Abnahme des Salzgehaltes der Ostsee zu und diese Abnahme, die heute bekanntlich sehr weit gediehen ist, (der Salzgehalt der Ostsee beträgt 1,77 gegen 3,5 in hundert, welche das Wasser offener Meere durchschnittlich enthält) muß in bestimmten Veränderungen dieses Meeres und seiner Ufer begründet sein und zwar zunächst in der Verengerung der Verbindung mit der Nordsee und in der Zunahme der durch die Flüsse in dieses Becken gebrachten Süßwassermengen. Diese beträchtliche geologische Veränderung zwischen vorgeschichtlicher und geschichtlicher Zeit ist eine der Thatsachen, welche für die Beurtheilung der Chronologie und Klimatologie der ersteren von Bedeutung sind. Wir kommen auf sie zurück.

Weitere Reste von niederen Thieren, z. B. von Krebsartigen sind weder häufig, noch bieten sie irgend Bemerkenswerthes, aber die der Wirbelthiere sind dafür um so interessanter. Unzählig sind vor allen die Reste der Fische und unter ihnen am häufigsten vertreten Clupea harengus L. (Häring), Gadus callarias (Schellfisch), Pleuronectes limanda L. (Scholle), Muraena anguilla (Seeaal). Unter den Vogelknochen ragen die des heute ausgestorbenen großen Alk (Alca impennis), des wegen der Nahrung an Fichten= und Tannenwälder gebundenen und darum im buchenbewaldeten Dänemark längst verschwundenen Auerhahns*), des soweit südlich nur im Winter ziehenden Singschwans, welche beweisen, daß auch im Winter an der Vergrößerung dieser Abfallhaufen gewirkt ward, hervor; als gänzlich unvertreten sind zu bemerken: der Storch, der Sperling, die beiden in diesen

---

*) Auf dem vorigjährigen Brüsseler Anthropologencongreß gab Steenstrup eine bereicherte Darstellung seiner (neuerdings durch Nathorst ergänzten) Untersuchungen über die allmählichen Veränderungen des dänischen Waldwuchses, wie ihn die Baumreste der Moore erkennen lassen. Von der Buche an, die heute allenthalben herrscht, finden sich da nacheinander Erle (Alnus glutinosa), Eiche (Quercus sessiliflora), Föhre (Pinus sylvestris), Espe (Populus tremula) und unter diesen eine ganz entschieden arktische Flora bestehend unter anderen aus Zwergbirke (Betula nana), den hochnordischen Weiden: Salix herbacea, polaris, reticula und der Dryas octopetala. In all diesen Schichten begegnete man den Resten des Menschen aus verschiedenen Zeiten und wie erwähnt, scheint das Vorkommen des Auerhahns in den Muschelhaufen darauf hinzudeuten, daß die letzteren zu der Zeit abgelagert wurden, da Nadelhölzer häufig waren, also wohl zu derselben Zeit, aus der die Föhren der Moore stammen.

Gegenden wenigstens heut zu Tage häufigen Hausschwalben (Hirundo rustica und urbica), sowie alles Hausgeflügel.

Unter den Säugethieren sind am häufigsten der Hirsch, das Reh und das Wildschwein, deren Knochen Steenstrup auf 97 im Hundert aller Knochenreste schätzt. Ferner kommen vor der Auerochs (Bos urus), der Bär, der Wolf, der Fuchs, der Hund, der Luchs, die Wildkatze, eine Marderart, die Fischotter, eine Seehundart, der Delphin, der Biber, die Wasserratte, die Hausmaus, der Igel.

Eine kleinere Art des Rindes ist in geringen Resten vertreten; aber der Wisent Lithauens (Bison europaeus) fehlt, wiewohl seine Reste im Torfe Dänemarks noch gefunden werden; das Hausrind (Bos taurus), das Pferd, das nordische Moschusrind, das Rennthier, das Elenthier, der Hase, das Schaf, das Hausschwein und die Hauskatze fehlen durchaus und so scheint es gewiß, daß der Hund das einzige Hausthier der Menschen war, welche diese Abfallwälle aufbauten, wiewohl auch an seinen Knochen die Steinmesserspuren zu finden sind, welche beweisen, daß er von seinem Herrn verspeist wurde. Man würde Zweifel über die Stellung des Kjökkenmöbbingerhundes hegen können, wenn nicht die Art, wie die Knochen, besonders die Vogelknochen, benagt sind, darauf hinwiese, daß eben ein Fleischfresser von der Größe und Kieferkraft dieses Hundes ein beständiger Genosse des Menschen hier gewesen sein müsse; es ist in dieser Hinsicht außerdem sehr bezeichnend, daß auch die kleineren Knochen, welche nach Steenstrup's Versuchen von den Hunden in der Regel gänzlich aufgefressen werden, fast durchaus fehlen.

142 Reste des Menschen.

Was die eigenen Reste des Menschen betrifft, so bestehen sie vor allem aus einer Masse von Steingeräth, das meist aus Feuersteinen gefertigt ist und die verschiedensten Grade von Vollkommenheit erreicht. Es sind da Steinärte, die ganz so roh wie die aus dem Sommethal, wenn auch von eigenthümlichem Typus (Fig. 51 u. 52),

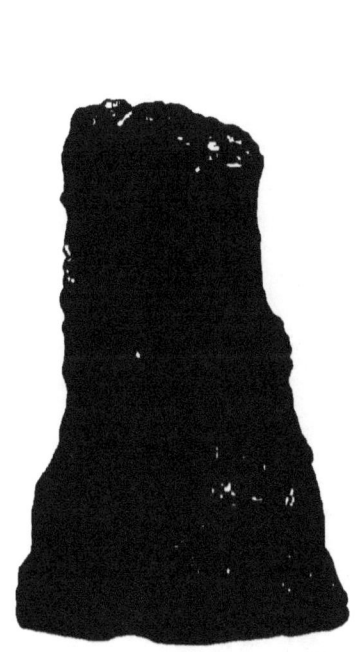

Fig 51.

Fig. 52.

Reste des Menschen. 143

neben einigen, die mit Sorgfalt und Geschick behauen
oder gar schon geschliffen sind, während die Hauptmasse
aus Splittern verschiedener Form besteht (Fig. 53), die
zum Schneiden, Schaben, Stechen, Sägen bestimmt sind
und mit den in den Höhlen vorwiegenden Steingeräthen
übereinstimmen; auch Netzbeschwerer finden sich. Viel
seltener sind Werkzeuge aus Knochen und Thonscherben,
gehören aber immerhin zu den normalen Funden aus

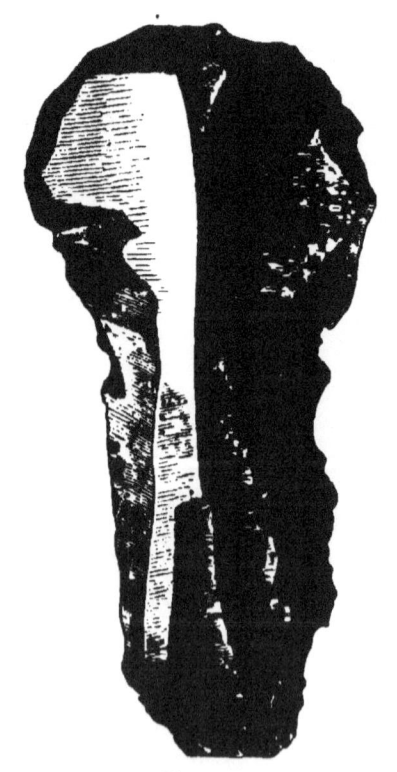

Fig 53.

diesen Ablagerungen.*) Entfernen wir uns so mit diesen Dingen nicht allzu weit von der Culturstufe der südlicheren Höhlenbewohner, so scheint doch nicht nur die Abwesenheit der diluvialen Thiere eine bedeutend jüngere Zeit anzudeuten, sondern es sind auch die höchst wahrscheinliche Existenz des Hundes als Hausthieres, die mehrfach wahrzunehmende größere Geschicklichkeit im Behauen des Steines und selbst die, wenn auch an Zahl geringen Topfscherben ebensoviele Merkmale von Fortschritten, die höchst wahrscheinlich gerade hier nur durch den Druck einer ärmlichen Nomadenexistenz verdunkelt sind, so daß es schwer wird, diese Funde mit den anderen direkt in Vergleich zu setzen. Steenstrup und Worsaae, die beiden Hauptkenner dieser Dinge, sind denn auch bezeichnender Weise hinsichtlich der Deutung ihrer Kjökkenmöddingers durchaus entgegengesetzter Meinung; der erstere legt das Hauptgewicht auf die erwähnten Merkmale eines unter ärmlichen Verhältnissen doch fortgeschritteneren Zustandes, während Worsaae das Vorwiegen der roheren Merkmale besonders betont und jener ist dann geneigt die Hügelgräber für gleichzeitig mit den Muschelhaufen zu halten und ihre Verschiedenheit mehr in äußeren Verhältnissen als in inneren Gründen wie etwa großen Zeit- oder Rassenunterschieden zu suchen, während Worsaae sie auf niedrigere Stufen herabzusetzen sucht. Im Ganzen aber dürfte nach Erwägung aller

---

*) Unter den Beingeräthen sind drei- bis vierzinkige kammartige Werkzeuge beachtenswerth, die ganz ähnlich denen sind, welche die Grönländer bei Anfertigung ihrer Netze anwenden. Hirschknochen sind am häufigsten verwendet.

einschlägigen Thatsachen allerdings die Steenstrup'sche Ansicht mehr Anspruch auf Wahrscheinlichkeit haben als die Worsaae's, wie sich der Leser bei Beachtung des vorstehend mitgetheilten Thatbestandes wohl selber sagen wird.

Aehnliche Muschelhaufen wie die dänischen sind an der schleswig'schen, schottischen, englischen Küste, an der atlantischen Küste Frankreichs, ferner in verschiedenen Theilen Asiens, Amerikas und Australiens gefunden. Es sind seltener als in den dänischen Reste von menschlicher Hand in denselben gefunden, doch haben sie an einigen Stellen rohes Thongeräth, an anderen kärgliche Steinsachen, in Schottland selbst eine Nadel aus Erz ergeben. In einigen Fällen scheint aber das eigentliche Wesen dieser Reste ein ganz anderes zu sein, als wir es soeben von den dänischen kennen lernten, wenigstens wird von den Muschelhaufen Westfloridas berichtet, daß sie aus Muscheln zusammengehäufte Wälle gegen Sturmfluten und aus Brasilien, daß Muschelhaufen scheinbar menschlichen Ursprungs von Strömungen zusammengeführt seien, die allerdings auch Kohlen- und Aschenlagen enthalten. Selten werden nach der Natur der Sache Muschelhaufen im Binnenland zu finden sein, wenn auch die Malermuschel unserer Bäche sowie einige Schnecken stellenweise häufig verspeist worden sind und noch verspeist werden. Uns ist nur aus dem Graner Comitat (Ungarn) vom linken Donauufer ein Fall binnenländischer Muschelhaufen mit vorgeschichtlichen Steingeräthen bekannt.

Offene Fundstätten, Werkstätten.

Wir reihen der Betrachtung der Muschelhaufen die einiger **offener Fundstätten** von Alterthümern der Steinstufe an, sowohl wegen der Aehnlichkeit des Lagers als der Schwierigkeit, dieselben an einem anderen Orte passend einzufügen; sie sind nämlich oft ohne jede Begleitung von Knochenresten gefunden, so daß die Bestimmung ihrer Zugehörigkeit zu der oder jener Entwickelung der durch Steingeräthe bezeichneten vorgeschichtlichen Culturstufe unmöglich wird. Dadurch wird natürlich auch ihre Bedeutung geschmälert und wir führen daher nur die hervorragendsten unter ihnen an.

Wo zahlreiche Steingeräthe an einem Punkt zusammenliegen, ohne daß weitere Zeichen früherer Bewohnung gefunden werden, hat man es nicht selten mit Orten zu thun, an denen die Steingeräthe geschlagen wurden, also gewissermaßen mit **Werkstätten**, von denen bereits eine größere Zahl in feuersteinreichen Gegenden entdeckt wurde. Andere reiche Fundstätten ohne deutliche Wohnspuren werden auf Befestigungen zurückgeführt und von dieser Art sind einige in Thüringen, in Brandenburg (am Wendowsee), in Nordfrankreich, in Belgien aufgefunden worden, wobei auch von Spuren alter durch Felsaufthürmung gebildeter Wälle gesprochen wird. Vom Jensig, einem steilen Berg bei Jena wird zum Beispiel eine Reihe vorgeschichtlicher Wälle theils aus rohen Steinen theils aus Geröll und Erde aufgethürmt, beschrieben; in ihrem Umkreis fand sich rohes Thongeräth, Waffen aus Feuerstein und Serpentin, selten auch Erz und in einem der höheren Theile lagen behauene Stücke des harten, fast feuersteinartigen Braunkohlensandsteines beisammen, welche wohl Schleubersteine darstellen mögen. Menschliche Skeletreste, bearbeitete Knochen, geschliffene Steinwaffen lagen auch zusammen am Hügel von Arnba im Thal des Tejo mit Knochen vom Ochsen, Pferd, Hirsch, Schwein und der Katze.

Gewaltige Massen von Steingeräthen verschiedenster Art und Arbeit sind auch im Thale der Vibrata bei Ascoli am abriatischen Meer gefunden worden; in den Höhlen des nahen Monte Civitella sind rohere Steingeräthe, in dem Thale aber so vollendete, sowohl behauene als geschliffene gefunden worden, wie die nordischen Gräberfunde sie nicht besser geboten haben. Das Material war in unmittelbarer Nähe zu haben und scheint, wenn irgendwo in diesem Thale eine wahre „Feuersteinfabrik" wenn sie auch nicht gerade auf den Export arbeitete, ihre Stätte gehabt zu haben.*) Auch an anderen Orten Mittel= und Süditaliens sind häufig zerstreute Funde, wenn auch nicht so massenhaft, gemacht worden und fällt besonders die nicht seltene geradezu vollendete Bearbeitung der Lanzen= und Pfeilspitzen auf. Im geologischen Museum zu Neapel findet der Leser Prachtexemplare derartiger Sachen.

In manchen Beziehungen hinsichtlich des Alters zweifelhaft ist ein vor einigen Jahren vielbesprochener Fund, der auf den Inseln Santorin und Therasia unter Tuffdecken gemacht ward, der indessen am besten hier erwähnt werden wird, wenn er vielleicht auch jüngeren Perioden angehört. Es wurden am letzteren Orte steinerne

---

*) Feuerstellen und Knochen, die nicht näher bestimmt sind, fanden sich zahlreich dabei.

Häuser aufgedeckt, die roh aus Lavablöcken aufgethürmt waren und deren größtes sechs Gelasse zählte. Verputz irgend welcher Art war nicht vorhanden und die Fugen waren nur mit Oelzweigen und vulkanischer Asche verstopft; es war keine Spur von Metall an oder in den Häusern; das Dach bestand aus Balken, die mit Erde gedeckt waren. Es war roheres und feineres Thongeräth vorhanden und beides war auf der Drehscheibe gearbeitet; auch Gefäße aus Lava fanden sich vor, unter anderen Tröge, die an Oelquetschmühlen erinnerten; Webstuhlgewichte, Handmühlen, Pfeilspitzen und andere Feuersteingeräthe fehlten nicht. In einigen Gefäßen fand sich Gerste, Anis, Coriander, Küchenerbsen. Santorin lieferte außerdem noch zwei Goldringchen und Obsidiangeräthe. Unseren nord- und mitteleuropäischen Funden steht dieser jedenfalls sehr fremdartig gegenüber. Alterthumskundige behaupten, daß noch zu Homers Zeit die Griechen das Oel der Oliven nicht selbst bereitet hätten und bei uns kam die Töpferdrehscheibe erst mit dem Eisen in Gebrauch; möglich, daß auch hier an abgelegenen Orte alte und neue Cultur sich in einzelnen Dingen zu einem Gemisch verbanden. — Steinwaffen sind auch sonst in Griechenland nicht selten.

Eine sehr reiche offene Fundstätte von Alterthümern der jüngeren Steinstufe ist auch das Mannhartsgebirge bei Wien, wo besonders auf den Höhen eine Fülle von Steinbeilen, fertigen und halbvollendeten, Mahlsteine, sonstigem Steingeräth (darunter ein Obsidiansplitter), Scherben roher Thongefäße, die Dank dem häufigen Graphitvorkommen in dieser Gegend, sich durch starke Graphitbeimengung auszeichnen, gefunden ist. Es fehlen hier nicht thönerne und steinerne Spinnwirteln, Webgewichte, ähnlich denen der Pfahlbauten, wie denn der Charakter der Funde sich im Allgemeinen dem der Pfahlbaureste anschließt. Erzsachen sind an dem gleichen Orte einige gefunden, aber noch nicht eingehend beschrieben worden. Thierreste sind gleichfalls nicht selten, aber bei der oberflächlichen und zerstreuten Lagerung der Dinge ist es schwer, die alten und modernen auseinanderzuhalten.

Fünfter Abschnitt.
Die Pfahlbauten und die ihnen verwandten Funde.

Die Pfahlbauten, deren erste Entdeckung im Jahre 1854 den Beginn eines neuen Abschnittes der vorgeschichtlichen Forschungen bezeichnete, haben bis auf den heutigen Tag den Rang der reichsten vorgeschichtlichen Fundstätten behauptet und nehmen unter allen noch immer die hervorragendste Stellung ein, da die Mannigfaltigkeit und gute Erhaltung ihrer Reste, ihre Verbreitung über einen langen Zeitraum hin, ihr Hereinragen in geschichtliche Perioden und der Zusammenhang der Culturen, aus welchen sie uns die Zeugnisse bewahrt haben, mit denen, welche am gleichen Orte ihnen folgten und welche an anderen Orten gleichzeitig und zum Theil wohl vor ihnen bestanden, sie befähigt, nicht nur die eindringendste Kenntniß vorgeschichtlicher Verhältnisse zu bieten, welche heute überhaupt möglich erscheint, sondern auch wenigstens ein Dämmerlicht auf andere unvollständigere Zeugnisse der Vorzeit auszustrahlen. Nur die Geschichte der Pfahlbauten ist im hohen Grade mit den Einsichten in die Einzelheiten des Lebens derer erfüllt, welche in ihnen ihre Behausungen aufgeschlagen hatten und so ist sie der einzige Punkt, wo das Leben eines Bruchtheils der vorgeschichtlichen Bevölkerung Europas jene Greifbarkeit gewinnt, welche uns festen Boden unter den Füßen fühlen läßt. Man kann sie einer Zunge vergleichen, die sich vom festeren Land der Geschichte in das unabsehbare Meer der Vorzeit hinausstreckt; die anderen Fundstätten stellen kümmerliche Eilandreste dar, mit denen nur die leichten Hypothesenschifflein uns verkehren lassen. Die Möglichkeit, ohne solchen unsicheren Behelf einen Schritt vom geschichtlichen in vorgeschichtliches Leben zu wagen, wiegt den Nachtheil auf, der in der Beschränkung der Pfahlbaureste auf die neuere Stein-, die Bronze- und Eisenzeit liegt.

Der Name Pfahlbauten bezeichnet menschliche Ansiedelungen, welche in der Weise in die Seen, seltener die Flüsse hineingebaut sind, daß ihr Fundament entweder einfach in den Grund des Gewässers eingerammt oder durch Aufschüttung von Schutt, durch Faschinen u. dergl. über denselben erhöht ist; dieses Fundament besteht aus Balken oder Pfählen, welche theilweise aus ganzen Stämmen jüngerer Bäume bestehen, theilweise durch Spaltung einzelner Stämme in 3, 4, selten in noch mehr Pfähle von 4—8 Zoll Durchmesser hergestellt wurden. Die Erbauer spitzten diese Träger theils durch Verkohlung, theils durch Arthiebe zu und rammten dieselben bis zu verschiedenen Tiefen in den Grund ein. Man kennt Pfahlbauten, in denen die Pfähle so tief im Boden stecken, daß man wohl annehmen muß, sie seien von Anfang an vier Fuß und mehr in denselben eingetrieben worden und da sie dann noch vier bis sechs Fuß über den Wasserspiegel ragen mußten, schwankt ihre Gesammtlänge am häufigsten zwischen fünfzehn und dreißig Fuß. In den eigentlichen Pfahlbauten, wie sie zuerst während des trockenen Winters von 1853/54, der einen für viele Orte seit mehr als hundert Jahren unerhört niedrigen Wasserstand auch in den schweizer Seen erzeugte, entdeckt worden sind, waren die Wohnungen auf diese Pfähle einfach in der Weise gestellt, daß quer über dieselben Balkenreihen gelegt waren, die eine Platform bildeten; in den Robenhauser Pfahlbauten war der Boden der Hütten durch Holznägel auf dieselbe befestigt und ähnliche Befestigungen werden sich unzweifelhaft überall nothwendig erwiesen haben, sind aber bei der Zerstörung, die alles, was von diesen Ansiedelungen über den Wasserspiegel hervorragte, befallen mußte, natürlich nur unter den günstigsten Verhältnissen nachzuweisen.

Aber in den sogenannten Packwerkbauten findet sich die Platform außer den Pfählen noch durch Aufschüttung von Kies und Erde und durch reichere Anwendung wag- und senkrecht zwischengelagerter Balken, die die aufgeschütteten Massen zusammenhalten, gestützt. Sie gleichen hierin jenen eigenthümlichen künstlich befestigten Inseln, die über das Mittelalter hinaus als „Crannoges" in irischen Seen bewohnt wurden und noch in den Kämpfen des sechzehnten Jahrhunderts vertheidigt worden sind; auch die Crannoges sind, wie nebenstehender Durchschnitt zeigt (Fig. 54), künstlich aufgehäufte Inseln, die durch Pfähle zusammengehalten (wohl auch vor Annäherung der

Lage der Pfahlbauten. 153

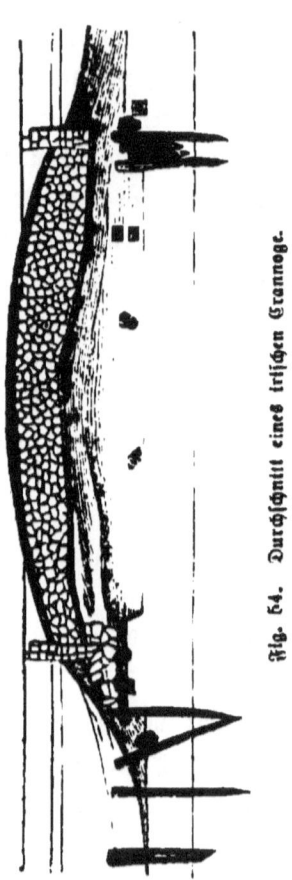

Fig. 54. Durchschnitt eines irischen Crannoge.

feindlichen Schiffe geschützt) werden. Zwischen den reinen Pfahl- und diesen Packwerkbauten stehen die Ansiedelungen, deren Pfähle in einfache Aufschüttungen oder „Steinberge" gesenkt sind und von denen es in manchen Fällen nicht unwahrscheinlich, daß die Aufschüttung nachträglich geschah, um einen schwankend gewordenen Bau neu zu befestigen.

Ihrer Lage nach lehnen sich diese Wasserbauten am liebsten an das Ufer der Seen oder an Inseln an, wo welche vorhanden sind und sind vom Rande des Wassers, soweit sich das bei den seither gewiß vielfach veränderten Wasserständen nach beurtheilen läßt, nicht oft mehr als hundert Schritt entfernt gewesen und standen immer an seichteren Stellen, wie das ja in dem Wesen ihres Aufbaues liegt; vielfach wird behauptet, daß diejenigen Pfahlbauten, welche durch Metallgeräthe, die in ihnen gefunden werden, sich als jünger erweisen, oft an tieferen Stellen angelegt sind als die älteren; Brücken oder, richtiger gesagt, Stege sind nur in wenigen Fällen zwischen den Ansiedelungen und dem Lande oder (wie z. B. bei der Ansiedelung von Grésine im Lac de Bourget in Savoyen) zwischen zwei benachbarten Ansiedelungen nachgewiesen, aber dafür sind mehrfach Kähne, sogenannte Einbäume d. h. ausgehöhlte Baumstämme gefunden worden, die den für Jagd und Ackerbau nothwendigen Verkehr vermittelt haben werden. Die Entdecker der Pfahlbauten haben an vielen Orten die sehr günstige Lage der Ansiedelungen hinsichtlich des Schutzes vor Wind und Wetter hervorgehoben und man findet auch manchmal eine bemerkenswerthe Uebereinstimmung in der Lage der heutigen Wohnstätten verglichen mit der der Pfahlbauten, indem erstere diesen oft gegenüberliegen. Dieß ist aber nur natürlich, denn wie im Großen manche Oertlichkeiten oder Gegenden unter den verschiedensten Umständen bevorzugte Mittelpunkte des Verkehres oder des gesammten Culturlebens gewesen sind (man denke an Constantinopel, Marseille, Alexandrien), so sind auch im Kleinen viele Ortlichkeiten so beschaffen, daß man sagen möchte, sie seien vorausbestimmt, Ansiedelungen der Menschen zur Stätte zu dienen und an den Seen und Flüssen entspringen besonders aus den Beziehungen des Landes und des Wassers an manchen Orten einzige Vorzüge, wie wo stille Buchten mit sonnigen, dem Anbau sich leicht bequemenden Ufern, fischreichen Bachmündungen u. dergl. zusammenliegen. Uns, die wir auch in den tieferen Schichten der Bevölkerung von den äußeren natürlichen Bedingungen dieser Art in hohem Grade unabhängig geworden sind, fehlt allgemach freilich selbst die Fähigkeit, solche Vortheile nur zu schätzen; die Alten, die im wahren Wortsinne Kinder der Natur waren, die von

Lage der Pfahlbauten. 155

der Natur so abhängig waren, wie Unmündige von
ihren Erzeugern, die sich an dieselbe überall möglichst
innig anzuschmiegen hatten, wenn sie der Vortheile ge=
nießen wollten, die in ihr reichlich gegeben sind, hatten
schärfere Augen für dieselben und darum auch in vielen
Beziehungen breitere Möglichkeiten in ihrer Ausbeutung.
Aehnlich wie bei der Beurtheilung des Lebens der Natur=
völker müssen wir eben auch bei dem Versuch, in das
Leben der vorgeschichtlichen Europäer uns hineinzudenken,
die Culturbrille ablegen und im Auge behalten, daß die
Naturentwöhntheit, die ein wesentliches Stück Signatur
unserer Zustände ist, jenen Alten fremd war und fremd
sein mußte. In dieser Beziehung darf man wohl ohne
Furcht, wegen Verunglimpfung des Menschengeschlechtes
belangt zu werden, behaupten, daß sie in ihrer Ange=
wiesenheit auf die freiwilligen Gaben der Natur etwas
von der Sicherheit der Instinkte in sich hatten, mit der
heute in unseren Gegenden das Thier sich in seiner Do=
mäne in fast wunderbarer Weise bewegt und erhält.

Im Allgemeinen bestanden die Pfahlbauansiedelungen
aus einer größeren Anzahl von einzelnen Hütten, welche
auf der gemeinsamen Platform standen; an manchen
Orten müssen zahlreiche Hütten vorhanden gewesen sein,
denn es gibt Ansiedelungen, die mindestens hunderttausend
Pfähle enthalten und eine Fläche von gegen anderthalb=
hunderttausend Quadratmeter einnehmen. Die einzelnen
Hütten erweisen sich, wo man im Stande war, sie einiger=
maßen vollständig aufzudecken, als rechteckig, hatten durch
Stangen gestützte und mit Lehm beworfene Wände aus
Flechtwerk und aller Wahrscheinlichkeit nach Dächer aus

Stroh oder Schilfbündeln. Messikomer deckte bei Niederwyl zwei Hütten auf, deren jede gegen dreißig Fuß lang und gegen zwanzig Fuß breit war, aber es ist sicher, daß es deren auch kleinere gab. In den paar Hütten, die man genauer erforschen konnte, zeigte sich keine Andeutung, daß sie in verschiedene Räume getheilt waren, aber es ist möglich, daß ein Dach- oder Giebelraum abgesondert war. Der Boden der Hütten bestand aus einem Knüppelwerk, das wahrscheinlich mit Lehm oder mit einem Gemisch aus Lehm, Sand, Kohlen und Steinchen belegt war. Ein Herd aus Steinplatten befand sich in der Mitte dieses Wohnraumes. Ob der Viehstand, welchen die Pfahlbauer besaßen, in diesen Bauten untergebracht war, oder ob er besondere Ställe heischte, oder ob er vielleicht zum Theil am Lande gehalten wurde, ist nicht zu entscheiden.

Indem diese Ansiedelungen längere oder kürzere Zeit von Menschen bewohnt wurden, konnte sich auf dem Seegrunde, den sie einnahmen, eine reiche und mannigfaltige Sammlung der Dinge, die unter den Händen der Bewohner waren, der Waffen, Geräthe, Speisereste u. s. f. vorbereiten und in nicht wenigen Fällen halfen Feuersbrünste, welche viele Dinge verkohlten und so in einem vor Fäulniß einigermaßen geschützten Zustande in den See sinken ließen, zur Bereicherung der allmählich angehäuften Culturschicht mit. Aber das Wasser selbst hat, abgesehen davon, daß es in seiner ruhigen Tiefe die Dinge, welche auf seinem Grunde sind, vor Zerstreuung und Zertrümmerung bewahrt, selbst eine Fähigkeit, manche Reste besser zu erhalten und zwar besonders da, wo Gewässer aus Torfmooren den See vorzüglich speisten oder wo die Ansiedelung selbst auf Moorboden stand und dieß gilt besonders von Geweben, Schnüren und dergleichen, theilweise auch von Häuten. Durch solche günstige Umstände sind aber die Pfahlbaureste in einer Mannigfaltigkeit und einem Reichthum erhalten, die wahrhaft wunderbar sind, und erstrecken sich auf Dinge, welche man vorher höchstens aus den Todtenhäusern der Aegypter sich erwarten durfte. Wir sind wahrlich in Verlegenheit, wie bei solcher Fülle die Treue der Schilderung mit der Enge des hier zugemessenen Raumes zu versöhnen sein möge und müssen dem geneigten Leser gerade an diesem Punkte die Bemerkung des Vorworts ins Gedächtniß zurückrufen, daß dieses Büchlein nur anregende Skizzen geben kann, welche nothwendig ein Schöpfen an den volleren Quellen der ursprünglichen und besonderen Alterthümerbeschreibungen von Seiten des Lesers ergänzen und ausführen sollte. Hier sind nur Umrisse.

Wir werden jetzt die Pfahlbaureste ohne Rücksicht auf ihre Fundart und Fundstätte, nur nach ihren Stoffen und ihrer Gattung geordnet, überschauen, werden dann an einigen praktischen Beispielen zeigen, wie sie an ihren Orten gelegen haben und hierauf, nachdem so ein allgemeines Bild dieser merkwürdigen Alterthümer gegeben sein wird, ihre geographische Verbreitung, ihr wahrscheinliches Alter, die Nachrichten der Geschichtschreiber und Völkerkundigen über alte und neue pfahlbauähnliche Wohnungen der Menschen und endlich die Schlüsse angeben, zu welchen die Forscher in Betreff des Verhältnisses der Pfahlbauten zu anderen vorgeschichtlichen Alterthümern, in Betreff ihres Alters, in Betreff der Stammesangehörigkeit ihrer Bewohner, in Betreff auch ihres eigentlichen Wesens und Bestimmung — denn beide, wiewohl anscheinend sehr klar, sind zu einer Zeit hart umstritten worden — gelangt sind.

In manchen und nicht den kleinsten Ansiedelungen findet man weder von Erz noch Eisen eine Spur und die Dinge, welche später aus diesen Stoffen gefertigt wurden, sind hier wenn möglich aus Steinen verschiedener Art, dann aus Knochen und Holz bereitet. Man sagt daher von ihnen, sie gehörten in die „Steinzeit," indem man dabei stillschweigend voraussetzt — wie wir früher des Näheren gezeigt haben — daß in einer frühen Zeit, die kein Metall kannte oder wenigstens keines anwandte, nur Stein (und daneben natürlich Knochen, Holz, Thon und ähnliche Stoffe) zu Geräthen und Waffen verwandt worden seien, daß dann in einer folgenden Zeit das Erz und noch später das Eisen in allgemeinen Gebrauch gekommen sei; man spricht also von Steinzeit, Bronzezeit, Eisenzeit. Aber es liegt hierin nicht nur eine schiefe Auffassung der vorgeschichtlichen Thatsachen, sondern es bildet diese Eintheilung, wie wir schon oben bemerkten, eine beständige Quelle schädlicher Mißverständnisse, indem sie übersieht, daß vorab in einer so verkehrsarmen Zeit, wie die der Pfahlbauten, die örtlichen Culturunterschiede schon in ganz beschränkten Gebieten sehr groß gewesen sein müssen, daß z. B. fast mit Gewißheit anzunehmen, es sei in den Colonien der Phönicier und Karthager am Mittelmeer, z. B. in Marsiglia längst der Gebrauch von Metallen bekannt gewesen, als die Pfahlbaubewohner des Alpenlandes noch fest an Stein und Knochen hielten,

oft nur räumlich, nicht zeitlich geschieden.

wie wir, um nur Ein Beispiel zu nennen, noch heute in geringer Entfernung von glänzenden, in jedem Sinne der modernen Cultur dienenden Städten Ost- und Südosteuropas ein Landvolk finden, das mit Wagen fährt und mit Pflügen ackert, an welchen kein Nägelein und keine Klammer von Eisen ist, das von und mit Holz ißt, das in durchaus hölzernen Häusern wohnt und nur erst im Messer, Beil und Karst zur „Eisenzeit" vorgeschritten ist. Wenn das heutzutage in unserer verkehrsreichen, ruhelosen Zeit bestehen kann, wie will man dann die Zeiten in der grauen Vergangenheit so streng scheiden? Gewiß sind „Steinzeit" und „Erzzeit" lange nebeneinander gelegen, ist der Süden und sind die Küsten viel früher in die letztere eingetreten als das Binnenland und werden besonders in den Gebirg- und Waldländern unseres Deutschlands noch lange manche Oasen alter, genügsamer Einfachheit in den Geräthen so gut wie den Sitten sich mitten in der von Süd und West hereinströmenden fortgeschrittenen Cultur der Südvölker erhalten haben. Darum aber wollen wir nicht die falschen Ausdrücke Steinzeit und Erzzeit und Eisenzeit, die nur da sind, um den Geistern zu schmeicheln, die den Baum, dessen Größe sie im Ganzen nicht zu fassen vermögen, in Blöcke zersägen, die sie ausmessen, die sie in ihre Museen stellen, die sie numeriren, registriren können, beibehalten, wiewohl sie sich besonders außerhalb Deutschlands noch allenthalben der Geltung erfreuen, sondern uns an ihrer Stelle der wenn auch ungefälligeren, doch wahreren und klareren Ausdrücke

Stufe der Steingeräthe oder Steinstufe,
Stufe der Erzgeräthe oder Erzstufe,
Stufe der Eisengeräthe oder Eisenstufe

auch hier bedienen.

Und so betrachten wir zunächst die Steingeräthe. Da zeigt sich denn wieder, daß die Art das Hauptgeräth auch dieser Alten gewesen, denn sie ist in größter Fülle vorhanden und wurde aus vielen und manchmal seltenen, kostbaren Steinen und in den verschiedensten Formen angefertigt; es mag wohl kein Gestein geben, welches genügend massig vorkommt und nicht zu Aerten jeder Art verwandt worden wäre, aber natürlich sind an jeder Oertlichkeit die jeweils passendsten Gesteine zu diesen Werkzeugen gewählt worden und wo sie nicht anstehend vorkamen, suchte man sie im Geröll der Flüsse und der Kiesablagerungen oder verschaffte sie sich (wahrscheinlich durch Handelsbeziehungen, Tausch u. dergl.) auf Wegen, die wir natürlich nicht mehr zu verfolgen vermögen, von ihren Ursprungsorten her. Serpentin, Gabbro, Hornblendegesteine, Syenit, Gneiß und Glimmerschiefer bilden im Allgemeinen das Hauptmaterial, aber daneben finden sich auch häufig genug Aerte aus Sand- und Kalkstein, welche begreiflicher Weise nur für wenige Hantirungen recht geschickt sein konnten. Die Formen dieser Geräthe schwanken um den Keil, nähern sich durch Schmalheit und Dünne bald mehr der Gestalt unserer Meisel, bald durch Verdickung und Abplattung des Rückens der eigentlichen Artform, oder bleiben als Hämmer von wenig zusammenneigenden Flächen begrenzt. Sie sind selten durch-

bohrt,*) sondern wurden, wo die Anbringung eines
Handgriffs oder Stieles nöthig erschien, in einer sogleich
näher zu erwähnenden Weise in Hirschhorn und Holz
gefaßt. Da man in den fundreichen Pfahlbauten nicht
selten halbvollendete oder erst angefangene oder mißlungene
Aerte fand, läßt sich die Art, wie sie angefertigt wurden,
einigermassen aufhellen und man erkennt, daß der zu ver=
arbeitende Stein mit einer Säge aus Feuerstein soweit
angesägt wurde, bis er ohne Gefahr der Zersplitterung
gebrochen werden konnte und daß dann die genauere Form
auf einem Schleifstein angeschliffen ward. Schleifsteine
gehören darum auch zu den häufigeren Fundstücken und
sind in verschiedenen Graden der Härte und der Korngröße
vorhanden; die feinkörnigsten, härtesten werden zum Po=
liren der Artschneiden gedient haben.

Die durchbohrten**) Aerte wurden an Stiele gesteckt,

---

*) Die Durchbohrung der Steinäxte ist häufiger in jenen
Pfahlbauten zu finden, in welchen auch schon Erzgeräth in
ziemlicher Häufigkeit erscheint; die Pfahlbauten von Wauwyl
und Moosseedorf, durchaus der Steinstufe angehörend, weisen
gar keine durchbohrte Steinaxt auf, die von Wangen unter
1500 nur 2, und man kann im Allgemeinen sagen, daß die
bestgearbeiteten Steingeräthe der Erzstufe angehören.

**) Ueber die Art, wie die Alten die Oefen ihrer Stein=
äxte gebohrt haben, können wir immer noch nichts als Ver=
muthungen haben, denn alle Versuche, ähnliche Bohrungen
mit allerlei nichtmetallischen Werkzeugen zu erzielen, sind bis
jetzt nicht zur völligen Befriedigung ausgefallen Man sieht
nämlich an halbvollendeten Stücken, wie sie öfters gefunden
worden sind, daß die Oese vermittelst einer Hülse eingebohrt

Durchbohrung der Steinäxte.

wie das noch in ziemlich einfacher Weise mit den schweren, kleinösigen Hämmern geschieht, die wir die Steinklopfer auf unseren Landstraßen schwingen sehen; aber die un=

wurde, indem ein mittlerer Zapfen oder Kegel stehen geblieben ist; nun ist der Zwischenraum zwischen diesem Zapfen und der Wand des Bohrloches ein viel geringerer und viel reinerer, glätterer als er wurde, wo man behufs Nachahmung des alten Verfahrens z. B. mit einem Röhrenknochen und mit Hülfe von Sand und Wasser in irgend eine Steinart zu bohren versuchte. So tüchtige Alterthumskenner wie Ferd. Keller und Graf Wurmbrand haben sich praktisch mit dieser Frage beschäftigt und wenn auch beide der Ansicht sind, daß sich eine Methode, so glatte Oesen ohne Metallhülsen zu bohren, finden lasse, so sind doch andere Gelehrte wie z. B. Lindenschmitt der Ansicht, daß dies nicht möglich sei, sondern daß die Bohr= ung mit Hülfe von Metall geschehen sein müsse. Auf der schweriner Anthropologenversammlung hat diese Frage eben= falls Anlaß zu einer Besprechung gegeben, die dadurch beson= deres Interesse gewann, daß Steine vorgezeigt wurden, flache Granitplatten mit zwei in der Mitte befindlichen, halbkugeligen, fast polirten Gruben, welche als Theile eines Bohrwerkzeuges gedeutet werden können, für welche es sogar schwer wird, irgend eine andere Verwendung zu erdenken; sie würden die hölzerne oder knöcherne Bohrröhre in ihrer Lage erhalten und und gegen das Bohrloch angepreßt haben. Daß die Bohr= röhre sich während der Arbeit abnützte, d. h. immer weiter wurde, scheint daraus hervorzugehen, daß ein Steinstück, welches offenbar aus einem anderen ausgebohrt ist, kegel= förmige Gestalt hat. Auch das Bruchstück einer als Triebrad gedeuteten, in der Mitte schön durchbohrten Steinscheibe wurde bei dieser Gelegenheit vorgezeigt.

durchbohrten erhielten einen Hirschhorngriff, mit nach unten verschmälerter Oese, so daß sie fest eingekeilt werden konnten, oder wurden in einen Ring aus Hirschhorn gesteckt, der seinerseits in ein gespaltenes oder durchlöchertes Holz gepaßt und mit Schnüren befestigt wurde, oder erhielten einen solchen Holzstiel ohne weitere Fassung. Selbst in den Formen dieser Holzstiele ist aber oft eine sehr bedeutende Geschicklichkeit und Sorgfalt der Arbeit zu erkennen, indem dieselben z. B. gegen die Oese zu in einer Weise langsam anschwellen, die dem Schlag mehr Wucht und dem Werkzeug größere Dauerhaftigkeit gewähren mußte. Auch gebogene Holzstiele der Art finden sich vor. Es ist übrigens eigenthümlich, wie auch in diesen kleineren Dingen sehr scharfe lokale Unterschiede bestanden, wie z. B. in den Pfahlbauten von Wangen am Bodensee trotz einer Fülle von Steingeräth keine einzige Hirschhornfassung gefunden wurde, die in den sonst auf gleicher Stufe stehenden und nicht gar weit entlegenen Ansiedelungen des Pfäffikersee's verhältnißmäßig so häufig sind.

Von gröberen Steingeräthen sind außer den schon genannten Schleifsteinen noch die Kornquetscher zu nennen, längliche abgerundete Steine, zu welchen ausgehöhlte Steinplatten gehören; mit den ersteren wurden auf diesen die Getreidekörner zerquetscht und zerrieben. An vielen Orten sind auch sogen. Netzsenker gefunden worden, runde Steine, welche mittelst Schnüren an die Netze gehängt wurden, handliche Steine, die zum Aufklopfen der Nüsse und Haselnüsse dienen mochten u. dergl.

Neben diesen gröberen Geräthen sind nun in den Pfahlbauten, die noch kein Metall oder nur wenig von demselben aufweisen, die kleineren Feuerstein= und Hornsteinwerkzeuge und =Waffen besonders häufig. Aus Feuerstein sind Messer, Sägen, Ahlen, Pfeil= und Lanzenspitzen und jene Unzahl unbenennbarer Splitter und Bruchstücke von mancherlei Gestalt und Größe vorhanden, die dem auf Stein ganz angewiesenen und doch nicht mehr so bedürfnißarmen Volke, wie etwa die Rennthier= und Mammuthjäger einer früheren Zeit gewesen, zu allen möglichen Diensten gut sein mochten. In der Bearbeitung dieser Feuersteingeräthe zeigt sich kein anderer Unterschied von denen, die wir aus den Höhlen, den Muschelhügeln und den Steingrüften im Vorhergehenden betrachtet haben, als daß sich an ihnen viel seltener jene außerordentliche Sorgfalt und Geschicklichkeit der Arbeit zeigt, wie sie besonders an Fundstücken aus den skandinavischen Ländern und aus Italien hervortritt, und daß der Umstand, daß die meisten der bisher erforschten Pfahlbauten Gegenden angehören, die keine Feuersteine (oder wenigstens keine brauchbaren) in ihren Schichten und Gesteinen bergen, sich in minder luxuriöser Verwendung des Materiales ausprägt. Der Grund hievon war aber offenbar nicht vorwiegend Mangel an Material, sondern wohl eine im Ganzen ärmlichere Stellung dieser Menschen, wie denn auch unter den zahllosen Steinarten der Pfahlbauten sich wenige an Größe und vortrefflicher Arbeit mit den entsprechenden nordischen Sachen messen können. Viele der Feuersteine, die in der Schweiz zur Verwendung kamen, müssen übrigens aus Frankreich gebracht worden sein, wenn auch die weniger vorzüglichen einheimischen Feuersteinsorten (Hornsteine) häufige Verwendung fanden. In ben Atterseepfahlbauten besteht die größte Menge der Feuersteingeräthe aus geringem einheimischem Material. Zu Pfeilspitzen sind in einzelnen Fällen auch Bergkrystalle verarbeitet worden, was aber bei der verhältnißmäßigen Seltenheit dieses Steines und der Schwierigkeit seiner Bearbeitung mehr Luxussache gewesen ist; dasselbe gilt von dem Obsibianmesserchen, welches Wurmbrand aus einem Atterseepfahlbau erhoben hat und dessen Stoff entweder aus der Theiß- oder Savegegend oder vom Süden gebracht worden sein muß: diese Dinge gehören gerade wie die Zierwaffen unserer Zeit offenbar mehr zu den Schmucksachen als zu den nothwendigen Geräthen und wir werden sehen, daß die Pfahlbaubewohner mancherorts ein ziemlich scharfes Auge für Schmuck und Zierrat und seltsame Dinge mancher Art besaßen.

Bei einigen Feuersteingeräthen zeigen sich ähnliche kleine Unterschiede der Arbeit, wie wir sie oben von den Griffen der Steinärte erwähnten, so sind z. B. die Pfeilspitzen aus dem Attersee ohne den Mittelzapfen zur Befestigung im Schaft, welcher an denen von anderen Orten so scharf und zierlich herausgehauen ist. Erdpech, das man in den Oefen einiger Handgriffe von Steinärten fand, ist auch bei Feuersteinmessern und -sägen zur Befestigung im Griff angewandt worden und ist z. B. in Meilen eine Säge aus Feuerstein gefunden, welche der Länge nach in ein schiffchenförmiges Stück Eibenholz wie in ein Messerheft vermittelst Erdpech eingesetzt war.

Solange Metall unbekannt war, bildeten natürlich die jederzeit in beliebiger Menge und verschiedenster Stärke und Beschaffenheit zu habenden Knochen die ganz natürliche Ergänzung der Steingeräthe; in Verarbeitbarkeit, Dauerhaftigkeit, Härte, kostbare Eigenschaften des Holzes und Steins in sich vereinigend, gibt es fast keinen Zweck, dem die Knochen und ganz besonders die Geweihe nicht dienstbar gemacht wurden und sie kamen schon darin den Bedürfnissen dieser Menschen auf manchen Wegen entgegen, daß ihre natürlichen Formen ohne Weiteres der menschlichen Hand zu Arbeit oder Kampfe sich darboten. Aehnlich wie wir in dieser Richtung früher z. B. die Verwendung der Unterkiefer des Höhlenbären hervorhoben, kann auch unter den Knochengeräthen der Pfahlbauer die Verwendung von Schulterblättern größerer Säugethiere zu Schaufeln, von Hirschgeweihen zu Feldhacken und ähnliches bemerkt werden. Die häufigsten Dinge mußten freilich mit einiger Sorgfalt herausgearbeitet werden, so die Pfeil= und Speerspitzen, die Nadeln, die Ahlen, die Schabmesser, die Widerhaken und Angeln, die selteneren Weberschiffchen, Strickwerkzeuge und verschiedenes Undeutbares. Zähne wurden mehr zu Schmucksachen oder zu Amuleten benützt und zu solchem Zwecke einfach durchbohrt, aber man hat in Wangen auch einen Kinderlöffel aus einem Eberzahn und anderwärts ein Weberschiffchen und einen Angelhaken aus Bärenzahn gefunden. Auffallend selten sind Funde von Horngeräthen, aber es sind z. B. Speerspitzen aus Ziegen= oder Gemshorn mehrfach beschrieben worden und daß die Pfahlbauer die prächtigen Hörner der Ure und Büffel zu Trinkgefäßen benützt haben werden, ist wohl eine der wenigst kühnen Conjekturen, die man auf diesem Gebiete überhaupt machen mag.

Daß wir auch die Holzgeräthe der Vorgeschichtlichen,

wenn auch nur von einem beschränkten Gebiete, in ziemlicher Vollständigkeit kennen gelernt haben, danken wir fast gänzlich den Pfahlbauten, denn nur im Wasser konnten dieselben sich fast unversehrt erhalten. Zwar sind es meistentheils Geräthe, von denen man, vermöge des Einblicks, den die Gesammtheit der übrigen Fundstücke in das Leben dieser Alten gestattet, meistens das einstige Vorhandensein und selbst die ungefähre Beschaffenheit voraussagen durfte, aber immerhin trägt es zu größerer Sicherheit des Urtheils über sie bei und zeichnet das Bild ihres Lebens wiederum um einige Züge schärfer in unseren Geist, wenn wir auch diese Dinge nicht ganz und rund vor Augen stellen können. Da ist z. B. ein Rad aus drei Brettstücken, massig, höchst einfach durch eingefugte Holzstücke zusammengehalten, oder ein anderes, sechsspeichiges, an welchem Nabe und zwei Speichen an Einem Stücke, während die vier anderen in Nabe und Felgen eingesetzt sind, da ist ein Quirl (zum Buttern?) aus einem Aste und seinen quirlförmig gestellten, in gleicher Höhe abgeschnittenen Zweigen, da sind Keulen und Schlägel und lange Bogen, ja selbst Anker aus Holz, Schüsseln, große Löffel, Messer und gar Kämme, zumeist aus Eichen-, Ahorn- und Eibenholz geschnitzt; die eichenen Sachen sind am meisten vermodert und selten mehr im Trockenen zu bewahren, aber die eibenen sind sehr gut erhalten und wenn man nun diese Geräthe beisammen sieht, dazu die Fülle anderer Reste wie Flechtwerk und Eßwaaren, deren Erhaltung fast wunderbar erscheint, so ist das ein Culturbild, dem, um greifbar wie das Gegenwärtigste zu sein, nichts fehlt als leider das Beste, der Mittelpunkt, von

dem das alles ausgegangen ist und auf den es zurück-
weist — der Mensch. Doch über ihn später, denn die
Reihe der Werke, die er hier hinterließ, ist noch lange
nicht am Ende.

Auch von Thongeräthen haben uns die Pfahlbauten
soviel erhalten, als wir nur irgend wünschen können und
und in Bezug auf sie ist nichts unklar; sind sie auch
natürlich meist nur in Scherben erhoben worden, so ist
doch deren Masse oft so groß, daß die alten Gefäße re-
construirt, der Stoff und die Art seiner Verarbeitung
genügend erkannt werden konnte und mit der Zeit sind
auch die Funde vollständig erhaltener Thongefäße häufiger
geworden. Wir haben zahllose Thongefäßreste rohester
Arbeit, die aus freier Hand und aus grobem, mit Steinchen, Stückchen Kalkspath u. dergl. gemischtem Thon ge-
formt und dazu sehr unvollkommen gebrannt sind; wir
haben viele andere, die eine fortgeschrittenere Geschicklichkeit bekunden, beginnende, höchst einfache Ornamentirung
aufweisen und von Stufe zu Stufe bis zum vollendetsten,
auf der Drehscheibe geformten, an schöner Form und
Zierrath und an feiner Arbeit hinter den antiken Vasen
kaum zurückstehenden Gefäßen fortschreiten; im Allgemeinen geht diese Fortbildung in der Töpferei parallel
mit dem Aufsteigen von der Stufe der ungemischten
Steingeräthe zur häufigen und am Ende fast ausschließ-
lichen Verwendung des Erzes und Eisens, so daß die
Thongefäßreste aus der Erzstufe im Ganzen besser als
die der Steinstufe und in der Regel schon auf der Drehscheibe gemacht sind. Ueber die Formen der Thongefäße
ist im Grunde nicht viel Merkwürdiges mitzutheilen, denn

die Topf-, Schüssel-, Becher-, Krug- und anderen Formen haben, bedingt durch ihren Zweck und ihr Material, etwas ganz Naturnothwendiges an sich, das sie auf allen Culturstufen und bei allen Völkern im Wesentlichen unverändert bleiben läßt, wobei aber natürlich zu beachten ist, daß die mangelnde Fertigkeit gewisse künstliche Formen ausschließt, wie z. B. den enghalsigen Krug oder die Vase, welche darum erst später auftreten. Nach Wurmbrand, der auch hierin praktische Versuche angestellt hat, ist die Herstellung kleinerer Gefäße aus freier Hand leicht, aber bei den größeren macht sich das Bedürfniß, die Arbeit so rasch wie möglich in der Hand zu drehen, sehr bald entschieden geltend und muß, wie er glaubt, den allmählichen Fortschritt bis zur Erfindung der Drehscheibe schon früh etwa mit der Drehung der Unterlage durch einen Dritten und dergl. begonnen und gefördert haben; wagrecht rings verlaufende Streifen, welche man oft noch an den aus der Hand geformten, größeren Gefäßen findet, scheinen auf solche im Grund auch ganz natürliche Mittelstufen zu deuten. Wie aber jede Hantirung auch so lange sie auf niederer Stufe steht, durch Geduld und Geschick in ihrer Art Hervorragendes leisten mag, sieht man an den großen, oft mehrere Fuß im Durchmesser haltenden Gefäßen, die wohl zur Aufbewahrung der Getreide- oder Früchtevorräthe dienten und gar nicht selten gefunden werden. Es heißt hier wie bei unseren heutigen Arbeiten: Je geschicktere Hülfsmittel, desto ungeschicktere Hände — heute möchte es selbst einem guten Töpfer schwer fallen, ein solches Gefäß aus freier Hand herzustellen.

Ueber das Material wurde vorhin schon erwähnt,

daß zu den aus der Hand gearbeiteten Gefäßen ein stark mit Steinchen (bis Bohnengröße) versetzter Thon verwendet wurde; auch Kohlenstaub und Kohlenstückchen wurden oft beigemischt und es wird berichtet, daß diese Sitte, dem Thon behufs der Erzeugung größerer Festigkeit solche Dinge beizumischen, nicht blos bei vielen der heute lebenden Wilden, sondern unter anderen selbst noch in gewissen Gegenden Italiens (z. B. in den parmesanischen Apenninen) üblich sei, allwo das Landvolk ganz ursprüngliche Freihandgefäße vorziehe, indem es dieselben für fester halte. Auch den Graphit, welchen sie fast sicher aus ziemlicher Ferne bezogen haben, verwendeten sie bei Freihandgefäßen, indem sie dieselben, nachdem sie polirt waren, mit demselben einrieben und geschah dieß auch in ganz metalllosen Pfahlbauten, wie denen des Pfäffiker- und Bielersees. Was den Brand der Thonwaaren betrifft, so ist derselbe bei den roh aus rohem Stoff geformten oft höchst ungleich und unvollkommen (wie denn diese Gefäße oft von solcher Unregelmäßigkeit der Dicke in den Böden und Wänden sind, daß es schwer war, sie ohne guten Ofen einigermaßen gleichmäßig zu brennen), aber er entspricht bei den späteren, ganz gewiß von eigenen Töpfern dargestellten, selbst modernen Anforderungen. — Von den oft bewunderten Verzierungen der Thongefäße, von denen hier neben einige besonders bezeichnende hergesetzt worden (Fig. 55) gilt im Ganzen das, was vorhin von den häufigsten Formen gesagt wurde: es ist etwas Nothwendiges in ihnen, weil der Mensch, der mit einfachen Linien und Punkten augenerfreuende Zeichnungen seinen Geräthen einzugraben beginnt, immer

Verzierungen. 171

Fig. 55.

auf eine ziemlich beschränkte Zahl von Combinationen, die leicht zu ersinnen und leicht auszuführen sind, zuerst verfallen muß, sofern er von der hier ohnedies weniger anwendbaren Nachahmung der äußeren Natur absteht. Ringslaufende Kreise durch eine umgelegte Schnur eingepreßt, Reihen von Fingertupfen oder von Hügelchen, die mit zwei Fingern ausgedrückt werden, wie sie unsere Hausfrauen nach alter Sitte noch heute an den Rändern der Kuchen anzubringen pflegen, Zickzacklinien — das sind so die ersten Elemente der Ornamentik, die denn auch an den rohesten Pfahlbauthongeräthen allenthalben sehr häufig wiederkehren. Schräge Parallellinien oft wie Bänder rings am Gefäß hinauflaufend, breitere Gürtel, auch wellige oder buchtige und derartige immer noch einfache Zusammenstellungen gesellen sich bald diesen allerprimi-

tivsten Augenweiben und in wenigen Fällen finden sich
dann auch der Natur entnommene Motive, Pflanzenformen
aber in ganz geometrisch scharfer Stylisirung. Ent=
sprechend der hohen Entwickelung der Erzverarbeitung
finden sich dann in jüngeren (der geschichtlichen Zeit theil=
weis nahestehenden) Pfahlbauten künstlich verzierte Thon=
waaren, so mit Graphit geschwärzte Platten, in welchen
die Zierlinien mit Zinnstreifen eingelegt sind, so Platten
mit abwechselnden schwarzen und rothen Dreiecksfeldern
und dergleichen und die Verzierungen werden mannig=
faltiger, wie denn kühne Bogen und Spiralen dieser Stufe
fast eigenthümlich sind. Was aus den Formen über
Zweck und Verwendung der Thongeräthe zu ersehen ist,
stimmt im Allgemeinen mit dem, was in dieser Richtung
noch heute besteht, doch deuten die bedeutend großem Töpfe,
wie erwähnt, auf Verwendung derselben zur Aufbewahr=
ung von Vorräthen; ein Topf mit langem, breitem Hals
trägt an diesem auf einer Seite sieben Löcher über=
einander, ein Becher eine ähnliche Lochreihe in seiner ganzen
Höhe, was auf eine Vorrichtung zur Trennung des Ge=
ronnenen in der Milch von den Molken oder des Honigs
aus den Waben gedeutet wird. Rohe Thonringe, in
welche die des Fußes oder flachen Bodens entbehrenden
Gefäße gestellt werden konnten, werden nicht selten ge=
funden, auch kleinere Gefäße, becher= und tassenartig,
sind häufig und es fehlt z. B. selbst nicht eine Doppel=
schale, ähnlich den Pfeffer= und Salzfäßchen, die auf
unseren Tischen stehen. Dann sind Zettelstrecker für
den Webstuhl, Netzsenker und besonders häufig auch
Spinnwirtel vorhanden, welche vor anderen Dingen mit

Schwer deutbare Dinge. 173

allerhand Zierlinien reich geschmückt sind; ähnlich wie die Spinnräder unserer Landmädchen ein Gegenstand der Aufmerksamkeit für die Burschen sind, von ihnen mit feinen Kunkelbändern u. dergl. geschmückt werden, mögen auch diese Wirtel ein Liebeszeichen gewesen sein, das aus der Hand der Pfahlbaujünglinge in die der Mädchen wanderte und an welchem dann noch das Weib dem Gatten und den Kindern den Faden zu den Gewändern spann; und wiederum einige undeutbare Dinge, wie z. B. thönerne, an der Spitze durchbohrte Dreieckplatten. Von besonderem Interesse ist als mögliche Andeutung einer Mondverehrung ein zum Aufstellen eingerichtetes zwei=hörniges Thongeräth (Fig. 56), das in der Spitze jedes

Fig. 56.

Hornes eine von zwei Kreisen umgebene Vertiefung und zwei von einer Vertiefung zur anderen quer über das Bild laufende doppelte Wellenlinien zeigt; es gleicht den Mondbildern mondverehrender Völker und mag, bis es etwa durch weitere ähnliche Funde näher bestimmt sein wird, in unseren Büchern als interessantes Stück fortgeführt werden, wiewohl es ja gerade so gut ein Spielzeug, ein Phantasiestück irgend einer angeregten Töpfermußestunde sein konnte. Es weiß ja jeder, wie gern besonders die Thon- und auch die Holzarbeiter wie Tischler und Drechsler dann und wann einmal in einer guten Stunde die eigene Erfindungsgabe und Phantasie in dem Stoffe zu bewähren suchen, in dem sie sonst nur in alltäglicher harter Pflichtarbeit schalten, wie sie sich dann in allerhand willkürlichen Dingen ergehen, „besteln" und sich „verkünsteln". Meine älteren Leser werden sich wohl noch der billigen, jetzt freilich außer Curs gekommenen Spielzeuge erinnern, die aus dem Töpferofen kamen, der Pfeifen in Hahnengestalt, der irbenen Männer u. s. w.; ähnliches wurde einigemal auch unter den Pfahlbautenresten gefunden und gleich dem sogenannten Mondbild ist z. B. ein höchst ursprüngliches, undeutbares, kurzbeiniges Thierlein aus Thon für ein Götzenbild erklärt worden. Es ist nun zwar begreiflich, daß man gar zu gerne von dem geistigen Wesen, insonderheit aber von den religiösen Vorstellungen der Pfahlbaubewohner einen Begriff gewinnen möchte, nachdem uns ihre Lebensweise und ihre Beschäftigungen in mancher Hinsicht so erfreulich klar geworden sind, aber „wo nichts ist, hat der Kaiser sein Recht verloren." Legen wir diese Dinge treu und sorgfältig in unseren Büchern nieder und warten wir im Uebrigen geduldig ab, was die Zeit an weiterer Aufhellung bringt; die ungeduldige hitzige Erklärungssucht wird nirgends lächerlicher, als wenn sie auf jeden vereinzelten, unvollkommenen Fund sofort übertriebenste Gedankenspiele baut und sie ist mit diesem drängenden Wesen selbst dem ruhigen Fortschreiten unserer Wissenschaft und der Vertrauenswürdigkeit derselben schon sehr schädlich geworden. Kann man sich denn an diesen glücklichen interessanten Funden nur in der Weise erfreuen, daß man die schillernden Gedankenbläslein, welche dieselben ja jedem erregen, sofort vor allem Volke steigen und platzen läßt?

Auch Gefäßbruchstücke aus dem sogen. Topfstein, der bei Chiavenna noch heute gewonnen und verarbeitet wird, sind vereinzelt gefunden.

Haben bereits die bisher beschriebenen Geräthschaften der Pfahlbauer uns manche Theile des täglichen Lebens vorgeschichtlicher Menschen klarer erschauen lassen, so rücken die gleichfalls an manchen Orten trefflich erhaltenen Flecht- und Webearbeiten einen Abschnitt desselben vor Augen, den bisher keine andere Fundstätte zugänglich zu machen vermochte. Wir werden später bei Betrachtung der Pflanzenreste erfahren, daß, wo immer man im Stande war, diese Reste zu bestimmen, man Flachs unter denselben gefunden hat, und zwar unter Umständen, die nicht daran zweifeln lassen, daß derselbe — niemals aber Hanf, den sie wenigstens als Gespinnstpflanze nicht kannten — angebaut worden ist. Die Flecht- und Webearbeiten lassen nun erkennen, daß die Pfahlbauer seine Fasern in sehr mannigfaltiger Weise zu verwerthen verstanden und daß außer ihm Bast und Weidengezweige ein häufig verwendetes Material gewesen ist.

Daß der Flachs am Orte gesponnen wurde, lehren schon die Spindeln und Wirtel, die man gefunden hat; deren eine (aus Wangen am Untersee stammend) trägt noch jetzt eine dicke Schicht aufgewundenen Gespinnstes. Man kennt ferner Schnüre, dünne und dicke, sowie Seile und aus den Fäden und Schnüren haben sie Netze, Matten und Tücher geflochten, gestrickt und gewebt. Nebenstehende Abbildung (Fig. 57) mag einen Begriff von diesen Arbeiten geben, die mit Worten schwer zu beschreiben sind,

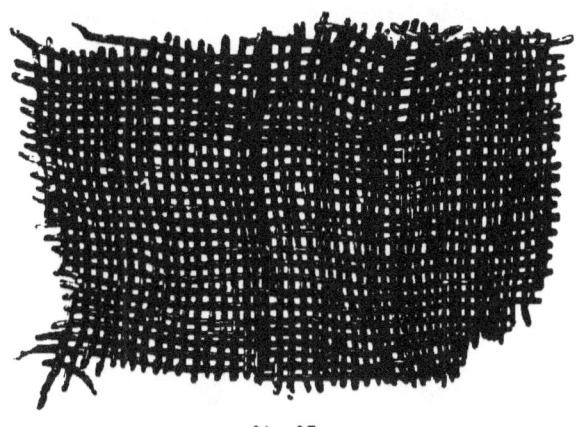

Fig. 57.

von denen aber im Allgemeinen behauptet werden darf, daß auch sie gleich den meisten anderen Geräthen der Pfahlbauer — wir bemerken, daß alle hier besprochenen Geflechte und Gewebe aus Pfahlbauten der Steinstufe stammen — für eine in ihrer Art hervorragende Geschicklichkeit zeugen, welche die Völker, die sie zu üben verstanden, über viele unserer heutigen, meist zudem unter günstigeren äußeren Umständen lebenden Naturvölker entschieden hinaushebt. Ueber die Art der Herstellung der gewobenen Stoffe sind s. Z. in Zürich von einem sachverständigen

Erzgeräthe.

Mann, Bandfabrikant Paur, Versuche angestellt worden, die zuletzt zur Aufstellung eines höchst einfachen Web=stuhls führten, wie man ihn eben aus der Beschaffenheit der Pfahlbaugewebe abzuleiten im Stande war.

Erzgeräthe sind, wie schon erwähnt, in vielen Pfahlbauten gefunden und es ist schon oben darauf hin=gewiesen, daß ihr Auftreten eine Epoche in der allerdings kärglichen Entwickelung der Anlage und des Aufbaues dieser merkwürdigen Wohnstätten, sowie in dem allge=

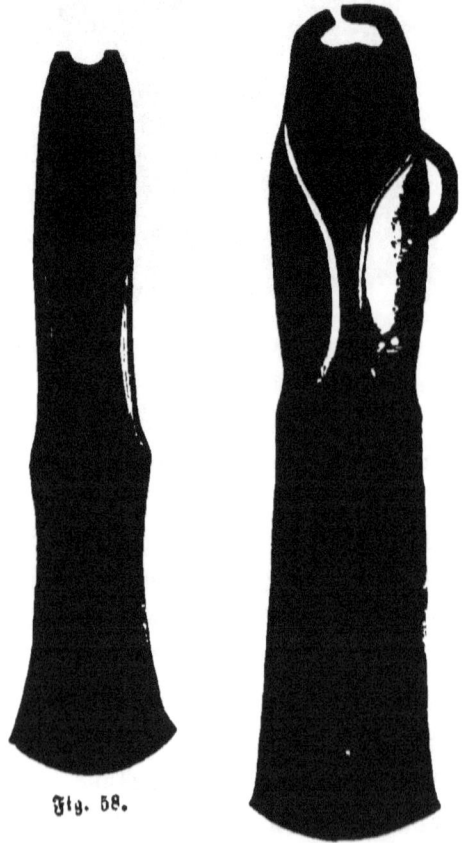

Fig. 58.

Fig. 59.

178 Erzgeräthe.

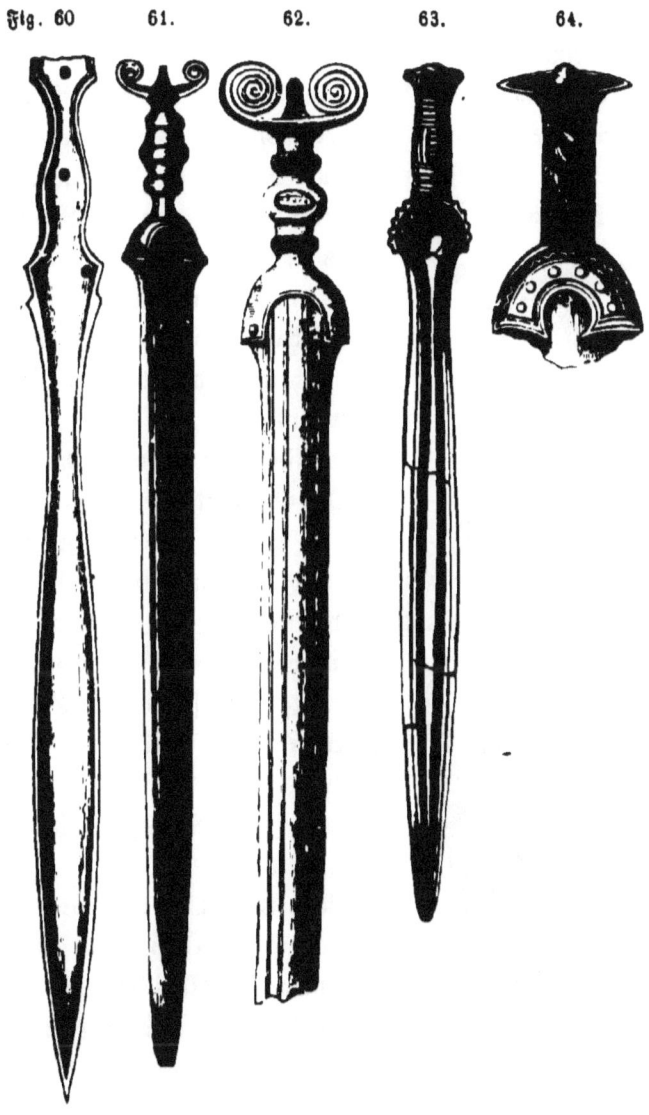

Erzschwerter.

Fig. 60. Schweden. (ein Viertel nat. Größe.) Fig. 61. Neuenburger See. (ein Viertel.) Fig. 62. Scandinavien. Fig. 63. Dänemark (ein Sechstel.) Fig. 64. Schwertgriffe aus Dänemark. (ein Viertel.)

Beile, Schwerter, Dolche. 179

meinen Charakter der Reste bezeichnet, welche wir in ihnen finden, eine Epoche, welche das erste Auftreten des Erzes ja überall im weiten Gebiet der Vorgeschichte heraufführt; das in dieser Richtung Bemerkenswerthe wurde dort berichtet und es bleibt nun nur übrig, die verschiedenen Erzsachen zu überschauen, welche den jüngeren Pfahlbauten theils durch häufiges Vorkommen, theils durch vortreffliche Arbeit und gute Erhaltung oft einen viel eigenthümlicheren, räthselhafteren Charakter aufprägen, als der der zeitlich ferner liegenden, steinzeitlichen ist.

Das Beil ragt auch hier vor allen anderen Waffen und Geräthen hervor und tritt auch in den Pfahlbauten in allen den Formen auf, in welchen es überhaupt vorzukommen pflegt, doch scheinen im Ganzen diejenigen mit zweiseitiger Aushöhlung und Aufbiegung des Randes (Fig. 58, 59) die häufigsten zu sein.

Schwerter und Dolche sind verhältnißmäßig selten, doch mögen nebenstehende Abbildungen eines neunundfünfzig Centimeter langen Schwertes aus dem Neuenburger See (Fig. 61) und eines Dolches aus Irland (Fig. 65) einen Begriff davon geben, daß in diesen

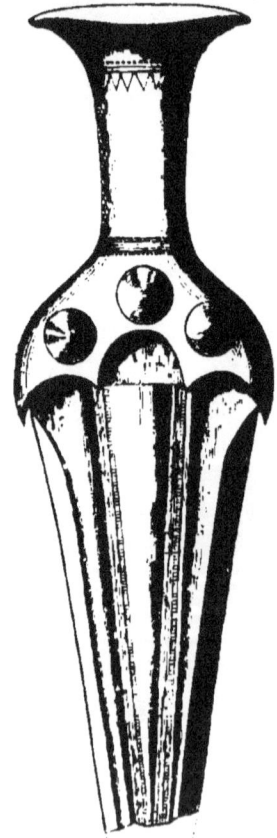

Fig. 65. Erzene Dolchklinge aus Irland, 10 drei Viertel Zoll lang.

12*

Geräthen die Pfahlbaubewohner nicht auf tieferer Stufe stehen als etwa die erzgerüsteten Nordländer. Der Vorzug, den die letzteren durch ihre besseren und schöneren Steinwaffen besessen hatten, ist auf dieser Stufe überhaupt einer durchgehenden Uebereinstimmung der Erzgeräthe gewichen und mag leicht hierin ein neues Zeichen neuer Verhältnisse und Beziehungen erblickt werden. Von dem hier abgebildeten Dolch ist noch zu bemerken, daß er mit Nägeln in den Griff genietet war.

Speerklingen und Pfeilspitzen sind ebenso wenig häufig wie die Schwerter und ist nur bemerkenswerth in Ergänzung des S. 164 Gesagten, daß im ganzen Neuenburger See (nach Desor) bloß eine einzige erzene Pfeilspitze mit innerer Aushöhlung gefunden ist, während die Mehrzahl vollständig in der Form der steinernen Pfeilspitze verharrt. Auch darauf mag hingewiesen sein, daß die Speerklingen allgemein vortrefflich gearbeitet sind, so daß sie zusammen mit den Schwertern und den sogleich zu erwähnenden Messern dieser Stufe beim ersten Auftreten sofort den Stempel einer gewissen Gewandtheit, einer Reife in dieser neuen Art Arbeit aufprägen, die nicht mehr nach Formen sucht, sondern die praktischsten und mitunter die schönsten, gleichsam schon im Griffe, in der Uebung hat. Es wird auf diese Thatsache bei der Theorie der „vorhistorischen Trilogie" des Steines, Erzes und Eisens zurückzukommen sein.

Die Messer sind schon oben als besonders häufige und als in Formen und Verzierungen charakteristische Fundstücke aus den erzführenden Pfahlbauten bezeichnet worden. Was dem anzufügen ist, mögen die Bilder kürzer

Messer. 181

und deutlicher als die Worte sagen (Fig. 66—69). Doch sei der geehrte Leser auf das in Fig. 67 Dargestellte be=

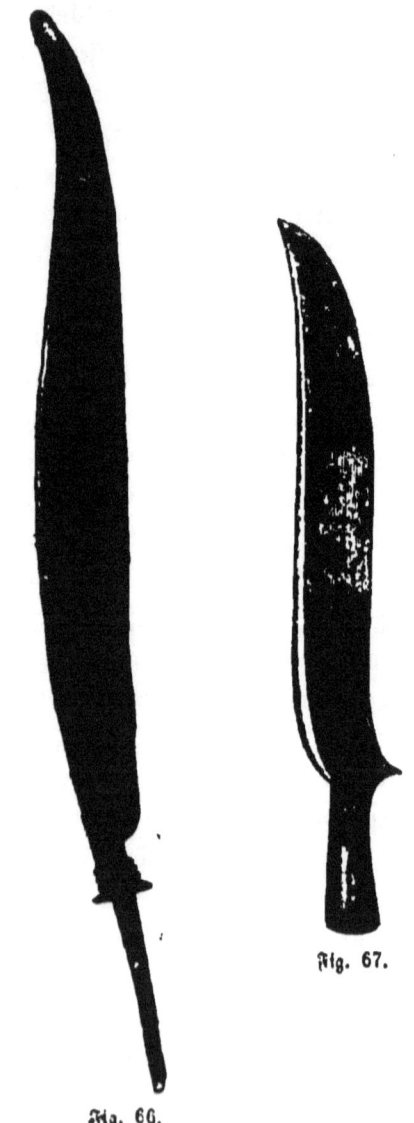

Fig. 66.

Fig. 67.

182 Messer.

sonders aufmerksam gemacht, da hier eine seltene und in ihrer Art vorgeschrittene Verschmelzung der Speerklinge und des Messers (Fig. 68, 69) vorzuliegen scheint, die den besten Steinwaffen noch ferner steht als diese beiden oder als das Schwert. Auch das möchten wir der Be=

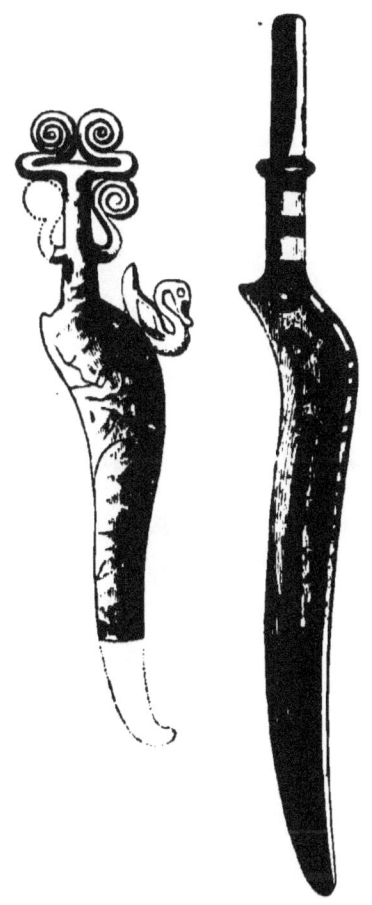

Fig. 68.   Fig. 69.
Erzmesser.
Fig. 68. Dänemark (halbe nat. Gr.) Fig. 69. Schweiz. (halbe Gr.)

achtung und Erwägung des geehrten Lesers empfehlen, wie die Form der Messer in der Biegung des Umrisses sowohl, als in der Art, wie die Klinge sich gegen den Rücken verdickt, selbst schon in der allgemein herrschenden Einschneibigkeit ein im Vergleich mit den Steinmessern durchaus neues Geräth darstellt. Dieß zu beobachten ist gerade hier bei den Pfahlbaufunden von besonderer Bedeutung, als eben in den Pfahlbauten, die der höchsten Stufe der Steinverarbeitung fast gänzlich fremd geblieben sind, dadurch eine tiefe Kluft zwischen Stein- und Erzstufe angezeigt wird.

Sicheln, die ähnlich wie die Messer durch Verdickung gegen den Rücken hin gestärkt sind, oft noch außerdem eine diesem Rückenkiel parallellaufende Verdickung zeigen und (wie Fig. 70 zeigt) selbst nicht ohne allen, wenn noch so einfachen Zierath blieben, sind nicht selten; Meisel dagegen und Hämmer sind selten, wo sie aber vorkommen,

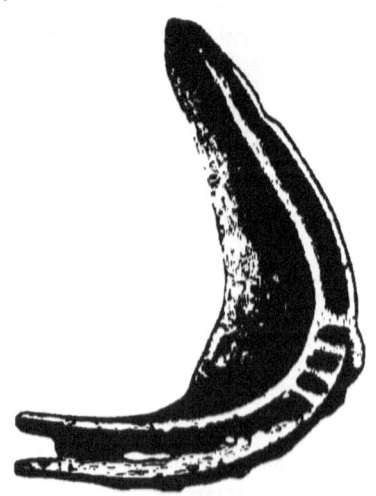

Fig. 70. Erzsichel.

184 Schmucksachen.

sind sie von ebenso erstaunlicher Vollendung der Form, wie Schwerter und Speerklingen und Messer und auch viele Beile; die Meisel (Fig. 71), soweit man nach den wenigen Funden urtheilen kann, hatten keinen Stiel, sondern nahmen den Handgriff in eine Dille auf.

Fig. 71.

Was diese Waffen und Geräthe von Geschicklichkeit und Geschmack in der Arbeit, auch oft von Vorliebe für Zierath an Dingen melden, die, wie Messer und Beile, wir ziemlich unverziert gebrauchen findet ausgedehnteste Bestätigung in den sehr zahlreichen erzenen Schmucksachen, welche man den Pfahlbauten der Erzstufe enthoben hat. Es sind unter diesen in den Pfahlbauten die Nadeln am häufigsten und sie sind von einer Länge von siebenundfünfzig Centimeter bis zur Größe der glasköpfigen Halstuchnadeln unserer Dorfschönen und Dienstmägde zu Hunderten gefunden worden und erstaunten alle Finder durch ihre Verzierungen und ihre Mannigfaltigkeit bei aller Einfachheit der Form, die so groß ist, daß unter den Hunderten, die allein aus dem Grunde des Neuenburger Sees erhoben worden, keine einzige die vollständige Wiederholung einer anderen ist. Und doch sind sie alle gegossen! Nur wenige entbehren jeder Verzierung. Von ihnen, wie auch von den Arm- und Fußgelenkspangen bieten hierneben die Figuren 72—78 einige Musterstücke; die halb offenen, ziemlich schweren Bänder sind die weitaus häufigsten, aber das, welches

Schmucksachen. 185

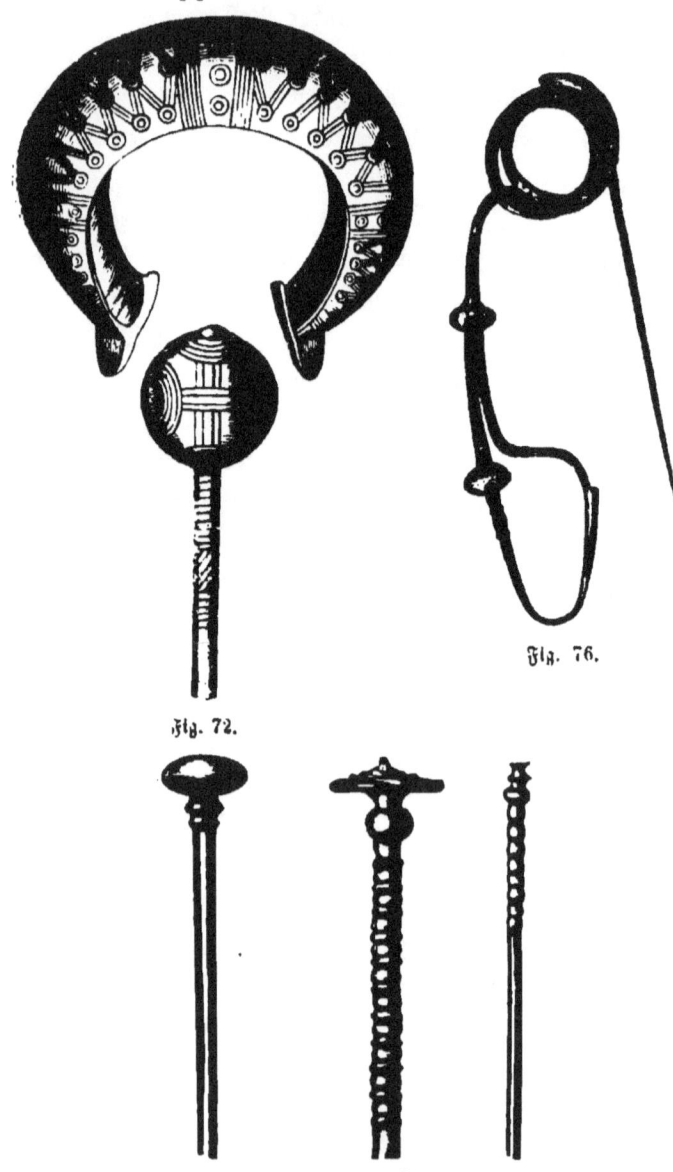

Fig. 72—76. Erzene Haarnadeln aus den Schweizer Seen. (halbe Gr.)
Fig. 77. Erzarmband aus dem Neuenburger See. (halbe Gr.)

186 Schmucksachen.

Fig. 78. Fußspange aus der Schweiz.

Fig. 77 darstellt, ist ein seltenes Stück. Die Weite dieser Spangen scheint in vielen Fällen den Schluß zu bestätigen, den man, wie oben erwähnt, aus den kleinen Schwertgriffen gemacht hat, daß nämlich die Pfahlbaubewohner der Erzstufe von geringerer Größe oder wenigstens von schmächtigerem Gliederbau gewesen seien, als die heutige Bevölkerung dieser Gegenden durchschnittlich ist; indessen muß man, soweit da diese Schmuckspangen in Betracht gezogen werden sollen, nicht außer Acht lassen, daß derartige Dinge von Menschen jeden Alters getragen zu werden pflegen. Vollständige Ringe sind wie gesagt seltener als diese Spangen und da man sie zu verschiedenen Malen an den Beinen von Skeleten gefunden hat, wird man sie auch hier mit Wahrscheinlichkeit als Fußgelenkringe ansprechen dürfen.

Kleinere Schmucksachen, die zum Anhängen bestimmt waren und die man theils als Ohrringe, theils als

Amulete zu bezeichnen pflegt, sind im Ganzen einfacher als man wohl nach der feinen Arbeit viel größerer Sachen vermuthet. Es ist hier die mit der Kleinheit des Gegenstandes wachsende Schwierigkeit des Gusses in Anschlag zu bringen. Es sind Dreiecke, Halbringe („Halbmonde" genannt!) und dergleichen, massig oder durchbrochen und, wenn verziert, mit den üblichen, gleichlaufenden oder gewellten oder gezackten Linien geschmückt. Nochmals sei hervorgehoben, daß alle diese Gegenstände durchaus gegossen sind. Ungeformte Erzklumpen, das Rohmaterial der vorgenannten Geräthe und Waffen fehlen nicht; Wurmbrand beschreibt sie aus dem Attersee.

Wieder eine neue Stufe vorgeschichtlicher Entwickelung deuten die eisernen Waffen und Geräthe an, welche in verschiedenen Pfahlbauten des Neuenburger- und Bielersees gefunden sind; in ihrer Betrachtung fühlen wir uns schon fast sicher auf dem geschichtlichen oder wenigstens mit solchem innig zusammenhängenden Boden, zumal einige sogleich zu erwähnende Dinge sie begleiten, welche man schon zu den Grundlagen schriftlicher Ueberlieferung rechnen darf. — Die eisernen Schwerter, wie Desor sie aus dem Pfahlbau von La Tène im Neuenburger See beschreibt, sind zweischneidig; ihre Klinge dünn und unverziert und gegen die Spitze sanft zulaufend; sie sind bis neunzig Centimeter hoch und die Grifflänge, welche sich auf dreizehn bis fünfzehn Centimeter schätzen läßt, scheint anzuzeigen, daß kräftigere Hände als die der Erzmänner sie geschwungen haben. Desor weist auch in seiner Beschreibung dieser Waffen darauf hin, daß der Körper des Schwertes aus anderem Eisen, oder anders bearbeitet ist als die Schneiden, denn jener zeigt ihm zu Folge feine, haarartig gewellte Linien, die fast wie Spuren von Damascirung aussehen, während diese glatt sind; und da diese Schwerter mit vielen, die aus dem Gräberfeld von Alise gegraben wurden, vollkommen ähnlich sind, so erinnert er an die Bemerkung, die be Reffye hinsichtlich der letzteren macht, daß nämlich der Körper aus härterem Eisen als die Schneiden gemacht und diese dann mit jenem zusammengeschweißt worden seien, so daß der Kriegsmann jederzeit die Scharten seiner Waffe leichtlich mit Hülfe des Hammers habe ausbessern können, ähnlich wie das noch heut unsere Schnitter beim Dengeln thäten. — Die Scheiden dieser Schwerter bestehen aus zwei Eisenblättern, die im oberen Theil übereinandergebogen, im unteren durch einen Bügel verbunden sind; eine besondere Platte, die sie am oberen Ende umfaßt, trägt den Ring für das Gehänge und ist oft mit Figuren geschmückt, welche den Zierathen der Erzstufe ebenso fern stehen, als denen der römischen Zeit und wiederum durchaus auf gallischen Ursprung hindeuten; sie sind meistens in das Eisen gegraben, manchmal aber auch ausgeschlagen und kehrt da zum Beispiel öfters die Gestalt des Einhorns wieder, die man auf echt gallischen Erzeugnissen, besonders auf Münzen so häufig findet.

Speerklingen von ganz eigenthümlicher Bildung, an die abentheuerlichen Formen mancher Hellebardenklingen erinnernd, mit theils geschwungenen, theils gezackten Rändern und Ausschnitten sind in diesem selben Pfahlbau gefunden und haben nur entfernte Aehnlichkeit mit gewissen gallischen „Speermessern". Dagegen sind mit ihnen

in beträchtlicher Zahl Lanzenspitzen gefunden worden, die
in der allgemeinen Form den erzenen Speerklingen nahe-
stehen, aber doch einfacher und besonders leichter und
schlanker gearbeitet sind; sie sind vollkommen gallisch und
werden wohl nicht anders denn als Wurfspieße verwandt worden sein; Versuche, welche seiner Zeit Napoleon
der dritte mit ganz übereinstimmenden Lanzenspitzen aus
den Funden von Alise anstellen ließ, bewiesen, daß ein
Spieß mit solcher Spitze vermittelst der Wurfschlinge
(Amentum) bis auf achtzig Meter geschleudert werden
konnte.

Unter den eisernen Geräthen sind die Sicheln dadurch bemerkenswerth, daß sie von denen der Erzstufe
durch bedeutendere Größe und durch Mangel der Verzierung abweichen; die Form ist entsprechend der Gleich-
förmigkeit der mit diesem Werkzeug zu verrichtenden Arbeiten wesentlich dieselbe, die wir noch heute sehen.*) —
Eiserne Beile aus den Pfahlbauten stehen jener Form
der Erzbeile am nächsten, bei der auf einer Seite die
Ränder rechtwinklig zum Verlauf der Scheibe aufgebogen
sind; diese „Ohren" nähern sich hier bedeutend, so daß
sie fast eine Dille bilden; aber die Formen sind bestimmter, die Schneide breiter, das Ganze kräftiger. —
Eisenspitzen, welche an den Stangen angebracht sind, die
an seichten Stellen zum Fortstoßen der Kähne dienen,
Hufeisen, vermeintliche Pflugscharen und vieles andere
eiserne Geräth ist noch in Pfahlbauten vereinzelt gefunden;
aber da die Eisenstufe sich durch die ganze geschichtliche

---

*) Die Sense ist ein viel moderneres Werkzeug.

Zeit und bis auf den heutigen Tag herabzieht, wird man gut thun, allen jenen Fundstücken, welche nicht massenhaft oder nicht sofort in sehr fremdartigen, vorgeschichtliche Herkunft bezeugenden Formen auftreten, einstweilen zweifelnd gegenüberzutreten (so zum Beispiel auch dem Zirkel, den Haßler aus dem Unteruhtdinger Pfahlbau beschreibt), da gewiß in den neunzehn Jahrhunderten, welche für diese Gegenden der uns bekannten Geschichte angehören, manches alte Eisen sein Grab in den reichumwohnten Seen gefunden haben wird.

Schmucksachen aus Eisen sind in einzelnen Fällen sehr häufig und umfassen vorzüglich Heftnadeln und Ringe. Auch wenn nicht die lebenden Wilden sich des für unsere modernen Begriffe fast ausschließlich „nützlichen" Metalles noch vielfach zum Schmuck bedienten, würde es doch an und für sich leicht zu begreifen sein, daß diese Alten es als etwas Neues und Seltenes doppelt hoch hielten, ähnlich wie auch heut zu Tage üppige Leute Platinaschmuck tragen und eine Zeit lang selbst das leichte matte Aluminium „in Mode" kam. Den Begriff der Kostbarkeit erfüllte eben jederzeit für den gewöhnlichen Sinn der Reiz der Neuheit und die Theuerung einer Sache viel mehr als ihre edlen Eigenschaften, ihr innerer Werth und Schönheit.

Rohere Schmucksachen gehen durch alle Pfahlbauten und die bekannten Dinge wie durchbohrte Knochenstücke, Zähne, glänzende Steine, Ringchen aus glänzender Steinkohle, Stücke Röthel und dergleichen finden sich da und dort und fehlen selten, wo überhaupt reichlichere Funde gemacht werden. Oft haben wir es auch wohl nur mit

Kinderspielzeug zu thun, so wenn Haselnüsse und Schnecken= häuser oder ganz gemeine Kieselsteine durchbohrt beisam= menliegen. Als eine Art Schmucksache sind aber wohl auch jene Serpentinbeile zu betrachten, welche an den Seiten mit Linien verziert und im Körper so schmal sind, daß an einen ernstlichen Gebrauch gar nicht zu denken ist.

Hervorragende Bedeutung erlangen manche Kleinig= keiten der Art, wenn sie auf Verkehr mit fernen Ländern oder vorgeschrittenen Ländern deuten, wie dies Bernstein, Glasperlen, Korallen, gediegenes Zinn und ähnliche Dinge beweisen, die allerdings immer seltener sind.

Unter allen diesen Pfahlbaufunden, welche auf aus= gedehnte Verkehrsbeziehungen vorgeschichtlicher Völker zu deuten scheinen, ist aber wohl keiner so sehr der Gegenstand der Aufmerksamkeit geworden und hat keiner zu so weit= greifenden Vermuthungen Anlaß gegeben als der soge= nannte Nephrit. Der ächte Nephrit ist nämlich ein grüner, schwach durchscheinender Stein, der erst von Quarz ge= ritzt wird und dessen specifisches Gewicht 2,9 bis 3 be= trägt; dieser Stein genießt im fernen Osten eines hohen Ansehens, sei es als Waffe wie bei den Neuseeländern und Anderen, sei es als Halbedelstein, Amulet und der= gleichen wie bei den Indiern, Chinesen, Malayen. Seine einzigen früher bekannten Fundorte waren Ostindien und Neuseeland. Nun fand man plötzlich in den Pfahlbauten und den Hügelgräbern Steinbeile, deren Material mit diesem sogenannten edeln Nephrit so große Aehnlichkeit besaß, daß man nicht zweifelte, man habe es mit dem= selben Stein zu thun und nur noch diese beiden Mög= lichkeiten beachtete: entweder haben diese Völker bei ihrer

Einwanderung den Stein selbst aus Osten mitgebracht oder er ist ihnen auf Handelswegen gebracht worden. — Aber die Untersuchungen des Mineralogen Professor Fischer stellten bald heraus, daß nicht bloß Gesteine, die mit diesem Nephrit nur ganz entfernte Aehnlichkeit besaßen, mit ihm verwechselt worden waren (so gewisse Serpentinvarietäten), sondern daß wir auch in Europa Steine finden, die ihm in allen Eigenschaften zum Verwechseln ähnlich (wie Prehnitoid) sind und daß selbst unzweifelhafter Nephrit schon zweimal in Geschiebform mitten in Deutschland gefunden ist. Daß die sogenannten Nephrite der Pfahlbauten und Hügelgräber aus dem Orient stammen können, ist damit allerdings nicht widerlegt, aber es liegt doch darin eine Warnung gegen weitschweifende Erklärungen einer vielleicht sehr einfachen Sache. Was wir schon früher hervorgehoben, daß Menschen, die soviel mit Steingeräth umgingen, bessere Finder und Kenner der Steine waren, als wir, ist auch hier zu beachten.

In manchen Beziehungen bedeutsamer als alle diese Waffen und Geräthe und Schmucksachen sind die Reste der Thiere und Pflanzen, welche die Pfahlbauer züchteten und anbauten, denn wenn es auch nur Knochen, Früchte, Samenkörner, Holzbruchstücke sein können, die erhalten sind, so gibt doch die Fülle eigenthümlicher Charaktere der organischen Arten oder Rassen in jedem Fall die Mittel an die Hand, über Abstimmung und Herkunft

derselben das Möglichste zu erforschen und nicht nur das
Wesen und Treiben der Pfahlbauer selbst, nicht nur die
Urgeschichte des Ackerbau's und der Viehzucht, nicht nur
die Geschichte hervorragender Culturpflanzen und Haus=
thiere aufzuhellen, sondern auch Völkerbeziehungen kennen
zu lernen, die der Zeit der Pfahlbauer vorausgingen
oder in ihr sich entwickelten und bei aller Unbestimmtheit
der Andeutungen nun doch wieder einige Lücken in dem
schattenhaften Bilde der Vorgeschichte ausfüllen mögen.
Diese Dinge verdienen unsere Aufmerksamkeit.

Wichtig ist vor allem, daß die Pfahlbauer in den
älteren wie den jüngeren Stationen unzweifelhafte Reste
von Getreide hinterlassen haben. Man kennt bereits drei
Abarten von Weizen, die sie pflanzten, und daß in den
Pfahlbauten von Robenhausen und Wangen, die noch so
entschieden auf der Steinstufe stehen, doch schon der
ägyptische Weizen (Triticum turgidum) vorkömmt, ist
eine besonders auffallende Thatsache. Weniger häufig ist
die Gerste, welche durch das sechszeilige Hordeum hexastichon
vertreten ist, eine Art, die zwar noch heute da und dort
angebaut wird, im Ganzen aber durch kleineres Korn
und kürzere Aehren hinter unserem Hordeum vulgare,
der gemeinen Gerste zurücksteht; Aegypter, Griechen und
Römer haben sie am häufigsten angebaut. Hafer tritt
nicht früher als auf der Erzstufe auf, auch Fennich
(Panicum miliaceum) ist einige Mal gefunden, aber
unsere übrigen Getreidearten, besonders Roggen, sind bis
jetzt in keinem Pfahlbau gefunden, was bei der Gründ=
lichkeit und Ausdehnung der einschlägigen Untersuchungen
zu dem Schlusse berechtigt, daß sie überhaupt nicht

angebaut wurden. Die Kornblumen und andere wilde Bürger unserer Getreidefelder fehlten auch schon zu dieser Zeit nicht; daß aber unter ihnen die südliche Silene cretica vorkommt, welche der schweizer Flora heute nicht mehr angehört, scheint darauf hinzudeuten, daß auch das Getreide, unter dem sie wächst, von Süden kam. Die nächst dem Getreide wohl wichtigste Culturpflanze der Pfahl= bauer, der Flachs, bestätigt diesen Schluß, wie uns die neuesten Untersuchungen Oswald Heer's lehren, denn ihm zu Folge ist der Pfahlbauflachs das ursprünglich im Mittelmeergebiet wild wachsende Linum angustifolium und auch der Flachs der Aegypter ist von dieser Art gewon= nen worden, die im Nilthal schon vor fünftausend Jahren angebaut ward. Unser heutiges Linum usitatissimum ist aus dieser Art durch Cultur entwickelt worden.

Die Reste von Aepfeln scheinen durchaus vom so= genannten Holzapfelbaum zu stammen, der noch jetzt in unseren Wäldern wild wächst; Kerne der Schlehe und Vogelkirsche, Haselnußschalen, zahlreiche Reste der Him= beeren, Heidelbeeren, Erdbeeren deuten wohl darauf hin, daß die Alten sich von vielen Produkten des Waldes und der Felder nährten, geben aber keine Auskunft über wei= tere Culturen als die oben genannten. Dagegen sind Erbsen zu Moosseedorf gefunden und treten Bohnen von der Erzstufe an nicht selten auf. Brod aus sehr grob zermahlenen Getreidekörnern ist in mehreren Stationen gefunden worden.

Unter den Hausthieren tritt uns von Anfang an das Rind entgegen, das allem Anschein nach so gut in dieser vorgeschichtlichen wie in geschichtlicher Zeit die wichtigste Stütze des heerdenzüchtenden und landbauenden Menschen gewesen ist. Schon in den ältesten Pfahlbauten begegnen wir vorwiegend zwei Rassen von Rindern, einer größeren und einer kleineren; jene ist Primigenius-, diese Brachyceros- oder Longifronsrasse genannt worden und Rütimeyer, der die Thiere der Pfahlbauten und ganz besonders die Hausthiere am eingehendsten studirte, erklärt die Primigeniusrasse als zweifellosen Abkömmling des wilden Urochsen (Bos primigenius), während ihm die Longifrons- oder Brachycerosrasse als eine zwar ebenfalls selbständige erscheint, deren wilder Stammvater aber bis jetzt nirgends nachgewiesen werden konnte und in Europa sich wohl kaum finden dürfte; daß aber diese Rasse in Afrika in sehr typischer Weise vertreten ist, scheint eher die Annahme zu begünstigen, daß sie in unseren Erdtheil von Süden und Osten her eingeführt ist. Eine dritte Rasse, die zwar spärlicher als diese beiden auch schon in älteren Pfahlbauten vorkommt, aber erst in denen der Erzstufe häufiger wird, ist als Frontosusrasse benannt worden und von ihr glaubt Rütimeyer, daß sie nur eine Abzweigung der Primigeniusrasse darstelle. Minder wichtig, als diese drei Hauptrassen von Pfahlbaurindern ist eine vierte, die spärlich in Pfahlbauten der Erzstufe auftritt, die Trochocerasform, die von dem genannten Forscher gleichfalls nur als Spielart der Primigeniusrasse betrachtet wird. — So haben wir denn unter den vier verschiedenen Pfahlbaurindern drei Abkömmlinge des in den Pfahlbauten noch häufig gefundenen einheimischen wilden Urochsen und einen Abkömmling einer höchst wahrscheinlich außereuropäischen Rinderart; von ihnen finden wir heute in der Gegend der Pfahlbauten die reine Primigeniusrasse nicht mehr, dafür aber ganz vorwiegend die Longifrons- und Frontosusrasse; jene ist aber in den großen Rassen Norddeutschlands und den langhörnigen Rindern des Südens und Südostens unseres Erdtheils erhalten.

Was Rütimeyer über ein anderes wichtiges Hausthier der Pfahlbauer, über das Schwein, erforscht hat, gelangt in zwei Hauptpunkten zu ähnlichen Schlüssen, wie seine Studien über das Rind. Er glaubt, daß eine Rasse, die er Torfschwein nennt, von einem in früheren Pfahlbauten noch wild gefundenen, bald aber ausgestorbenen wilden Schwein, das von unserem heutigen wilden Schwein verschieden und besonders schwächer und kleinzähniger war, abstamme, während in den späteren, der Erzstufe angehörenden Pfahlbauten unser Hausschwein, höchst wahrscheinlich aus Süden eingeführt, auftritt. Indessen ist wohl zu merken, daß die Akten über die Pfahlbauschweine noch nicht geschlossen sind; so glauben Einige, das Torfschwein sei von vornherein gezähmt gewesen und stamme aus Afrika und dergleichen. Ethnographisch wichtig bleibt hierbei immer, daß man auch für die Herleitung dieses Hausthieres mittelbar auf den Süden Europas und im Weiteren auf Afrika oder Asien angewiesen ist.

Das gleiche kehrt beim Hund wieder, von dem wir eine Rasse bereits in den dänischen Muschelhaufen gefunden haben, der sich nun in den älteren Pfahlbauten der sogenannte Torfhund und in den Pfahlbauten der Erzstufe eine dritte Rasse zugesellt, welche Jeitteles auf den afrikanischen Canis lupaster als ihren Stammvater zurückführt.

Reste von Pferden sind in den Pfahlbauten der Steinstufe selten, in denen der Erzstufe häufiger; sie gehören durchaus entschiedener einem Hausthiere an, zum großen Unterschied von den Höhlen mit ihren zwei wilden Pferdearten.

Ziege und Schaf sind in den älteren Pfahlbauten selten, wenn sie auch fast nirgends fehlen und beide scheinen gleich dem Pferd erst auf der Bronzestufe gebräuchlichere Hausthiere geworden zu sein.

Mit Rind, Pferd, Hund, Schwein, Ziege und Schaf sind die Thiere genannt, welche von den Pfahlbauern gezüchtet wurden; aber sie werden an Zahl der Reste in den älteren Pfahlbauten von den Thieren des Waldes übertroffen, wie denn zum Beispiel im Moosseedorfer Pfahlbau der Hirsch erheblich häufiger vertreten ist, als das gebräuchlichste Hausthier, das Rind.

Von ausgestorbenen oder aus dem Gebiete der schweizerischen Pfahlbauten (die hinsichtlich ihrer Thierreste leider allein genau durchforscht sind) heut zu Tage ausgewanderten Thieren sind in den Pfahlbauten die Reste des wilden Urochsen, des Bison, des Elentthieres, des Bären, des Wolfes, des Steinbockes, des Bibers gefunden und ist es bezeichnend, daß der Urochs, der Bär und der Biber nur selten in den jüngeren, der Bison und die Wildkatze nur in den älteren vorkommt, während der Steinbock, der Wolf, das Elenthier und auch die Gemse schon damals selten erlegt wurden. Ausnahmslos häufig ist nur der Hirsch vertreten, dem das Reh und das Wildschwein folgt. Daß der Hase sehr selten vorkommt, schreiben die Pfahlbaukundigen gewissen abergläubischen Meinungen zu, die ja noch heut bei manchen Völkern dieses Thier für ein unreines halten lassen.

Weiter kommen von Säugethieren noch vor: der Dachs, die Otter, die beiden Marder, das Wiesel, das Hermelin, der Fuchs (in den älteren, wie auch der Dachs, ziemlich häufig), der Igel, das Eichhorn, die Feldmaus. Daß unter den Hausthieren der Esel, die Katze und alles Hausgeflügel fehlt*), daß ebenso die beiden Hausratten und die Hausmaus vermißt werden, gehört zu den vorgeschichtlichen Eigenthümlichkeiten der in den meisten anderen Beziehungen den Zuständen der geschichtlichen Zeit schon so nahegerückten Pfahlbauthierwelt.

Wenn wir auf die Skeletreste des Menschen, die aus Pfahlbauten erhoben wurden, ganz zuletzt zu sprechen kommen, so ist der Grund hiervon nichts anderes, als die Unbedeutendheit alles dessen, was bis heute in dieser Richtung gefunden wurde. Der Funde sind es wenig, die Gewißheit, daß sie nicht etwa einem später Ertrunkenen angehören oder durch sonst einen Zufall an den Ort kamen, dem sie enthoben wurden, ist bei der

---

*) In den Olmützer Pfahlbauresten fand Jeitteles Reste vom Haushuhn; auf einen so vereinzelten Fund läßt sich aber natürlich noch kein Schluß gründen, da der störenden Zufälligkeiten in diesen Dingen zu viele sind.

geringen Zahl nicht vorauszusetzen und wäre wohl ohne=
dies nur von den im Torf begrabenen Pfahlbauten zu
gewinnen und so muß denn die Deutung hier vor allem
mit der größten Vorsicht vorgehen. Was bis heute über
die Schädel verlautet, die man aus Pfahlbauten erhoben,
läßt vermuthen, daß sie alle keine Merkmale tragen, die
sie entschieden von denen der heut an gleichen Orten
lebenden Menschen unterschiede. Jedenfalls scheint das
eine gewiß, daß die Pfahlbauer ihre Todten nicht in den
See warfen, über dem sie wohnten, sondern daß sie die=
selben am Lande bestatteten.

Ein Blick auf die allgemeinen Beziehungen der Pfahl=
bauten unter einander und zu anderen Alterthümern der
Vorgeschichte mag diese Detailskizze beschließen und wird
am ehesten geeignet sein, über ihr eigentliches Wesen
aufzuklären.

Zunächst käme hier die Verbreitung in Betracht,
wenn wir nicht in der unangenehmen Lage wären, aus
Mangel an genügend ausgebreiteten Untersuchungen, über
diesen Punkt selbst bezüglich Europa's noch im Unklaren
zu sein. Wir können nur dieses sagen: wo eindringlich
gesucht wurde, haben die weitaus meisten Seen Deutsch=
lands und der Schweiz Pfahlbaureste ergeben, sowie auch
einige Moore, die früher Seen waren; es haben sich fer=
ner in Seen Westfrankreichs, Oberitaliens, Irlands,
Englands, Schottlands Pfahlbaureste nachweisen lassen.
Aber die Nachforschungen sind immer beschränkt geblieben,

so daß es kaum einem Zweifel unterliegt, daß diese Ansiedelungen weiter verbreitet und in den einzelnen Seen auch häufiger waren, als wir bis jetzt wissen. Unter diesen Umständen ist aus der Verbreitungsweise kein anderer sicherer Schluß zu ziehen, als der negative, daß von einem „Pfahlbauvolk" keine Rede mehr sein kann, nachdem diese Ansiedelungen von Schottland bis an den Arno und die Drau hin nachgewiesen sind; einer bestimmten Culturstufe werden solche Seeansiedelungen innerhalb verschiedenster Völker angehören können, aber ein einzelnes Volk kann und wird solche Wohnweise nicht monopolisiren. Dieß dürfte klar sein und ein Blick auf die Pfahlbauer der Gegenwart und der geschichtlichen Vorzeit bestätigt diese Ansicht.

Schon als die ersten Nachrichten von der Entdeckung der Pfahlbauten bekannt wurden, ward auf Völkerkundige hingewiesen, die in alter und neuer Zeit von pfahlbauenden Menschen sprechen. Herodot erzählt in seiner Geschichte von pfahlbauenden Päoniern, die mitten im See Prasias Hütten auf einer von Pfählen getragenen Platform bewohnten; die Männer seien gebunden für jedes Weib, das sie, die polygamisch lebten, heimführten, drei Pfähle in den See einzuschlagen; ihre Kinder bänden sie mit einem Strick um den Fuß fest, damit sie nicht in den See fielen; ihren Pferden und Lastthieren gäben sie Fische zum Futter, denn der Fischreichthum unter ihren Hütten sei so groß, daß sie bloß Körbe hinabzulassen brauchten, um sie in Kurzem gefüllt wieder heraufzuziehen. — Aehnlich findet sich in einer dem Hippokrates zugeschriebenen Schrift die Angabe, daß Anwohner des Flusses

Phasis über den Sümpfen in Häusern aus Holz und
Rohr leben. Bei verschiedenen Völkern Asiens, Afrikas
und Amerikas finden wir noch heute Wohnungen, die
auf Pfählen über dem Wasser oder über der Erde stehen.
Im letzteren Falle ist der Zweck Vermeidung der Plagen,
die die Bodenfeuchtigkeit und die Insekten erzeugen und
man beschreibt aus Sind, von den Nikobaren, aus der Gegend der Orinokomündungen, von den Antillen solche Pfahlhütten am Lande, die die ersten Entdecker Amerikas glauben
ließen, daß die Cariben auf Bäumen wohnten. Pfahlbauten über Wasser sind wohl noch häufiger. Im See
Prasias sollen, wie Lubbock meldet, noch heute die Fischer
in Pfahlhütten wohnen und Du Mont d'Urville berichtet, daß in Neuguinea früher die ganze Stadt Ton-
bano auf Pfählen im See gestanden habe, bis die Hol-
länder nach einem Kriege, in welchem sie die Schwierigkeit,
solche Orte einzunehmen, erfahren hatten, den Eingeborenen
verboten, sich weiter in dieser Weise anzusiedeln. Aehnlich bewohnen Dajaken Pfahlbaudörfer, die in den Flüssen
stehen*). So fand auch Moritz Wagner die Stadt
Nebut Kaleh am Chopi aus zwei langen Reihen von
Barackenhäusern bestehend, die etwa einen Fuß über dem

---

*) H. Frank in Singapore schreibt im Correspondenzblatt
der deutschen Gesellschaft für Anthropologie (1872 Nr. 19)
von den Malayen: „Wenn man fragt, warum haben sie
Pfahlbauten, so muß man seine eigene Ansicht als Antwort
sagen, da ein Malaye, den man darüber fragt, stets zur
Antwort gibt: „Es ist so Brauch und unsere Großväter haben
es auch so gemacht."

sumpfigen Boden auf Holzklötzen stehen. Mehrfach finden wir dann bei neueren Reisenden, die solche Pfahlbauten beschreiben, daß sie ohne erkennbaren Grund ins Wasser gebaut sind und nicht selten hart neben ihnen Land= ansiedelungen sich finden. Das ist bemerkenswerth.

Angesichts der so weiten Verbreitung einer Sitte, die den ersten Entdeckern und Erklärern der europäischen Pfahlbaureste als eine auf gewöhnlichem Weg kaum zu erklärende Abnormität erschien*), verlieren die gewagten Hypothesen, welche über Zweck und Ursprung dieser An= siedelungen damals ersonnen wurden, allen Werth. Daß es n u r der Schutz gegen wilde Thiere oder feindliche Menschen, n u r der Vortheil reichlichen Fischfangs in dem an Abfällen reichen Wasser zwischen den Pfählen gewesen sei, der Tausende über dem Wasser wohnen ließ, wird heut Niemand mehr zu behaupten wagen und die Ansicht, daß die Pfahlbauten Wohnungen und Waaren=

---

*) Auch die lombardischen Seen scheinen ohne Ausnahme Pfahlbauten und zwar gleichfalls sowohl von der Stein- als der Erz- und der Eisenstufe zu enthalten. Bloß Steingeräth ist bis jetzt in drei Pfahlbauten (zwei im Garda-, eine im Pasiano- see) gefunden worden. Die Reste sollen mit denen der schweizerischen im Wesentlichen übereinstimmen. An der Westseite der Pyre- näen in Torflagern, die die Einsenkungen einer längeren Hügel- kette bedecken, fand Garrigon kürzlich Pfahlbauten, von denen bis jetzt bekannt wurde, daß sie wahrscheinlich der Stufe des Metallgebrauchs angehören; auch aus den östlichen Pyre- näen, aus Hoch Garonne, Aube, Ariège werden Pfahlbau- funde gemeldet.

Zweck der Pfahlbauten.

niederlagen phönicischer oder massaliotisch-keltischer Kaufleute gewesen seien, ist mit Fug von verständigen Leuten
niemals ernst genommen worden*). Wir können sagen,
daß diese Bauten manchmal Schutz gegen feindliche Menschen und Thiere bieten und daß sie in den früher mehr
als heute fischreichen Wassern auch die Ernährung erleichtern konnten; aber da wir nicht in der Lage sind,
einen Einblick in das geistige Leben der ersten Erbauer
zu gewinnen, da wir wissen, wie die Naturvölker oft mit
Willkür, der freilich meist abergläubische Regungen zu
Grunde liegen, ihre wichtigsten Lebensverhältnisse bestimmen (man erzählt zum Beispiel von einem australischen
Stamme, daß er in Folge eines übelgedeuteten Traumes seine
Wohnstätten abbrach, um an einem anderen Orte sich
anzusiedeln), da wir endlich auch wissen, mit welcher in-
stinktartigen Zähigkeit sie oft an überkommenen Gebräuchen
hangen, so können wir keine Theorie über den Grund und
Zweck der Pfahlbauten als allein berechtigt anerkennen
und müssen es ablehnen, uns für irgend eine zu entscheiden; wahrscheinlich können einige sein, aber die Wahrheit in dieser Sache ist uns für jetzt noch verschlossen und
wird es wohl auch bleiben; zum Glück verlieren wir
auch nicht eben viel dadurch, denn die Sache fesselt uns
und nicht ihr Zweck.

Ueber „das Volk", dem die Pfahlbauer angehören
sollten, schien man in der ersten Zeit nach der Entdeckung
sofort im Klaren zu sein; man nannte es keltisch, das

---

*) Die Pfahlbauten sind vor allem entschieden Wohn-
stätten gewesen und ist sogar Vieh auf ihnen gehalten worden.

heißt man taufte es auf einen Namen, der damals in Mittel- und Südeuropa so ziemlich allem beigelegt ward, was nicht durch geschichtliche Ueberlieferung sich bestimmt als außerhalb dieses mythischen Begriffsvolkes stehend erwies. Man hatte aber für diesen raschen Schluß nur bei jenen wenigen Pfahlbauten einen bestimmten Grund, in welchen gallische Münzen oder Geräthe gefunden wurden, welche mit anerkannt gallischen Alterthümern eine nicht zu übersehende Aehnlichkeit besaßen; aber selbst in diesen Fällen war wiederum nur die Wahrscheinlichkeit zu erreichen, nicht die Wahrheit, denn Münzen so gut wie Waffen trägt der Handel nach allen Seiten hin und die Stammesangehörigkeit eines Volkes bestimmt sich nicht nach dem, was es an und mit sich trägt, sondern nach dem, was und wie es ist. Ob uns die Schädelforschungen vielleicht einst genauere Anhaltspunkte bieten werden, wissen wir noch nicht; bis jetzt ist, wie oben erwähnt wurde, das Material, an dem sie sich bewähren könnten, nicht genügend an Zahl und Zuverlässigkeit.

Ob die gleichen Völker in aufeinanderfolgenden Geschlechtern die ganze bedeutende Culturentwickelung getragen haben, welche in den Pfahlbauten an uns vorüberzieht, ist uns ebenfalls nicht klar und die Gelehrten liegen auch über diesen Punkt im Streit, denn früher war es eine ziemlich allgemein verbreitete Meinung, daß den verschiedenen Culturstufen auch verschiedene Völker entsprächen, daß wenigstens das Erz durch ein neu einwanderndes Volk gebracht worden sei, das die „Steinmenschen" unterjocht oder gar ausgerottet hätte. Das Eine kann man mit Sicherheit sagen, — wir haben oben

darauf hingewiesen, daß gewisse Hausthiere und Culturpflanzen auf einen Verkehr mit dem Süden oder Osten
Europas hindeuten und von dem Bestande eines Verkehres sprechen so fremde Dinge wie Bernstein in der
Schweiz, Obsidian in Oberösterreich, nach der Ansicht
Vieler auch der Nephrit und anderes, was an seinem
Orte Erwähnung fand. Sicher ist es nicht nothwendig
zu denken, daß es nur Völkerwanderungen gewesen sein
könnten, welche neue und fremde Dinge den alten schon
heimischen zufügten, wenn wir auch nur schwachen Spuren
von der Existenz eines Handels im vorgeschichtlichen
Europa begegnen. Daß südländische Kaufleute Zinn aus
den Lagern von Cornwallis und Bernstein vom Ostsee-
strande holten, ist eine bekannte Sache, und Zinn ist ja
nicht nur als solches mehrfach in Pfahlbauten gefunden,
sondern war auch ein nothwendiger Bestandtheil des Erzes,
das in vielen so reichlich vertreten ist. Bezogen sie es
aber sammt dem Kupfer durch jenes große Handelsvolk
des Alterthums? Oder wurde ihnen das Erz oder gar
das fertige Geräth und Gewaffen auf Handelswegen
zugeführt? Es wird beides der Fall gewesen und
dann das letztere dem ersteren vorangegangen, dieses wohl
auch beschränkter gewesen sein. Für den Bezug fertiger
Geräthe spricht die Uebereinstimmung vieler Formen mit
Erzsachen aus Süd- und Osteuropa*), sowie die Erfahrungen des modernen Handels, eigene Verarbeitung

---

*) Ferd. Keller in Zürich sagt auf S. 13 seines vierten
Pfahlbauberichtes: Wenn wir die Fundstücke aus etruskischen
Gräbern bei Bologna mit denjenigen der schweizerischen Pfahl-

bezeugen dagegen Gußklumpen von Erz, Schmelztiegel, Gußformen, die theils am Lande, theils in den Pfahl=
bauten gefunden wurden. An einigen Orten sind massen=
hafte Reste von Erz sammt Gußvorrichtungen gefunden
worden, welche man als Reste der Arbeitsstätten von
Erzgießern betrachtet.

Auch das scheint klar für einen allmählichen, aber
durch Handelsverkehr vermittelten Uebergang von der
Steinstufe zu der des Erzes zu sprechen, daß wir, soweit
unsere Kenntniß dieser Dinge gediehen ist, nirgends einer
Kluft zwischen beiden, sondern überall nur einem all=
mählichen Uebergang begegnen. Der Abstand zwischen
beiden wird, wie die Erfahrung bereits lehrt, durch wei=
tere Funde immer mehr auszufüllen sein.

Unbestreitbar ist bis jetzt allerdings, daß viel ent=
schiedener als nur die Gegenwart des Metalles, der größere
Reichthum, die größere Mannigfaltigkeit fast aller Arten
von Waffen und Geräthen die Pfahlbauten der Erzstufe
von denen der Steinstufe scheiden. Die Statistik spricht
dieß noch fast deutlicher aus als der äußere Eindruck, den
der Vergleich der Sammlungen aus beiden sonst so ähn=
lichen Arten dieser Fundstätten macht. Der Tabelle,
welche Lubbock in der neuen Ausgabe seines Prehistoric
Man (London 1872) auf Seite 15 gibt, entnehmen wir
folgende Zahlen: Die Pfahlbauten von Wangen am

---

bauten, sowie des Pfahlbaues von Mercurago vergleichen,
so nehmen wir theils in der Form der Gegenstände, haupt=
sächlich aber in der Art, wie sie mit Linien und Punkten
ausgeziert sind, eine überraschende Aehnlichkeit wahr.

Bodensee haben insgesammt 4500 Stück Steingeräthe und darunter 1500 Beile, ferner gegen 350 Knochenwerkzeuge geliefert, die von Moosseedorf 2702, von Nußdorf 1230, von Wauwyl 426 Stück Steingeräthe; in diesen vieren ist keine Spur von Metall nachgewiesen; die Pfahlbauten von Nidau haben 355 Kornquetscher, 33 Steinärte und 2004 Erzsachen, worunter 23 Aerte, 27 Lanzenspitzen, 109 Angelhaken geliefert; andere Steingeräthe scheinen nicht ganz zu fehlen und 200 Spinnwirtel aus Thon und sonstige Thongeräthe sind ferner zu nennen; aber daß von den vielen Erzsachen 1420 Stück, also über die Hälfte, Schmucksachen sind, bedeutet etwas Neues; so sind von den 835 Erzgegenständen der Pfahlbauten von Cortaillod 515 Schmucksachen, 6 Aerte und 71 Angelhaken, von den 617 derer von Eslavayer 403 Schmucksachen, 6 Aerte, 43 Angelhaken, von denen 510 derer von Corcelettes 465 Schmucksachen, 1 Art, kein Angelhaken, unter den 210 derer von Morges 108 Schmucksachen, 50 Aerte, 10 Angelhaken, in der Station von Marin 250 Eisen- und 15 Erzsachen. Mag nun in der Vertheilung der verschiedenen Geräthe auf die einzelnen Pfahlbauten noch so mancher Zufall gewaltet haben, so ist doch offenbar die ganz außerordentliche Häufigkeit der Schmucksachen in den erzführenden Pfahlbauten eine im Vergleich mit den ärmlichen Verhältnissen, wie sie die der Steinstufe durchgängig zeigen, vollkommen neue, in der That auch schwer zu erklärende Erscheinung, in deren Betrachtung die vorerwähnte überkühne Hypothese eines deutschen Gelehrten, daß die Pfahlbauten eigentlich gar keine Wohnstätten, sondern nur Handelsniederlagen,

Magazine phönicischer Kaufleute darstellten, fast einen Theil des Absonderlichen zu verlieren scheint, das ihr, die allerdings ganz schlecht begründet ward, anhaftet. Eher annehmbar erscheint eine andere Deutung, welche sich auf die mit allerlei Opfern verbundene Seeverehrung bezieht, wie sie bei manchen Völkern gefunden wird; ihr zufolge wären die massenhaften Schmucksachen und dergleichen, die man im Grund der Seen findet, als Opfer ihnen überantwortet.

Bedeutsamer indessen, als das Auftreten des Erzes ist die erstmalige Erscheinung häufiger Hausthiere und Culturpflanzen in den Pfahlbauten. Diese ist in Wahrheit unvermittelt, denn früher hatten wir von Hausthieren höchstens den Hund der Kjökkenmöddinger zu nennen, dessen Stellung als Begleiter des Menschen zudem nicht mit der wünschenswerthen Bestimmtheit zu erkennen ist, nun aber kommt Rind, Schwein, Pferd und Hund, kommt Getreide und Flachs zu Tage und da liegt denn eine Kluft, die bis heute noch kein weiterer Fund zu überbrücken vermochte. Schienen auch einige Hausthiere, wie die Primigeniusrasse des Rindes und das gezähmte Torfschwein, auf einheimischen Ursprung der Thierzüchtung zu deuten, so fanden wir doch andererseits eine Hinweisung nach Süden und Osten für das Pferd, den Hund, für die anderen Rinder- und Schweinerassen, für das Getreide und den Flachs angezeigt. Aber wie ist nun dieß zu vereinbaren? Begannen die Alten vom Jägerleben zu dem des Hirten unabhängig von Einflüssen des früh entwickelten Ostens überzugehen? Oder wanderten sie mit Getreide und Hausthieren von dort ein und bereicherten

Aehnliche Fundstätten. Die Terramaren.

erst später den Bestand der letzteren durch Produkte eigener Züchtung aus dem Kreise einheimischer Thiere oder vorgefundenen Anfängen? Es wohnt die größere innere Wahrscheinlichkeit in der letzteren Annahme.

Wir hätten nun noch eine ganze Reihe von Fundstätten anzuführen, die nicht im Wasser liegen, dennoch aber im Ganzen auf einer Linie mit den Pfahlbauten stehen. Sie sind entweder am Lande gelegen oder hinsichtlich ihrer Lage und Bauart unsicher*). Wir heben nur die wichtigsten hervor. Zunächst haben wir in der Schweiz bei Ebersberg eine Ansiedelung, welche Keller eine "voreisenzeitliche, keltische Wohnung" nennt und die in ihren Funden mit den Pfahlbauten der Erzstufe die größte Uebereinstimmung zeigt; bei Delsberg haben wir eine ähnliche Niederlassung und in der Höhle von Vossey bei Genf Bruchstücke roher Thongefäße mit zerschlagenen Knochen von Hausthieren und Steingeräth und dieß alles mit dem übereinstimmend, was wir aus Pfahlbauten kennen.

Die Funde aus den Terramaren Oberitaliens, kleinen Hügeln, die mit mergelartiger, fruchtbarer Culturerde, mit Asche, Kohle, zerbrochenen Thierknochen und sonstigen Anzeichen menschlicher Bewohnung bedeckt sind, weisen auf die Erzstufe hin. Es sind vorwiegend Haufen von "Küchenabfällen", enthalten aber öfters Hütten und Herde, nach

---

*) Mehrfach sind alte Holzdammreste für Pfahlbaureste genommen worden, so in Süderdithmarschen, wo der vermeintliche Pfahlbau sich als ein Stück Stromdamm aus dem Mittelalter erwies.

Art der Pfahlbauten conſtruirt, die zum Theil auch Spuren von Vertheidigungswerken aufweiſen, welche den Erforſchern der parmeſaniſchen, Strobel und Pigorini, die Annahme wahrſcheinlich machten, daß ſie zuerſt Zu‍fluchts- und Vertheidigungsſtätten geweſen und erſt ſpäter zu Wohnſtätten erkoren worden ſeien. Geräthe, Thier- und Pflanzenreſte gleichen denen der vorwiegend erzführen‍den unter den ſchweizeriſchen Pfahlbauten, abgeſehen von einzelnen Beſonderheiten, wie ſie die räumliche und klima‍tiſche Scheidung bedingt; ſo ſind Reſte des Eſels, wenn auch ſelten, gefunden, ſo fehlt der Urſtier, ſo zeigen die übrigens unter ſich ſehr verſchiedenen Töpferarbeiten eine beſonders ſorgſame Ausbildung der Henkel, die dieſſeits der Alpen noch nicht beſteht. Einige Eiſenſachen ſind ebenfalls gefunden.

Durch Caneſtrini ſind uns ferner die Terra‍marenreſte Modena's eingehend beſchrieben worden. Es werden drei Raſſen von Rindern, Bos validus, agilis und elatior, zwei Hunde-, zwei Schaf-, drei Schweine-, zwei Pferderaſſen unterſchieden. Unter den Pflanzen ſoll be‍reits die Rebe, der Oelbaum und die Kaſtanie vorkom‍men. Der Eſel iſt hier bereits vorhanden. Häufig ſind die Reſte der Malermuſchel (Unio pictus), welche wohl darauf hindeuten, daß das Thier verſpeiſt wurde. Von ſonſtigen Thieren wird der braune Bär, der Hirſch, der Damhirſch, das Reh, die Ziege aufgeführt. Leider fehlt der Beſchreibung der Hausthiere die Rückſichtnahme auf unſere nordalpinen Pfahlbauten, ſo daß die Vergleichung beider, die intereſſante Reſultate ergeben müßte, nicht möglich iſt.

Die Olmützer Funde.

Durch Reichthum in einigen Beziehungen und durch die genaue Beschreibung, welche sie gefunden, ragen vor allen die Olmützer Funde hervor. In ihnen haben wir mit großer Wahrscheinlichkeit Reste von Pfahlbauansiedelungen zu erkennen, denn wenn sie auch mitten in einer alten, seit lange volkreichen Stadt erhoben wurden, so war doch der Grund, in dem sie lagen, mooriger Natur und sind wenigstens an einigen Punkten zugleich mit ihnen uralte Pfähle aus dem Boden gezogen worden. Jedenfalls ist die Beschaffenheit der Reste selbst ein klares Zeugniß dafür, daß sie derselben Culturstufe angehören wie die jüngeren Pfahlbauten. Es sind Reste von einem Steinmesser (aus verkieseltem Holze), ein Keil aus Sandstein, verschiedene Ringe und Geräthbruchstücke aus Erz, Schmelzstücke von Erz mit noch sichtbaren Zinnklümpchen, bearbeitete Knochen, worunter ein sogenannter Schlittschuh, das heißt ein Mittelfußknochen vom Pferd, an beiden Enden durchbohrt und mit zugeschliffener Längskante und ein Knochenbeil, ferner eine dreilöcherige Flöte aus Holz (Hollunder?) und endlich zahlreiche Thongeräthbruchstücke, die zum Theil roh aus freier Hand gearbeitet, zum Theil auf der Scheibe gemacht waren und deren meist wellige Verzierungen mehr an die aus norddeutschen Pfahlbauten bekannten als an die der alten süddeutschen und schweizerischen Thongeräthe aus Pfahlbauten erinnern sollen; Graphit war ihnen oft in großer Menge beigemischt. Thier- und Pflanzenreste, die, besonders soweit sie den Hausthieren und den Getreidearten jener Zeit angehören, mit denen der Pfahlbauten übereinstimmen, sind hier gleichfalls gefunden.

Wie hier an der March, so sind auch am Main zu Würzburg Pfähle und Pfahlbaureste gefunden und ähnlich hat mooriger Grund innerhalb der Stadt Troppau Reste umschlossen, die allem Anschein nach gleichfalls auf diese Stufe gehören. Sandberger nennt unter den Würzburger Funden, die in tiefer Moorerde mitten in der Stadt gemacht wurden, außer den bezeichnenden Hausthieren der Pfahlbauten auch das ungarische Schwein; unter den Geräthen war ein Ring aus Erz, von Eisen dagegen nichts, während man in den Thongeräthen Mittelalterliches erkennen wollte.

Erst neuerdings (1872) werden auch aus Böhmen Funde gemeldet, welche allem Anschein nach mit denen der Pfahlbauten nahe verwandt sind, aber in der trockenen Erde ruhen. An verschiedenen Punkten um Komotau (Sobiesak an der Eger, Styrl am Komotauer Bach, Priesen am Saubach) sollen ziemlich ausgedehnte Lager einer dunkeln, mit Vorliebe als Dünger benützten Erde vorkommen, die nach ihrem reichen Gehalt an rohen Thonscherben, bearbeiteten Geweihen, gespaltenen Knochen, Spinnwirteln, Steinwerkzeugen sich als „Culturschicht" erweist.

Sechster Abschnitt.
Grab- und Denkmale aus Felsen (Dolmen, Felsenpfeiler, Steinkreise), Hügelgräber.

Da in der ganzen Natur an erhabenem Anblick und an innerer Festigkeit nichts den Felsen gleichkommt, welche aus dem Schoß der Erde zum Himmel streben, den Stürmen und Wettern trotzen und für unsere kurzlebige Wahrnehmung durchaus unveränderlich sind, ist es ohne Weiteres leicht verständlich, daß zu allen Zeiten, von denen wir Kunde haben, jene Völker alle, denen des Lebens Nothdurft nicht gänzlich das Haupt in den Staub beugt (so daß sie keine anderen Gedanken haben als nur an Dinge, die wesentlich thierisch sind), im Wunsch nach dauerhafter Darstellung irgend eines höheren ausgezeichneten Gedankens zur Anhäufung oder zur vereinzelten Aufrichtung von Felsen (Fig. 79) gegriffen haben. Vor allem zur Verewigung des Andenkens hervorragender Todten schien nichts geeigneter als ein gewaltiges Felsengrab. Die todtenverehrenden Alten haben damit wohl ihren Zweck erreicht, denn noch heute staunen wir ihre

Fig. 79. Nordische Dolmen.

Grabmäler an, die in einigen Fällen sich an Großartigkeit mit den ägyptischen Pyramiden messen mögen, aber sie dachten gewiß nicht, daß Name und Kunde ihres Volkes noch viel früher verweht sein werde als die Asche ihrer Helden und so ist denn unser Staunen oft ein rathloses, unbestimmtes, weil wir nur schwache Fingerzeige haben, welchen Völkern diese so hoch geehrten Todten angehören. Wir kennen bereits Tausende und aber Tausende vorgeschichtlicher Felsengräber, wir haben höchst wichtige Funde aus ihnen erheben können und dürfen von ihrer Durchforschung noch manches Anziehende erwarten, aber es schweben auch um sie sehr dicht die ungewissen Nebel, die den Morgen der Menschheit allerwärts verhüllen und wenig Hoffnung auf einstige Erhellung ist bis jetzt gewonnen.

Es liegt in der Natur der Sache, daß diese Denkmale der Vorzeit sich in einem engen Kreise von Formen bewegen, da ihr Aufbau der einfachste und ihre Steine, wenn, was selten der Fall ist, überhaupt Spuren von Bearbeitung an ihnen vorkommen, höchstens ganz roh behauen sind. Wo sie am einfachsten sind, bestehen sie aber aus einem einsam aufgerichteten Stein, dem Urbild des Obelisken. Wir lesen in der Bibel von Steinpfeilern, die man wichtigen Ereignissen zum Andenken aufrichtete und haben auch Nachrichten von heute lebenden Völkern, welche zur Erinnerung eines geschlossenen Bundes, eines Friedensschlusses und ähnlicher Handlungen von einer gewissen Wichtigkeit einen Stein aufstellen. So erzählt Oberst Yule von dem Volke der Kaschias im mittleren Indien, daß unter anderen derartigen rohen Denksteinen einer den Namen „Stein des Eides" trägt und daß man ihm, der nach dem Ursprung dieses Namens frug, sagte, es sei ein Krieg zwischen zwei Dörfern gewesen, der durch einen Friedensschluß beigelegt worden sei und da habe man diesen Stein zum Zeugniß des Schwures gesetzt. Aehnliches wird von algierischen Kabylen berichtet, bei welchen bis ins vorige Jahrhundert die Stämme, wenn sie sich verbanden, einen Steinkreis bildeten, indem jeder einzelne einen Felsen herzubrachte; wurde aber ein Stamm seinem Schwure untreu, so ward sein Stein umgestürzt. Es ist übrigens das Aufstellen eines einfachen steinernen Zeugen oder Denkmals für irgend eine hervorragende That eine auf jeglicher Stufe so naheliegende Sache, daß sie auch in geschichtlicher Zeit und bei Culturvölkern noch geübt worden sein wird und wir daher das Vorkommen solcher Einzelsteine nicht ohne weiteres mit der Vorgeschichte in Beziehung zu setzen hätten, wenn nicht Uebergänge von ihnen zu zusammengesetzteren Felsendenkmalen, zu Grabkammern aus zusammengestellten Felsen, zu Steinkreisen und ähnlichen Felsendenkmalen häufig wären und wenn es nicht schiene, als seien manche Gräber von nur mit Stein- und Erzgeräthen bekannten vorgeschichtlichen Menschen mit solchen Einzelsteinen*) besetzt gewesen. Es ist indessen zu beachten, daß die Zerstörung der Felsendenkmale meist sehr weit vorgeschritten ist und daß dann manchmal ein Einzelstein nur noch der Rest eines ursprünglich zusammengesetzteren Denkmals sein mag.

---

*) Wohl wechseln die Namen dieser Hügel von Land zu Land, aber ihre Gestalt, im Ganzen und Großen auch ihre innere Einrichtung und ihr Zweck bleiben sich über Europa hin gleich, was bei ihrer Einfachheit leicht begreiflich. Die Barrows Englands, die Dolmen Frankreichs, die Anta's Spaniens und Portugals, die Hünen- und Wendengräber Nordbeutschlands, die Mugeln Oesterreichs, die Magela der Wenden, die Kumaniérhügel Ungarns, die Kurgane Südrußlands, die Kurjeme Poboliens, die Tschudengräber Sibiriens sind alles Hügelgräber, welche sich im Ganzen und Großen dem Typus derer anschließen, die wir im Folgenden besprechen werden. Weil aber die Felsendenkmale zuerst in keltischen Gegenden, wo sie sehr häufig, mit Aufmerksamkeit betrachtet und beschrieben worden sind, und weil man sie für keltische Alterthümer hielt, wurden ihnen die keltischen Namen, die sie in den betreffenden Gegenden führen, allgemein beigelegt und so werden die Einzelsteine Menhir (maen Stein, hir lang), die Felsenkammern und Felsentische Dolmen (Daul Tisch, maen Stein), die Steinkreise Cromlech (Crom Kreis, Lech Stein) genannt.

Felsen, die in einen Kreis gestellt sind, umgeben oft die Einzelsteine oder sind auch ganz ohne Einschluß, umschließen aber am öftesten einen sogenannten Dolmen, eine Felsenkammer oder Felsentisch, welche ihrerseits wieder fast ohne Ausnahme Begräbnißstätten darstellen. Es ist eine vollständige Felsenkammer aus fünf (oder mehr) Steinen gebildet, von denen vier im Viereck stehen, während der fünfte den von ihnen eingeschlossenen Raum bedeckt; drei Steine von denen zwei im Boden stehen, während der dritte sie bedeckt, bilden einen Felsentisch; selten sieht man auch da und dort offenbar von Menschenhand errichtete Felsentische, bei denen die Platte im Gleichgewicht auf einem einzigen Steine ruht; aber es ist auch hier fraglich, ob nicht die zweite Stütze in manchen Fällen verwittert oder später entfernt worden ist. Diese Felsenkammern und -tische sind aber, wie erwähnt, sehr häufig von Steinkreisen umgeben und diese bringen dann wieder einige weitere Verschiedenheiten in die Einförmigkeit dieser Denkmale, denn sie sind manchmal aus zwei Steinreihen zusammengesetzt, zeigen besondere Eigenthümlichkeiten in der Art, wie größere und kleinere Steine nebeneinander verwendet sind, besitzen mit Steinen besetzte Zugänge und dergleichen.

Im Ganzen gehören diese Felsendenkmale offenbar einem und demselben Ideenkreise an, denn wenn auch in jedem Volke da und dort einmal ein Grabmal aus Felsen oder ein Felsen zum Denkmal errichtet werden wird, so ist doch ihre Häufigkeit und die Beständigkeit ihrer Formen in gewissen Bezirken so groß, daß man sieht: es war das Felsenbauen hier Sitte. Die Beobachtungen an einigen jetzt lebenden Völkern bestätigen diesen Schluß. Auch ist die Aehnlichkeit der Denkmale unter sich und ihre Uebergänge in einander so augenfällig, daß man sie als Eine Erscheinung betrachten muß.

Wir gehen auch bei dieser Betrachtung wieder von den hervorragendsten Vorkommen aus, werfen dann einen Blick auf die gesammten vorgeschichtlichen Felsendenkmale und stellen zum Schluß die bemerkenswertheren Funde, welche zu denselben gehören, sowie die wichtigeren der bisher aus ihnen gezogenen Folgerungen zusammen.

Einen sehr bedeutenden Reichthum an Felsendenk=
malen haben die britischen Inseln und das westliche Frankreich aufzuweisen und es sind unter denselben einige von erstaunlicher Größe, deren Eindruck selbst heute die Verwüstungen durch Menschenhand und der natürliche Zerfall, die beide an ihrer Zerstörung gearbeitet haben, noch nicht zu vernichten vermochten; als gewaltige Ruinen stehen sie in ihrer kleinen modernen Umgebung da.

Da sind vor allen berühmt in England die großen Denkmale von Abury und Stonehenge. Das erstere liegt in der Grafschaft Wiltshire am Kennetflüßchen und be=
stand in ungestörtem Zustande aus einem kreisförmigen Wall und Graben, deren Flächeninhalt 28½ Acres um=
faßt; innerhalb des Walles war ein Kreis aus großen Steinen und in diesem wieder zwei kleinere Kreise aus kleineren Steinen; von dem äußeren Graben aber ging ein gleichfalls von großen Steinen zu beiden Seiten ein=
gefaßter Gang in leicht gewundener Linie nach Süd=
Westen, etwas über die Stelle hinaus, wo heute das Dörfchen Beckhampton steht und nach Südosten ein eben=

solcher, der in einem kleinen doppelten Steinkreis am Abhang des Halpenberges endigt. In dem Raume, den die beiden derart aus dem großen Steinkreis auseinanderlaufenden Gänge zwischen sich einschließen, steht ein künstlich aufgehäufter Hügel (Tumulus), der nicht weniger als 170 Fuß hoch ist und den man Silbury Hill nennt, und der, wie sehr er auch gewissen riesigen Grabhügeln gleicht, (deren später Erwähnung geschehen wird) bisher doch noch keine Gräberreste ergeben hat; ein Blick auf nebenstehenden Plan (Karte II) mag den Gedanken nahelegen, daß dieser Hügel einen Bestandtheil in der gesammten Anlage darstellt. Alle Steine sind unbehauen.

Stonehenge, das öftest genannte Felsdenkmal, stellt einen doppelten Steinkreis dar, dessen Durchmesser hundertundacht Fuß mißt; der äußere Kreis ist vom inneren durch einen acht Fuß breiten Zwischenraum getrennt, im Mittelpunkt sind wiederum zehn Steine zu einem Oval zusammengestellt und man berichtet, daß die größeren Steine bis zwanzig Fuß hoch sind und einzelne etwa 45 Tonnen wiegen mögen. Alle sind roh behauen. Von Bedeutung ist bei diesem Denkmal die Fülle der Hügelgräber,[*] die im Umkreis von etwa 3 Meilen sich hier zu etwa dreihundert an der Zahl anhäufen, während das übrige Land in dieser Gegend verhältnißmäßig wenige derselben besitzt. Es ist gewiß kein zu kühner Schluß, wenn man annimmt, daß Stonehenge ein heiliger Ort

---

[*] Es sei, um Mißverständnisse zu vermeiden, hier für allemal berichtet, daß wir mit dem Wort Hügelgrab den „Tumulus" der Alterthümler übersetzen.

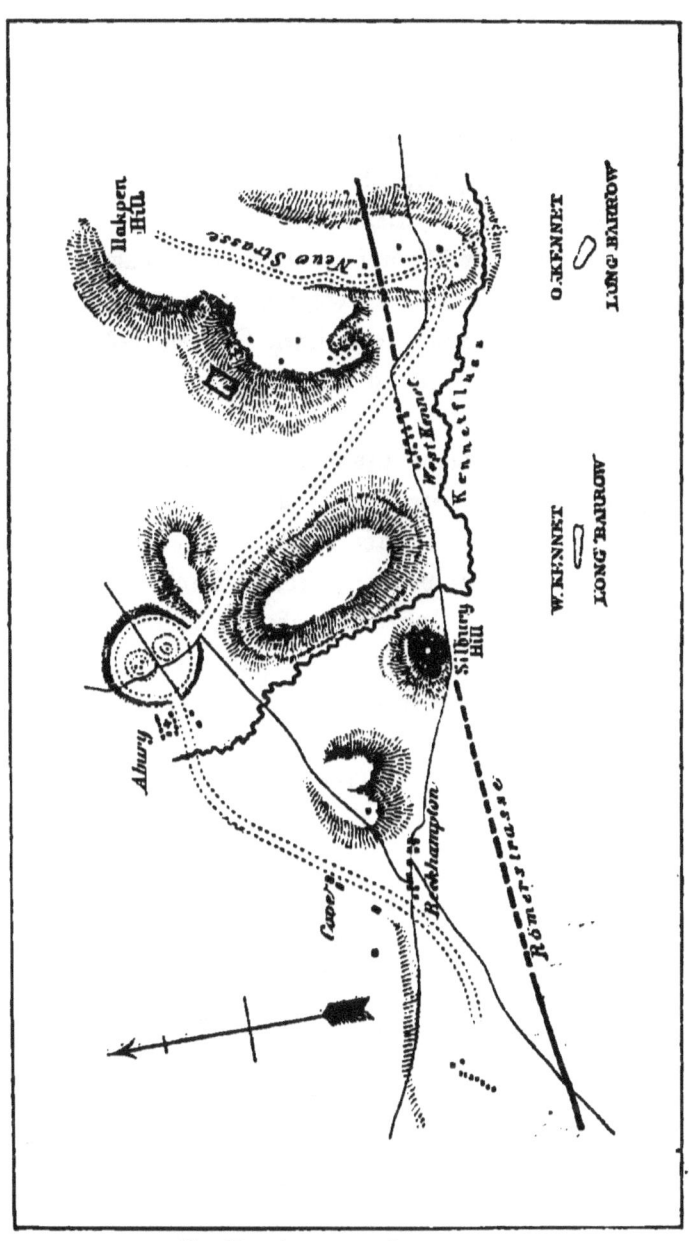

Fig. 80. Karte II. Stonehenge.

war, an hem die Erbauer des Denkmals oder ihre Nach=
kommen mit Vorliebe sich zur ewigen Ruhe legten und
wer dieser Annahme zustimmt, wird mit Interesse vernehmen,
daß Sir R. C. Hoare, welcher einhunderteinundfünfzig
dieser Gräber neu öffnete, in der Mehrzahl die Begräb=
nißart nachwies, welche auf der Erzstufe gebräuchlich war,
in neununddreißig derselben Gegenstände aus Erz und in
einem sogar Bruchstücke von jenen Steinen des inneren
Steinkreises fand, die in der Gegend ursprünglich nicht
vorkommen sollen.

In der Bretagne stehen sehr zahlreiche Steinkreise
und verwandte Felsdenkmale, unter welchen das von
Carnac hervorragt; dasselbe besteht noch aus eilf Reihen
unbehauener Steine von verschiedener Größe (der größte
ist zweiundzwanzig Fuß hoch), aber es ist theilweise ver=
nichtet, so daß seine ursprüngliche Gestalt nicht mehr zu
erkennen ist. In dieser Gegend finden sich auch mit die
größten Steinkammern oder Dolmen.

Kleinere Dolmen in Trogform, welche man oft ohne
Weiteres als unbehauene, roh zusammengefügte Steinsärge
betrachten kann, sind besonders in Mittel= und Süd=
frankreich häufig. Bonstetten, welcher die Felsdenkmale
eingehend erforscht hat, hält sie für jünger als die größer
angelegten Felsdenkmale des Nordens und Westens, weil
sie im Allgemeinen mehr Erz enthalten als diese. Er
meint, die Erbauer seien mit der Zeit von den riesigen
Bauten zu diesen sargartigen Kammern herabgestiegen.

Im westlichen Frankreich kommen auch Hügelgräber
vor, welche eine oder mehrere Steinkammern umschließen
und so auf die innere Zusammengehörigkeit der Fels=

denkmale und der Hügelgräber nicht weniger deutlich hinweisen als die oben erwähnte außerordentliche Häufigkeit von Hügelgräbern in der Gegend des Stonehenge. In der That ist der wesentlichste Unterschied der, daß die Felsengräber frei stehen, während sie in den Hügelgräbern mit Erde bedeckt sind, die Grundlage und, wie wir weiter unten sehen werden, der Inhalt sind im Ganzen gleichartig. Was aber diesen für das Auge immerhin sehr auffälligen Unterschied der Ausführung bedingt, wissen wir nicht; ihn läugnen zu wollen, wie einige närrische Käuze — eine Spezies, die unter den Alterthümlern von jeher häufiger ist als in anderen Ständen — versuchten, indem sie annahmen, die Erde sei nachträglich um die sogenannten Dolmen herum abgetragen und weggeschafft oder gar von Wind und Wasser vertragen worden, ist ein sehr thörichtes Ding, denn die Masse der unbedeckten Steinkammern ist eine gewaltige und beläuft sich auf viele Tausend und oft sind sie so groß, daß sie Hügel zu ihrer Bedeckung bedurften. Die trägt Niemand ab. Da in Frankreich alle diese Felsendenkmale bis vor einem Jahrzehnt als Reste der alten gallischen Kelten verzollt wurden und dadurch eine gewisse nationale Bedeutung zu erhalten schienen,*) ist hier ihre Erforschung eifriger betrieben worden als in irgend einem anderen Land und wir verdanken zum Beispiel diesem Umstand eine Statistik der

---

*) So wurde in den sechziger Jahren zu Brüssel vielfach der Plan besprochen, dem altgallischen Nationalhelden Ambiorix ein Denkmal zu setzen und zu dessen Fußgestell einen Dolmen zu verwenden. Wir meinen, es sei bedauerlich, daß

noch vorhandenen und der zerstörten, aber ihrem einstigen Orte nach sicher bestimmbaren Steinkammern und Steintische, welche für das Departement Lot 500, Finistère 500, Morbihan 250, Ardèche 155, Aveyron 125, Dordogne 100 derselben als noch stehend angibt; aber gerade in den letzten Jahren ist die Zerstörung immer rascher vorgeschritten; so meldet Cartailhac aus dem Departement Aveyron, daß vor einigen Jahren auf der Gemarkung einer Gemeinde noch elf Steinkammern standen, wo man heute nur zweien begegnet. Aehnlich ist es fast allerwärts und erst in jüngster Zeit sind nennenswerthe Bemühungen gemacht worden, einige hervorragende dieser Felsdenkmale durch Ankauf des Bodens, auf dem sie stehen, vor dem Untergang zu retten.

In Spanien und Portugal fehlen die Felsengräber nicht, scheinen sogar streckenweise, soweit sich nach den kärglichen Nachrichten über dieselben entnehmen läßt, häufig zu sein; es sind theils offene Steinkammern, Steintische, Steinkreise, theils Hügelgräber und was die Reste beider betrifft, so scheint selbst hier zwischen den offenen Steinkammern (Dolmen) und den Hügelgräbern (Tumuli) insofern ein ähnliches Verhältniß zu walten wie im nördlichen Europa, als jene Steingeräthe, diese dagegen Erzsachen umschließen.

Auch auf den Balearen und auf Sardinien gibt es

---

die Thorheit nicht dazu gelangt ist, sich hier ein Monumentum aere perennius zu setzen und gleichzeitig unwillkürlich ihren begreiflichen Respekt vor den Werken bescheidener Riesenkraft alter Felsenbauer zu bekunden.

Felsenpfeiler (Menhirs) und Steinkammern, die denen im Norden und Westen Europas gleichen.

Da Nordafrika in allen Epochen der Geschichte in innigerer Verbindung mit dem nahen Europa als mit den übrigen Gegenden des Erdtheiles gestanden hat, dem es von Natur angehört, ist es nicht eben zu verwundern, wenn ihm gewisse vorgeschichtliche Reste mit Europa gemein sind. Die Meerenge von Gibraltar konnte selbst einem Volk, das nur erst die Anfänge der Schifffahrt inne hatte, kein ernstliches Hinderniß in seinen Wanderungen von einem Erdtheil zum anderen bereiten und wenn die Thatsache, daß viele Tausende von Steinkammern, Steintischen, Felsenpfeilern, Steinkreisen und Hügelgräbern, deren Errichter höchstens verwirrende Sagendämmerung anstrahlt, als sie in Europa bekannt wurden, großes Aufsehen erregten und die kühnsten Hypothesen aufschießen ließen, so war dieß nur die Wirkung der Ueberraschung, die ein neues Räthsel, aber vielleicht auch eine nahe Lösung in dem dunklen Gebiet der europäischen Vorgeschichte aufgehen sah. Es ist bis jetzt leider nur das erste wahr geworden.

Férand lehrte diese Denkmale vor zehn Jahren zum ersten Male genauer kennen. In der Gegend von Constantine sah er deren bei einer breitägigen Untersuchung wenigstens tausend und es ist wohl glaublich, daß solche Fülle fremdartiger Ruinen dem stillen Lande oft in wundersamer Weise den Charakter eines Kirchhofes gab, zumal sie in dieser dünnbevölkerten Gegend, deren Bewohner von tiefster Ehrfurcht für alle Todtenstätten und von heiliger Scheu vor allem Ungemeinen beseelt sind, sich fast unversehrt erhalten haben. Er sah da Grabhügel, die drei oder vier Steinkreise übereinander auf den Abhängen und auf der Spitze einen Felsenpfeiler trugen, andere Steinkreise, deren einzelne Felsen durch cyclopische Mauern unter einander verbunden waren, Steinreihen, die netzartig durcheinanderziehen, große viereckige Felseinfriedigungen, welche vier kleinere Steinkreise umschlossen und als er nachgrub, fand er, daß es meistens Begräbnißstätten waren, in welchen die Todten in sitzender Stellung ganz wie in den Steinkammern Westeuropas begraben waren; auch Geräthe fand er mancherlei, aber es war seltener von Erz als von Eisen. Später ging General Faidherbe an die Untersuchung dieser Alterthümer und entdeckte bald auch in Marocco, im Gebiete unabhängiger berberischer Stämme vier größere Gruppen derselben, die er als wahre Friedhöfe (Nécropoles) beschreibt; man fand weiterhin im östlichen Algier noch zahlreiche Felsdenkmale und ein Reisender berichtet, auf einer einzigen Hochfläche deren wenigstens zehntausend beisammen gesehen zu haben. Bei Roknia in der Provinz Constantine zählte Faidherbe allein gegen dreitausend Grabkammern, aus Steinen, die im Viereck zusammengestellt und „nach Dolmenart" mit einer Felsplatte bedeckt sind, erbaut und gibt als Durchschnittsmaße derselben in der Länge 1,1 bis 1,3 Meter, für die Breite 0,6 bis 0,8 Meter an; öfters waren sie von Steinkreisen umgeben und enthielten regelmäßig die Skeletreste begrabener Menschen ohne Sonderung nach Geschlecht und Alter und zwar in einzelnen Fällen in größerer Zahl, wie denn z. B. in einer Grabkammer von 1,2 Meter Länge nicht weniger als sieben Skelete beisammenlagen. Von Geräthen finden sich Töpfe, Schmuck aus Kupfer und Erz, aber auch eiserne Gegenstände; daß noch in geschichtlicher Zeit hier begraben wurde, bewies in einer Grabkammer eine Münze der Faustina, in einer anderen ein antikes Säulenstück, in einer dritten Ziegelsteine mit römischem Stempel und Letourneur theilt aus Ostalgier eine Grabkammerinschrift in der Sprache der heutigen Tuareks mit; aber wir besitzen sonst keine unmittelbaren Nachrichten über die Errichtung dieser Grabstätten.

Von hier nach Osten schreitend, finden wir wiederum in gewissen Theilen Arabiens Steinkreise, in Palästina Steinkammern und Steinkreise und auch im Kaukasus sollen ähnliche Denkmale nicht fehlen. Aber während diese alle die Werke unbekannter längst modernder Hände sind, tritt uns in Indien zum ersten Male ein Volk entgegen, das noch heutigen Tages alle die Felsenbauten aufthürmt, welche im Vorhergehenden als vorgeschichtliche Reste beschrieben wurden, die Kaschias, ein „Volk von Dolmenbauern", wie man es in der ersten Freude genannt hat, in der Freude, die selbst für unsere vorgeschichtlichen Felsendenkmale sich eine Aufklärung aus den Werken eines der rohesten Stämme der dunkelfarbigen Eingeborenen des inneren Indiens erhoffte. In der That ist dieses Volk ein Phänomen, was die Errichtung von Denkmalen und Grabstätten betrifft; selbst unbedeutenden Ereignissen wird zur Erinnerung ein Felsblock in den Boden gepflanzt und das ganze Land ist mit Felsenpfeilern, Steinkreisen, Steinkammern und dergleichen angefüllt. Die neuerdings durch verschiedene Reisende

Die Felsenbauten der Kaschias in Indien.

gegebenen Beschreibungen besagen über dieselben in Kürze Folgendes: Die Grabkammern gleichen den kleineren „Dolmen" Südfrankreichs und der Berberei, aber sie haben der Mehrzahl nach in einer ihrer vier Seitenwände ein rundes Loch, welches mit den über das Begräbniß hinausreichenden Diensten der Speisung u. dergl. zusammenhängt, die man den Leichnamen widmet. Sie sind oft von Steinkreisen umgeben, oft auch durch Bedeckung mit Erde zu Hügelgräbern aufgethürmt und die Beisetzung der Leichen geschah in ihnen theils nach Verbrennung derselben, so daß bloß die Asche in Urnen in den Steinkammern steht, theils im vollständigen Leichnam. An Denkmälern von riesigen Dimensionen fehlt es nicht, wie denn Taylor einen Steintisch maß, dessen Felsplatte über 12 Fuß lang, 4 Fuß dick und 12 Fuß breit war. Daß bei feierlichen Gelegenheiten Felsenpfeiler gesetzt werden, ist bereits oben erwähnt. Natürlich deuten die Geräthe, welche sich bei Oeffnung der Grabkammern fanden, auf jüngere Zeiten als die unserer ähnlichen vorgeschichtlichen Denkmale; eiserne und stählerne Geräthe, Kupferschmuck, wie er noch heute dort getragen wird, sind häufig in diesen Gräbern.

Felsenbauten, die denen der Kaschias ähnlich sein sollen, kommen auch an der Malabarküste und in der Gegend von Waluru westlich von Madras vor und auf vielen Inseln des stillen Meeres werden die Todten in Steinkammern beigesetzt, die dem, was man Dolmen nennt, in soferne ähnlich sind, als sie aus Steinen zusammengefügt, oberirdisch und nicht mit Erde bedeckt sind, aber es sind doch meistens künstlichere Bauten, gemauert, gewölbt und es liegt hierin darum ein bedeutender Unterschied, weil die eigentlichen Felsenbauten Völkern angehören, welche, wenn sie auch noch nicht das Eisen verwendeten, doch keineswegs unfähig waren, den Stein zu bearbeiten.

Aus Peru hat vor einigen Jahren Squier Felsenbauten beschrieben, welche in keinem wesentlichen Punkte von denen der Berber in Algier abzuweichen scheinen; auch von ihnen fehlt aber bis heute eine hinlänglich genaue Untersuchung, besonders — was zur Bestimmung ihrer Herkunft so wichtig wäre — die Aufdeckung derjenigen, welche Gräber zu sein scheinen.

Die Hügelgräber (Tumuli). Auf den inneren Zusammenhang der vorgeschichtlichen Felsbauten und der Hügelgräber wurde im Vorhergehenden mehrfach hingewiesen, so daß es nun keiner weiteren Erläuterung bedarf, wenn deren Wesen und Verbreitung in unmittelbarem Anschluß an die Betrachtung jener Denkmale geschildert wird. Nur ist zu bemerken, daß hier zunächst nur die Hügelgräber mit steinernen Grabkammern betrachtet werden, weil ihr Zusammenhang mit den eigentlichen Felsendenkmalen allein genau nachzuweisen ist, und daß die übrigen Hügelgräber an jenen Orten betrachtet werden, an welche ihre Reste sie verweisen.

Hervorragend durch ihre Anlage sind die sogenannten Ganggräber Nord- und Westeuropas, von deren Beschaffenheit nebenstehende Abbildungen (Fig. 81, 82) einen Begriff geben mögen. Aus einer oder mehreren Steinkammern bestehend, zu denen bedeckte Felsengänge von außen hinführen und welche entweder unmittelbar auf

Die Hügelgräber. 229

Fig. 81. Dänisches Hügelgrab (Tumulus).

ben Erdboden gestellt oder doch nur leicht vertieft sind, erinnern sie, von der Erdumhüllung abgesehen, am allermeisten an die vollkommeneren Felsendenkmale, denen sie — wie schon oben erwähnt — oftmals auch darin gleichen, daß sie Steinkreise um sich haben. Aber in mancher Beziehung gleichen sie auch den erdbedeckten Hütten mancher nordischen Völker und es ist nicht ganz unwahrscheinlich,

230 Hügel- und Ganggräber

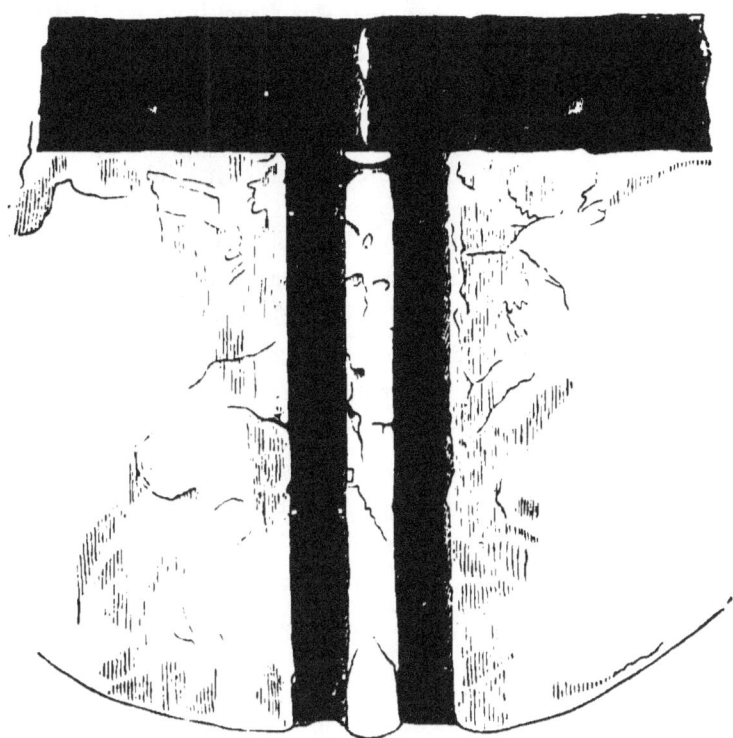

Fig. 82. Grundriß desselben.

daß man einige solche „Ganggräber" viel richtiger als Reste von Wohnungen, denn als Grabstätten zu bezeichnen hat, wiewohl mit unbedingter Sicherheit auch hierüber nicht abzuurtheilen ist *).

Die Idee, welche durch eine Menge von Grab- und

---

*) Nilsson, Stenstrup, Wibel und einige andere Alterthumsforscher sind mit großer Entschiedenheit für die Deutung einer großen Reihe von Hügelgräbern als Wohnungen eingetreten. Die Beweisführung stützt sich dabei in erster

Grabmalformen geht, daß man die Behausung der Todten
der der Lebendigen möglichst ähnlich zu machen sucht (die
bei uns mehr symbolische Gestaltung annimmt, aber bei
Wilden, die mit lebhafterer Einbildungskraft den Tod
als eine Fortsetzung des Lebens, nur in anderen Ge-

Reihe auf die noch heute von Völkern des arktischen
Amerikas und Asiens bewohnten Hütten, welche von zuverlässigen Reisenden mehrfach in einer Weise geschildert worden
sind, welche die Aehnlichkeit mit manchen Hügelgräbern deutlich
hervortreten läßt. So beschreibt Erman die sibirische Jurte
als einen Erdhügel, der um eine wenig in den Grund vertiefte
viereckige Kammer aufgehäuft ist; die Kammer ist, weil große
Steine fehlen, aus Holz aufgebaut und rings um ihre innere
Wand ist der Boden stark erhöht, so daß ein umlaufendes
breites Gesims entsteht, das den Bewohnern als Schlaf- und
Arbeitsstätte diente. Der Herd befand sich dem Eingang
gegenüber. Aehnlich beschreibt Cook die Wohnungen der
Tschutsken in Nordasien; die Wände der wenig vertieften
Kammer bestanden aus Holz und Wallfischrippen, über sie war
Gras gelegt und über diesem Erde aufgeschüttet, so daß ein
Hügel von elliptischer Form entstand, der etwa zwanzig Fuß
lang und über zwölf Fuß hoch war und welcher noch von
einer drei bis vier Fuß hohen Steinmauer im größten Theil
seines Umfanges umgeben war. — Neben diesen Beschreibungen
werden dann besonders auch die Berichte angezogen, welche
erzählen, daß bei manchen wilden Völkern das Haus, dessen
Bewohner gestorben ist, für immer verlassen und in manchen
Fällen der Todte in seinem eigenen Hause beigesetzt wird.
Erwägt man, daß zum Beispiel das Ganggrab von Goldhavn
rings um die Innenwände seiner Grabkammer ein niedriges,
ringsumlaufendes Gesims hatte, auf welchem zahlreiche Skelete

stalten und unter verborgenen Verhältnissen auffassen, eine vollkommen praktische Bedeutung hat) mag auch bei der Gestaltung der Hügelgräber mit Grabkammern oder chambered tumuli, wie die Engländer sie nennen, wirksam sein.*) Man hat unter dieser Annahme die Spärlichkeit derartiger Hügelgräber in den westlichen und südlichen Theilen Europas dadurch zu erklären gesucht, daß

---

in sitzender Stellung sich befanden, deren jedes Waffen oder Schmuck zur Seite liegen hatte, so verliert die Meinung jener Forscher, daß manche Hügelgräber ursprünglich Wohnungen gewesen seien, etwas von der Sonderlichkeit, die sie auf den ersten Blick zu besitzen scheint, ohne daß man sich indessen andererseits damit ohne Weiteres von ihrer Begründung überzeugt halten könnte. Jene wenigen sogenannten Hügelgräber, in welchen keine Todtenreste, wohl aber Topfscherben, Geräthbruchstücke, Aschenhaufen sich vorfanden, können aus mancherlei Gründen ausgeräumt und entweiht worden sein; zumal auf niederen Culturstufen die Schädigung der feindlichen Leichname und Grabstätten stets eine höhere Bedeutung zu haben scheint als auf höheren. Grabschändungen, auch solche ohne gewinnsüchtige Beweggründe, sind ja selbst in leidenschaftlich geführten neueren und neuesten Kriegen übrigens gebildeter Völker immer mit vorgekommen.

*) Frühere Forscher glaubten auch auf die „Orientation" der Dolmen d. h. auf ihre Richtung nach den Himmelsgegenden Werth legen zu müssen. Wer sich aber die Mühe nimmt größere Reihen von Angaben aus weiteren Gebieten zu vergleichen, wird die Regeln, die Einige aufstellten (Oeffnung nach Südost und Aehnliches) nicht bestätigt finden. Es scheint hierin Willkür geherrscht zu haben.

hier das Klima milder und erdbedeckte Wohnungen daher auch weniger üblich gewesen seien. Indessen ist hierbei doch zu bedenken, daß die Grabhügel Südeuropas bis jetzt nur höchst mangelhaft bekannt sind und daß unter den wenigen, welche mit Sorgfalt aufgedeckt wurden, sich einige unzweifelhafte „Ganggräber" fanden. So wurde vor einigen Jahren ein Hügelgrab bei Sevilla geöffnet, in welchem ein siebenundzwanzig Meter langer steinbedeckter Gang in eine aus Felsen zusammengestellte Grabkammer führte; elf Meter vom Eingang war ein thürartiger Verschluß aus Steinplatten und vor der Einmündung des Ganges in die Kammer ein zweiter ebensolcher vorhanden.

Die Hügelgräber sind in den skandinavischen Ländern bis jetzt am genauesten erforscht worden und lassen einige allgemeine Verhältnisse erkennen, welche von nicht bloß örtlicher Bedeutung zu sein scheinen, da sie auch anderwärts, besonders in England und Deutschland wenigstens theilweise Bestätigung gefunden haben. Die Hügelgräber, welche unter ihren Resten kein Metall enthalten und in welchen die Leichen in kauernder Stellung beigesetzt wurden, sind zum Beispiel in Dänemark meistentheils mit einem Kreise großer Steine umgeben, umschließen eine Grabkammer, die aus großen Felsplatten zusammengestellt ist und besitzen sehr oft einen bedeckten Steingang, welcher zu der Kammer führt; diejenigen Hügelgräber dagegen, in welchen Geräthe von Metall gefunden wurden, entbehren oft des Steinkreises, haben an Stelle der Felsenkammer meist nur sargartige Grabkammern, in welchen nicht der Leichnam, sondern in einem Thongefäße dessen Asche beigesetzt ist. Durchgehend sind allerdings diese Unterschiede nicht, wie früher wohl geglaubt wurde, neuere Forschungen haben sogar ziemlich viele Ausnahmen festgestellt, so daß wohl heut kein Alterthumsforscher einen Grabhügel schon nach Gestalt und Aufbau der Steinstufe oder der Erzstufe oder der Eisenstufe zuweisen möchte, aber sie kehren doch in bemerkenswerther Häufigkeit wieder. In England ergab die Untersuchung der obenerwähnten Grabhügel, welche sich in der Gegend des Stonehenge zusammendrängen, daß von hundertzweiundfünfzig, welche geöffnet wurden, in vieren die Leichname kauernd, in dreien gestreckt und in hundertneunundzwanzig als Asche beigesetzt waren und die allerdings ziemlich spärlichen Geräthreste sprechen dafür, daß diese Grabhügel in eine Zeit fallen, in welcher in England Erz schon gekannt und gebraucht ward. Auch die Hügelgräber anderer Gegenden Englands, die nun allmählich zu Hunderten aufgedeckt sind, berechtigen zu dem Schluß, daß in diesem Lande auf der Erzstufe die Todtenverbrennung unter den Begräbnißweisen weitaus überwog. Mit nicht geringerem Rechte kann, wenigstens für England, die gestreckte Lage der Leichname als diejenige bezeichnet werden, welche weitaus am häufigsten in den Grabhügeln vorkommt, die auch Eisengeräthe enthalten. Da, soweit unsere Erfahrungen gehen, die Begräbnißweise zu denjenigen Ueberkommenheiten gehört, welche ein wildes oder halbwildes Volk kaum jemals aus eigenem Antrieb gegen irgend eine andere vertauschen wird, so sind die ebenerwähnten Schlüsse, zu denen die Hügelgräberforschungen nach und nach geführt haben, werthvolle Grundlagen einer etwa späterhin mit reicherem Thatsachenmaterial zu begründenden vorgeschichtlichen Völkerkunde. Daß jede der drei Stufen (Stein, Erz, Eisen) ihre vorwiegende Begräbnißweise besitzt, daß in England in den älteren Grabhügeln durchschnittlich anders und besonders länger geformte Schädel gefunden sind, als in den jüngeren, daß auch die Schädel aus den dänischen Hügelgräbern nach Virchow's neueren Untersuchungen Unterschiede zeigen, die den Stufen entsprechen, welchen ihre Fundstätten angehören (wenn auch diese Unterschiede nicht denjenigen entsprechen, welche die englischen Schädelkundigen gefunden haben) sind Fingerzeige bedeutsamerer Art.

In Deutschland haben wir derartige Felsenbauten im ganzen Norden; sie sind vorzüglich häufig im Nordwesten (nach einer im Jahre 1841 aufgenommenen Statistik gab es im Königreich Hannover zweihundertneunundfünfzig größere Steinkammern und Steintische, theils offene theils mit Erde bedeckte, oder, wie man sie auch nannte, Hünenbetten, wovon hundertdreiundachtzig mit einfachen oder doppelten Steinkreisen umgeben waren), sind östlich bis nach Schlesien und südlich bis Thüringen hinein zu verfolgen. Viele bereits sind näher untersucht, aber unter mehr als hundert Fällen fanden sich (nach Schaaffhausen) nur in zweien oder dreien Grabspuren, dagegen gewöhnlich in der Nähe Grabfelder mit Aschenspuren, so daß man ganz entsprechend der Deutung, welche man jetzt dem vielbesprochenen großen Felsenbau Stonehenge in England gibt, in den offenen Steinkammern und Steintischen gottesdienstliche Stätten sieht, zu denen die nahen mit Aschenurnen gefüllten Grabfelder gleichsam als eine Art Friedhöfe gehören mögen. Derartige

Vorkommnisse sind auch an anderen Orten beobachtet. Hervorragend ist unter diesen Felsenbauten besonders der von Runkenvenne in Hannover; er mag wohl das größte Hünenbette sein, welches wir in Deutschland haben. Hundertundsechzehn Fuß lang und zwanzig bis vierundzwanzig Fuß breit steht es in einem Forste bei Lingen und wenn es auch theilweise verfallen ist, so stehen doch noch fünfzehn seiner erratischen Stützblöcke und liegen noch einige Deckplatten, darunter eine von neun und einem halben Fuß Länge, acht Fuß Breite und drei bis über vier Fuß Dicke. Kohlen, Thonscherben, Steingeräthe, selten aber Erzgeräthe finden sich unter den Steinen, aber, wie gesagt, sehr selten Grabspuren.

Es scheint, daß im Ganzen und Großen auch für die Hügelgräber Deutschlands die Regeln Geltung beanspruchen dürfen, welche aus dem Studium der skandinavischen und britischen allmählich erwachsen sind. So sondert Lisch in Schwerin, der Hauptkenner der nordostdeutschen Alterthümer aus vorgeschichtlicher Zeit, die Gräber der Steinstufe scharf von denen der Erzstufe; die ersteren sind ihm offene oder erdbedeckte aus unbehauenen Steinen zusammengestellte Grabkammern (also Dolmen und Hügelgräber mit Steinkammern), die letzteren sogenannte Kegelgräber, d. h. einfache rundliche Erdhaufen, die wohl zu beträchtlichen Höhen aufgethürmt sein können,[*]

---

[*] Es gehört hierher ein in mehrfacher Hinsicht interessanter Gräberfund der Erzstufe, welcher bei Schwan in Mecklenburg gemacht wurde. Unter einem dreißig Fuß hohen Kegel-

aber im Ganzen doch an Größe hinter den Gräbern aus
älterer Zeit zurückstehen; in ihnen sind die Grabkammern
entweder weniger groß als in den eigentlichen Hügel=
gräbern oder sie fehlen ganz, wo dann der Leichnam bloß
auf eine steinerne Unterlage gelegt, in den meisten Fällen
aber in Form von Asche in Urnen beigesetzt wurde.
Diese Grabform entspricht derjenigen, welche in England
als „round barrow" von dem „long barrow", dem alten
Hügelgrab mit Steinkammer und besonders dem Gang=
grab unterschieden wird. Ganggräber, ähnlich jenen,
welche, wie oben erwähnt, von manchen Forschern als
ursprüngliche Wohnstätten betrachtet werden, finden sich
auch in Westphalen. Es ist aber hervorzuheben, daß in
zweien derselben eine Masse von Leichnamen, die auf
fünfzehnhundert geschätzt wird, zusammengeschichtet ist und
daß die Fundstücke aus Steingeräthen, Eisen und Kupfer
gemischt sind, auch soll nach Schaaffhausen ein
Schädel, der sich erhalten hatte, einen entschieden germa=
nischen Stempel tragen. Es ist möglich, daß hier, wie
in manchen anderen Fällen ein der Anlage nach älteres
Grab in jüngerer, vielleicht schon in germanischer Zeit,
wiedergeöffnet und als Grabstätte benützt wurde; diese

---

grab lag auf der Erdoberfläche auf einem Pflaster von kleinen
Feldsteinen ein Skelet, ein Erzschwert zur Seite; unter diesem
Pflaster aber fand sich eine Grube, in welcher acht Leichname
zusammengedrückt waren. Eigenthümlicherweise ging in der
Gegend von Schwan die Sage, daß allnächtlich acht kopflose
Gestalten um den Berg wandeln — just soviel als hier Leichen
(Geopferte?) gefunden wurden.

Annahme würde die auffallende Begräbnißweise und die Mischung der Funde genügend erklären. Hügelgräber ohne jeden Steinbau und mit ausschließlich steinernen Geräthresten sind nicht häufig, fehlen aber nicht ganz.

Es ist diese Abweichung um so beachtenswerther als die Steinsetzung im Grabhügel in einigen Fällen selbst eine tiefere Bedeutung als die eines Todtenhauses zu haben scheint, so wenn sie Schiffs- oder Thiergestalten nachahmt, wie uns nordische Forscher berichten. Es ist übrigens nicht selten, daß offenbar ältere Grabhügel auch in jüngerer Zeit neuerdings als Begräbnißstätten benützt wurden; sie mögen durch sagenhafte Ueberlieferung oder vielleicht auch nur durch ihre Fremdartigkeit geheiligt und so zu Ruhestätten der Todten besonders passend erschienen sein. Ein schönes Beispiel ist ein auch an sich schon durch die reichen Funde, die er geboten, bemerkenswerther Grabhügel auf Möen, welchen Boye in den fünfziger Jahren beschrieben hat. Von der Ostseite eindringend, fand man zuerst eine Urne mit verbrannten Knochen und Erzgeräthen, dann gegen Südosten eine Art Sarg aus platten Steinen zusammengestellt, in welchem gleichfalls verbrannte Knochen neben Erzresten beigesetzt waren und bei diesem Steinsarge eine dritte Urne mit verbrannten Knochen und Erzsachen. Dann gelangte man zu der aus zwölf Felsen umrahmten und von fünf Felsen bedeckten Grabkammer, welche von elliptischer Form war und etwas über zwanzig Ellen im Umfange hatte; der Zugang war von elf Steinen eingefaßt und von dreien bedeckt und war fünf Ellen lang; in der Hälfte seiner Länge waren Spuren eines thürartigen Verschlusses zu erkennen. Hier waren offenbar mehrere Skelete in sitzender und einige in gestreckter Stellung beigesetzt und fand sich ein seltener Reichthum von Thongefäßen (ohne Asche oder Kohlen), von Steingeräthen, von Bernsteinschmuck, aber nichts von Erz. Hier war nun offenbar das Ganggrab älter als der Steinsarg und die beiden Urnen mit Asche und Erz, welche in den Hügeln versenkt waren. Aehnliches ist öfter beobachtet worden und ist eine deutliche Warnung gegen das voreilige Schlüsseziehen aus vereinzelten Gräberfunden, denn es ist klar, daß, so gut wie in der Erde des Hügels, auch in der alten Grabkammer, wenn der Grabeingang zu finden war, Begräbnisse in späterer Zeit stattfinden konnten. Solche sekundäre Begräbnisse führten zu der nicht wahrscheinlichen Annahme, die im Norden ihre Anhänger hat, daß ursprünglich alle Steingräber freigestanden hätten und erst durch Menschen der Erzstufe mit Erde bedeckt worden seien. Gegen Osten hin kennt man gleichfalls ähnliche Grabstätten mit Stein- und mit Erzgeräthen, so in Schlesien, in Polen, in der Walachei, aber es fehlt in diesen Gegenden bis jetzt an hinreichend ausgedehnten und genauen Erhebungen.

Schon im östlichen Deutschland sind sie häufig und in Thüringen zum Beispiel sind Steinkreise, Steinpfeiler und Hügelgräber mit Steinkammern öfters gefunden, so auch in der Lausitz, in Schlesien u. s. f.

Von Hügelgräbern in Niederösterreich und besonders in der Gegend des schon früher genannten Mannhartsgebirges wird berichtet, daß einige bei dreißig Fuß in der Höhe und hundertachtzig Fuß im Umfange messen und daß die Reste von Thongefäßen große Aehnlichkeit mit Hallstabter Sachen besitzen. In Kärnthen sind auf einer kleinen Hochebene westlich von Villach gleichfalls Hügelgräber der Erzstufe in bedeutender Zahl und in regelmäßiger Anordnung gefunden worden, welche einen Begräbnißplatz erkennen läßt. Bei der Aufgrabung erwies sich leider die Mehrzahl als bereits ausgeleert, aber das Wenige, was an Nadeln, Urnen, Waffen und Schmuck gefunden wurde, scheint große Aehnlichkeit mit Hallstadter Erzsachen zu haben. Bemerkenswerth ist, daß in einem der Gräber Schwert und Messer in Stücke gebrochen waren, ohne daß man doch eine Ursache für das Brechen finden konnte. Ob dieß nicht auch ein Herkommen beim Begräbniß war? Alle diese Gräber enthielten die Urnen in kleinen Steinkämmerchen oder -kisten.

Ueber die Hügelgräber des ferneren Osteuropas haben wir leider bis jetzt fast nur sehr lückenhafte, flüchtige Beschreibungen, welche eben hinreichen, uns den Mangel tieferer Durchforschung recht kräftig zum Bewußtsein zu bringen. Am meisten dürften bis jetzt noch die polnischen Provinzen in dieser Richtung bekannt sein; aus ihnen werden vollständige Begräbnißplätze erwähnt. So soll auf dem Gute Dobieszewko bei Nakel ein Begräbnißplatz von über zweihundert Morgen Ausdehnung gefunden sein, der einen großen Sandhügel darstellt, und dessen Gräber viereckig, mit Granit ausgekleidet, drei bis vier Fuß unter der Erde liegen; der höchste Punkt dieses Hügels „bildet eine Art Viereck." Von einem anderen, in der Nähe des Geszewer Sees gelegenen, wird gesagt, daß er sich auf einer weiten sandigen Erhöhung, welche von einem natürlichen Walle umgeben ist, befinde und daß der Zugang zu demselben am leichtesten von den Pfahlbauten dieses Sees, welcher später zu erwähnen sein werde, zu bewerkstelligen gewesen sei. In beiden sind vorwiegend Steingeräthe, von Erz nur Nadeln gefunden. Von einem anderen Gräberfeld im Wreschener Kreis bei Jarocin erfahren wir, daß die Granitsteine der Gräber mehr oder minder von Erde bedeckt seien, daß dieselben zu einem viereckigen Raum zusammengestellt sind, der mit einer Steinplatte bedeckt ist; in diesen Gräbern stehen eine oder mehrere, aber nicht über sechs Urnen, die theilweise von schönen Formen sein sollen und an ihrem Standorte entweder mit Sand umschüttet oder durch Steinchen gestützt sind. Die Urnen sind theils von roher Arbeit und grobem Thon, theils von feiner schwarzer Masse und tragen dann Punkt- und Linienverzierungen, die durchaus mit denen der nord- und westeuropäischen Urnen der Erzstufe stimmen sollen. Unter der Asche sollen in den Urnen kleinere irdene Gefäße gestanden haben. Einige der Urnen sind offen, andere mit Stürzen bedeckt.

Nur durch eine kurze zufällige Notiz wissen wir, daß vor Jahren bei Minkowce in Galizien eine Grabstätte aufgedeckt ward, in welcher fünfzehn Skelete sitzend, jedes mit einem Steinbeil in der linken Hand, beigesetzt waren; nur ein Steinbeil fand sich bei späterer Nachforschung noch vor und dieses war ein ungeschliffenes, so daß es leider scheint, als ob hier ein sehr alter, sehr seltener Fund nutzlos zerstreut worden sei. Auch Hügelgräber und geschliffene Steinwaffen kommen in Podolien vor, wie wir aus kurzen Notizen erfahren.

Daß übrigens in gewissen Theilen Osteuropas die

Errichtung von größeren Hügeln über Gräbern, welche äußerlich den der Zeit nach viel älteren Hügelgräbern Nord- und Westeuropas gleichen, bis in geschichtliche Zeit hinein üblich gewesen sein muß, lehren die jüngsten Ausgrabungen in Thracien (1872), wo als Kern der Tumuli sich aus Ziegel gemauerte Gräber herausstellten, die Urnenscherben und thierische Knochen neben Sachen aus Eisen, Glas, Münzen enthielten. Die Türken nehmen manche dieser Gräberhügel als Gräber ihrer Vorfahren in Anspruch, die Griechen sehen darin altgriechische Werke, Andere erklären sie für Grabstätten enthaupteter Staatsverbrecher — aber auf diesem von Völkerwanderungen und jahrtausend langen Kämpfen wie kaum ein anderes Stück europäischer Erde durchwühlten Boden wird eine Deutung ohne historische Anhaltspunkte schwer sein. Türkische Münzen von Bajazeth dem Ersten sind in einem gefunden.

Da und dort zerstreuten Mittheilungen über südrussische Hügelgräber entnehmen wir noch folgende Mittheilungen:

In den fünfziger Jahren wurde beim Flecken Alexandropol im Jekaterinoslaw'schen Gouvernement ein großer Hügel abgetragen, in welchem sich eine Art cyclopischen Baues fand, von dem einige Blöcke kaum von fünfzehn Mann gehoben werden konnten. Es war das Grab eines skythischen Königs und der bei seinem Begräbniß Geopferten und waren die Geräthe theils griechischer Arbeit, theils in der Art der tschudischen Alterthümer und dem Stoffe nach aus Kupfer, Silber, Gold und Eisen. Leider war wegen früherer Plünderung des Grabes der Fund unvollständig, doch fanden sich unter anderem noch fünf Hirnschalen, von denen C. E. von Bär zwei denen ähnlich befand, die im inneren Rußland vorkommen, während die drei übrigen denen gleich, welche sich in Sibirien finden und dem alten Tschudenvolke zugeschrieben werden. Im Anfang der sechziger Jahre wurde dann ein unberührtes Hügelgrab in demselben Bezirke bei Nikopol geöffnet und war auch dieß ein Königsgrab mit Geräthen vollendeter griechischer Arbeit (wohl aus dem vierten vorchristlichen Jahrhundert). Da war zum Beispiel eine Amphora mit Reliefdarstellungen pferdezähmender Skythen, auf welcher die Kleidung und Hantirung der Skythen ganz an das Wesen des heutigen südrussischen Bauern erinnert. Die Art, wie die Dinge begraben und die Gräber gebaut waren, bestätigten durchaus das, was Herodot von den entsprechenden Sitten der Skythen sagt.

Von sibirischen Gräbern, die an Metall nur Kupfer enthielten, berichtet Rubloff und wir entnehmen seinen Mittheilungen, daß ihre Steinsetzung durchaus derjenigen entspricht, die von den europäischen Hügelgräbern oben wiederholt beschrieben ist; sie ziehen in fast ununterbrochenen Reihen sich an den Flüssen zwischen Jenissei und Tom hin. Verschieden von diesen sind die Kirgisengräber, längliche oder rundliche Hügel, unter denen mit Geröll oder Erde bedeckt und oft in Birkenrinde gehüllt, der Leichnam liegt; in ihnen kommen bereits Eisensachen vor.

Ob nun der Grund solcher Häufigkeit alter Hügelgräber oder Tumuli in Südosteuropa, besonders in Südrußland und der europäischen Türkei, in einer ursprünglich häufigeren Anlage oder darin liegt, daß die niedere Cultur

16 *

dieser Gegenden minder zerstörend gewirkt hat, muß einstweilen dahingestellt bleiben, wiewohl das erstere wahrscheinlich ist. Hochstetter zählte auf einer Reise durch Rumelien allein fünf- bis sechshundert solche Hügel, die von der Sage allerdings an manchen Orten nur für Feldmarken erklärt werden, aber doch in den wenigen Fällen, in denen sie geöffnet wurden, mehrmals innere Steinbauten, Menschenknochen und ungenannte Waffen ergaben. Es sind welche von dreißig Fuß Höhe darunter. Für die Deutung der früher erwähnten sekundären Grabstätten in solchen Hügeln ist die Angabe Boué's von Werth, daß selbst heute noch Türken da und dort sich ihr Grab in diesen alten Hügeln graben lassen.

Die Funde in den Felsengräbern und Hügelgräbern. Es ist im Vorhergehenden mehrfach auf einen allgemeinen Unterschied hingewiesen worden, welcher sich hinsichtlich der in den Felsengräbern und den von ihnen wenigstens in Nord- und Mitteleuropa kaum zu trennenden „gekammerten" Hügelgräbern gefundenen menschlichen Skelettheile und Geräthe feststellen läßt, wobei aber hervorgehoben wurde, daß von einem durchgehenden Unterschiede hier nicht die Rede sei, sondern daß die angegebene Regel im Einzelnen zahlreiche Ausnahmen zulasse und zwar offenbar unter anderm auch darum, weil wir nur erst im Beginn der betreffenden Forschungen stehen und darum noch nicht jenes reiche Thatsachenmaterial zur Verfügung haben, das allgemeinen Schlüssen von einiger Gültigkeit stets zu Grunde liegen muß. Wir scheiden nun auch in der Betrachtung der hierhergehörigen Fundgegenstände nach den Stufen, welchen sie angehören, die ohne jede Spur von Metall gefundenen von denen, welche der Stufe der Erzverarbeitung angehören und fassen jene zuerst, dann die letzteren, dann die Thierreste und zum Schlusse die menschlichen Skeletreste in's Auge.*)

Von den beiden Grabformen, welche im Vorhergehenden besprochen worden sind (die man kurz als offene und als erdbedeckte Steingräber zusammenfassen kann), hat noch niemals eine irgend einen klaren Rest aus jener älteren Zeit roher Steinbearbeitung enthalten, in welche die meisten Höhlenreste fallen und dementsprechend auch keinen Rest irgend eines bei uns nun ausgestorbenen oder ausgewanderten Thieres, wie sie mit den roheren Steingeräthen zusammenliegen; es fallen, mit anderen Worten, diese Gräber durchaus nicht mehr in die sogenannte paläolithische oder die ältere Steinzeit, sondern gehören der Stufe der geschliffenen Steinwaffen oder der sogenannten neolithischen oder jüngeren Steinzeit an und stellt dieß eine der schärfsten Scheidungen dar, welche sich bis jetzt in den vorgeschichtlichen Funden herausgestellt haben. Da auch die Pfahlbauten der Steinstufe und die nordischen Muschelhaufen (Kjökkenmöddinger) derselben Stufe angehören und wir bei deren Beschreibung bereits die eigenthümlicheren und bezeichnenden Züge in den Stoffen,

---

*) Manche Felsenkammern und Hügelgräber erweisen sich bei der Aufdeckung als jedes Inhalts baar, andere enthalten nur die Gebeine und keine Mitgaben; manche sind ohne Zweifel in früherer oder späterer Zeit von räuberischen oder neugierigen Händen geleert worden.

Formen und dergleichen der Geräthe hervorgehoben, so mag nun hier mehr eine Aufzählung als eine nähere Beschreibung gestattet sein. Dieses sei gleichfalls vorausgeschickt, daß die Häufigkeit der Funde in allen diesen Grabstätten, ob sie nun der Stein- oder der Erzstufe angehören, eine ungemein wechselnde ist. Da es sich hier um Todtenmitgaben handelt, also um eine Sitte, deren treuer Erfüllung bei unverdorbenen Naturvölkern den meisten Berichten nach sehr hoher Werth beigelegt wird, ist es freilich erstaunlich, in einem Grabe großer Fülle, in anderen großer Armuth an Mitgaben zu begegnen, während in der großartigen Anlage kein entsprechender Unterschied bemerkt wird, kein Unterschied, der zum Beispiel andeuten würde, daß dieses die Grabstätte eines Aermeren, jenes die eines Reicheren sei. Wir können in diesen auffallenden Verschiedenheiten nur Wirkungen dunkler Ursachen, in manchen Fällen freilich auch wohl nachträglicher Verwühlung und Beraubung der Grabstätten vermuthen. Um übrigens einige Beispiele dieser Verhältnisse zu geben, mögen hier einige Angaben über bemerkenswerth reiche Funde in solchen Grabstätten Platz finden: In jenem Hügelgrab auf Möen, dessen allgemeine Verhältnisse hier beschrieben wurden, um die Art zu zeigen, wie ältere Grabhügel ohne weitere Störung auch späterhin noch als Grabstätten benützt wurden, so daß ältere und jüngere Gräber sich in einem und demselben Grabhügel befinden, fand sich neben einem ursprünglich kauernden Skelet eine schöne, ungebrauchte Steinart, ein unvollendeter Steinmeisel, drei Bernsteinperlen und Topfscherben, neben einem zweiten in gleicher Weise beigesetzten Skelet ein Feuersteinmesser, eine Bern-

steinperle und Topfscherben. Ferner standen in der Grab=
kammer wenigstens zwanzig mit Linien und Punkten ge=
zierte Urnen, die mit dem Mund nach unten bastanden.
In der Modererde der Kammer fanden sich ferner sechs
Lanzenspitzen aus Feuerstein, zwei Steinmeisel, dreiund=
fünfzig Feuersteinmesser, fünfzig Bernsteinperlen. Ein
Hügelgrab bei Carnac in der Bretagne, das außen drei=
hundertachtzig Fuß in der Länge, hundertneunzig Fuß
in der Breite und dreiunddreißig Fuß in der Höhe maß,
enthielt in seiner Kammer elf schöne Beile aus Nephrit,
dem für diese Alten sicherlich sehr kostbaren Stein, dessen
sich der geneigte Leser von den Pfahlbauten her erinnern
wird (Siehe Seite 191), sechsundzwanzig kleinere Beile
aus Fibrolit, einem gleichfalls für diese Zwecke sehr kost=
baren Stein, zwei rohere Steinbeile, hundertundzehn Stein=
perlen und manche Feuersteinbruchstücke. So enthielt die
Kammer in dem Hügelgrab von Manne-er-H'rock, ebenfalls
in der Bretagne hundertunddrei Steinbeile, drei Feuer=
steinmesser, fünfzig Jaspis=, Achat= und Quarzperlen und
in beiden Fällen stand die Zahl der wenigen Skelete in
keinem Verhältniß zu der Menge der mitgegebenen Dinge.
Dieß mochten freilich Begräbnisse von Großen sein. Aber
um auch dieß gleich hier zu erwähnen, die Mitgabe von
Beilen aus diesen edleren Steinen Jadeit und Fibrolit
ist wenigstens für die Felsengräber Frankreichs überhaupt
ein bezeichnender Zug und da dieselben in vielen Fällen
ganz neu, ungebraucht sind, wird man nicht fehlgehen,
wenn man in ihnen etwas Geheiligtes, nicht zum täglichen
Gebrauch Bestimmtes sieht; Steinbeile aus ähnlichem
Gestein, dem edlen Nephrit, spielen noch heute im chine=

fischen Aberglauben eine Rolle und gelten auch in Neu=
seeland als geheiligte Waffen.*)

Wo Steingeräthe in Felsengräbern gefunden sind,
gehören sie fast stets der höchsten Stufe der Stein=
verarbeitung an, einer Stufe, die überhaupt das irgend
Mögliche in dieser Art von Industrie darstellt. Das
Material der Steinbeile ist im Ganzen dasselbe, wie es
bei der Betrachtung der Pfahlbauten geschildert wurde,
wird aber ganz wie dort von örtlichen Verhältnissen be=
stimmt. Die Formen sind gleichfalls dieselben, nur daß
hier eigentliche Prunkgeräthe, über die Nothwendigkeit

---

*) Es wäre auch eine interessante Aufgabe den mannig-
fachen abergläubischen Vorstellungen nachzuforschen, welche sich
in verschiedenen Gegenden Europa's, wo alte Steinwaffen gefunden werden, an dieselben knüpfen, um möglicherweise zu
erkennen, ob dieselben nur der auffallenden Gestalt gelten (in
Deutschland haben sie den Namen „Donnerkeile" mit den be-
bekannten kegelförmigen Versteinerungen der Belemniten gemein),
oder aber im Zusammenhang stehen mit Erinnerungen an den
einstigen Gebrauch der Steingeräthe bei gottesdienstlichen Handlungen und Aehnlichem. In Frankreich und Süditalien gelten
Steinbeile, Pfeilspitzen und dergleichen noch heut als Amulete
und man prüft sie hier wie dort dadurch, daß man sie an
einem Faden übers Feuer hängt; verbrennt der Faden nicht,
so werden sie wirksam sein. In Süditalien nennt man sie
„Fulmini" und meint, sie führen beim Blitz tief in die Erde
und wüchsen dann wieder langsam herauf, bis sie an die Oberfläche
kämen. Manche Völker, die längst Metalle kannten und ge-
brauchten, fuhren lange fort, Steinmesser bei Opfern zu verwenden, so die alten Mexikaner, Juden, Indier und andere.

hinaus, große und feingearbeitete Aerte, höchst zierlich gehauene, schön geformte Lanzen- und Pfeilspitzen ungemein viel häufiger sind, so daß, wenn der Typus der Pfahlbaureste durchaus dem alltäglich Nothwendigen entspricht, der der Felsengräberfunde das Beste zeigt, zu dem die alteuropäischen in der Verarbeitung des schwierigen Materials allmählich gelangt waren.

Die Geräthe aus Knochen stehen, da sie dem Stoffe nach keine so große Verfeinerung zulassen, wie die aus Stein (vorab solange sie wie damals und noch langehin durchaus einfach aus der Hand geschnitzt werden mußten), auch meistentheils gemeinerem Brauche dienen und darum gestaltende Kraft und die Geschicklichkeit weniger anregen als die Waffen, die dem jagd- und kriegsgewohnten Alteuropäer das Höchste sein mußten, die Beinsachen stehen also hier an Mannigfaltigkeit weit hinter dem zurück, was in Bezug auf sie die Pfahlbauten und andere Fundstätten uns bieten; denn sowenig wir Eßbesteck oder Federmesser oder Salzfaß einem Todten mitgeben, mochten jene Alten ihr Alltagsgeräth solchen Zweckes würdig erachten und wenn es uns auch leid sein mag, so um die Einsicht in ein vorgeschichtliches Alltagsleben gekommen zu sein, welche besonders um der Vergleiche mit den wahrscheinlich annähernd gleichalterigen oder wenigstens auf ziemlich ähnlicher Culturstufe stehenden Pfahlbau- und Muschelhaufenfunden höchst erwünscht gewesen wäre, so können wir das nur natürlich finden und haben zudem die frohe Hoffnung, daß mit der wachsenden Zahl aufgedeckter Felsengräber nach und nach auch die Kenntniß der einzelnen Seiten des häuslichen Zustandes der Begrabenen sich mehren und im Einzelnen vertiefen werde. Dieses nur ist hinsichtlich der Knochengeräthe auffallend und bemerkenswerth, daß an ihnen sich kaum Spuren eines besonders entwickelten Sinnes für Verzierung oder gar Naturnachahmung (wie zum Beispiel die Knochenfunde aus den Schätzen der gewiß in eine bedeutend frühere Zeit fallenden Höhlenbewohner sie in so auffallend hoher Ausbildung darbieten) finden — eine Thatsache, die wir ebenfalls schon bei Betrachtung der Pfahlbauten und nordischen Muschelhaufen hervorzuheben hatten.

Von den Thongeräthen aus den Felsengräbern gilt durchaus die Regel, daß ihre Herstellung nicht mit der Drehscheibe, sondern aus freier Hand geschah und könnte auch hier im Allgemeinen nur das wiederholt werden, was über Thongeräthe bei Betrachtung der Pfahlbauten des Breiteren ausgeführt wurde. Hier wie dort eine gröbere, dickwandige, aus steinburchmengtem Thon gebildete und schlecht gebrannte Art neben einer feineren, die aus geschlämmtem Thon, dünnwandig und gleichmäßig dick und meistens auch mit schöneren Formen hergestellt ward; die Verzierungen sind an Beiden aus Punkten, Linien und größeren Vertiefungen zusammengesetzt (Fig. 83) und durchaus einfach, im Ganzen selbst einförmig. Aber hier wie bei den Pfahlbauthonsachen ist ein Fortschritt von der ersteren gröberen Art zur zweiten zu bemerken, insofern zum Beispiel in den Felsengräbern, welche bereits auch Erz enthalten, jene manchmal fehlt, jedenfalls seltener, diese hingegen häufiger und in sich selbst vorzüglicher wird; nur ist allerdings der Fortschritt kein Neuerfinden, sondern die möglichste Erschöpfung der einmal üblichen

Formen, Ornamente derselben. 251

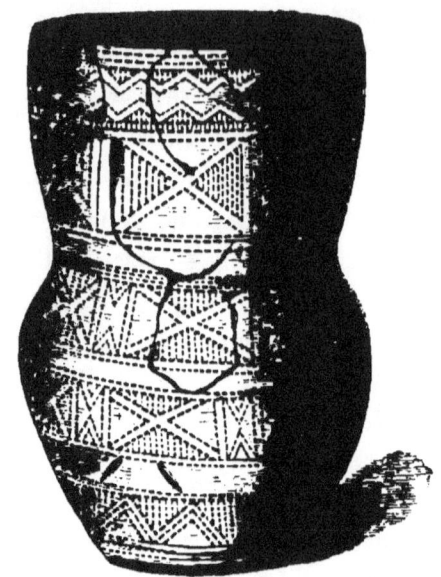

Fig. 83.

Punkt- und Linienmotive und ist ganz besonders auch
hier die gänzliche Vernachlässigung der in der Natur gegebenen Formen ein durchgehender Charakterzug; dafür
sind aber besonders die Umrisse der Gefäße in ihren der
Natur des Thones und dem Gebrauche entsprechenden
Formen nach und nach bis zu künstlerischer Schönheit
fortentwickelt, so daß eine gewählte Sammlung besserer
Thongefäße aus Felsengräbern und Pfahlbauten manches
Auge bedeutend mehr erfreuen wird, als das Schaufenster
einer modernen Thonwaarenhandlung es vermöchte; die
ungekünstelten schönen Linien der Umrisse machen eben

auch die große Einfachheit der Ornamentirung am Ende zu einem ansprechenden Ding.

Von Schmucksachen aus Felsengräbern wurden schon vorhin die Bernsteinperlen erwähnt, welche besonders in den nordeuropäischen Fundstätten häufig, aber auch in England und Frankreich da und dort gefunden sind, wenn auch hier fast ausschließlich in den Felsengräbern, welche auch schon Erzgeräthe umschließen. Bemerkenswerthe Dinge, welche wohl auch noch unter den Begriff des Schmuckes fallen mögen, sind verkleinerte Nachbildungen gewisser Waffen und Geräthe, welche in Stein und Erz da und dort als Leichenmitgaben gefunden sind; ihre Anwesenheit wird uns aufs erwünschteste durch Nachrichten neuerer Reisenden erläutert, die ähnliche Gebräuche bei den Eskimo's und Anderen beobachteten. Uns scheint diese Sitte kein so ganz gering zu schätzendes Licht auf den geistigen Zustand der Völker zu werfen, welche ihr anhingen, denn der Glaube an ein künftiges Leben, der ohne Zweifel in den Grabmitgaben — wie er selbst nun auch beschaffen sei — seinen Ausdruck findet, muß wohl schon bis zu einem gewissen Grade aus den roheren Vorstellungen, in denen er eine einfache Fortsetzung des irdischen Lebens annahm, herausgegangen und das Fortleben in die Ferne größerer Abstraktion gerückt gewesen sein, wenn eine solche Symbolisirung der Leichenmitgabe möglich sein konnte. Jedenfalls muß die Sitte der Leichenmitgabe sehr lange geübt worden sein, ehe eben diese Symbolisirung Platz greifen konnte.[*]

---

[*] Menschenzähne zu einer Kette aufgereiht fanden sich in einem Dolmen des Departements Aveyron.

Nächst den Steingeräthen kommt ohne Zweifel dem Erz die hervorragendste Stelle unter allen Funden aus Felsengräbern zu, doch bleibt im Einzelnen uns hier, nachdem wir bei Gelegenheit der Pfahlbauten den Waffen, Geräthen und Schmucksachen aus diesem Metall eine eingehende Betrachtung gewidmet haben, wenig mehr zu sagen übrig. Das Wesentliche dürfte kurz, wie folgt, zu fassen sein:

Geräthe, Waffen und Schmuck aus Erz treten in den Dolmen und Hügelgräbern sowenig unvermittelt auf, wie in den Pfahlbauten; es läßt sich ihre Zunahme Schritt für Schritt verfolgen, bis sie am Ende überwiegen (wiewohl auch dann noch besonders Pfeil= und Speerspitzen aus Feuerstein von meist vortrefflicher Arbeit häufig vorkommen,*) bis sie ausschließlich vertreten sind und bis das Eisen sie seinerseits zu verdrängen beginnt.

Eine Auswahl der Dinge, die dem Begrabenen mitgegeben wurde, fand sicherlich auch bezüglich der Erzsachen statt; im Ganzen dürften kleinere Waffen (Beile, Dolche, Messer) und Gegenstände des Schmucks am häufigsten vertreten sein, dann und wann fehlt es auch nicht an Nadeln, Ahlen, selbst ungeformte Erzstücke wurden mitgegeben; Schwerter sind im Ganzen weniger vertreten.

Die häufigsten Begleiter des Erzes sind dann wieder vorwiegend Thongeräthe und um so mehr, als sie auf

---

*) Von siebenunddreißig Hügelgräbern, in welchen Bateman in England Erzsachen fand, enthielten neunundzwanzig auch Steingeräthe.

dieser Stufe zu Aschenurnen verwandt wurden. Dem vorhin über sie Gesagten sei hier nur hinzugefügt, daß nach einer Angabe Cartailhac's in den Dolmen des Aveyron Topfbruchstücke gefunden wurden, welche auf den Gebrauch der Drehscheibe schließen lassen sollen. Eine Silber- und eine Goldkette sollen sammt einem Erzbeil in einem Dolmen bei Carnoet in der Bretagne gefunden sein. Beide Angaben klingen befremdlich, mögen aber nicht unerwähnt bleiben.

Funde von eisernen Gegenständen werden vereinzelt gemeldet, bleiben aber in den nord- und mitteleuropäischen Felsenkammern und Hügelgräbern selten und scheinen nur in den nordafrikanischen und indischen Bauten dieser Art häufig vorzukommen. In England findet sich, sowie die Verbrennung der Leiche im Ganzen und Großen der Erzstufe angehört, die Beerdigung in gestreckter Lage am häufigsten in Gräbern mit Eisenmitgaben. In vielen Fällen werden aber auch Grabhügel ohne jede innere Steinauskleidung bei Zusammenstellung der Funde mit in Rechnung gebracht und scheint bei Abzug dieser Fälle und der durch früheres unwissenschaftliches Durchstöbern unzuverlässigen, die Zahl der eigentlichen Steingräber, welche Eisensachen enthalten, eine sehr geringe zu werden.

Ein nicht allein unter den Hügelgräbern, sondern im ganzen Kreise vorgeschichtlicher Alterthümer in manchen Beziehungen einziger Fund gehört dieser Stufe an; ihn bot reicher und bedeutsamer, als man selbst mit kühnsten Erwartungen vermuthen durfte, das Hügelgrab Treenhoi bei Ribe in Jütland, welches durch Worsaae und Herbst im Jahre 1861 geöffnet wurde. Das ist ein

Grab von etwa fünfzig Ellen Länge und sechs Ellen Höhe; es barg in seiner Mitte drei hölzerne Särge, deren zwei die Leichen Erwachsener bargen, während im dritten ein Kind lag. Von diesen Särgen ist einer sehr genau geprüft und beschrieben worden und ergab Folgendes: Der Sarg war außen neun Fuß acht Zoll lang und zwei Fuß zwei Zoll breit und seine entsprechenderen inneren Maße waren sieben und ein halber Fuß Länge bei einem Fuß acht Zoll Breite und ein beweglicher Deckel verschloß ihn. Als man ihn öffnete, fand man, daß hier nicht die gewöhnliche Verwesung Platz gegriffen hatte, sondern daß offenbar durch den Einfluß gewisser Bestand=
theile, welche das von oben einbringende Wasser gelöst enthielt, die weichsten Theile sich in Gestalt einer dunkeln, fettartigen Masse erhalten hatten, während die Knochen mit wenigen Ausnahmen zu Staub zerfallen waren — eine auch sonst unter ähnlichen Umständen beobachtete eigenthümliche Art von Verwesung, die hier zum Beispiel selbst das sonst so leicht vergängliche Gehirn in seinen Formen erhalten gelassen hatte.

Besonders wichtig aber ist, daß alle Kleider, die den Todten mitgegeben waren, sich erhalten hatten, so daß sich da ein Stück Cultur alter Erzmenschen enthüllte, wie es sonst nur der günstigste Zufall in den torfumwachsenen Pfahlbauten geboten hatte. Der ganze Leichnam war im Sarg in eine Ochsenhaut gehüllt und als diese wegge=
nommen war, zeigte sich ein Mantel aus dickem Wollen=
stoff, der so gewoben war, daß innen Fäden (ähnlich wie bei groben plüschartigen Geweben) aus dem Gewebe hervorgingen und herabhingen; dieser Mantel war ein

einziges breites, am Halse ausgeschnittenes, fast halbkreisrundes Stück Tuch von drei Fuß acht Zoll Länge. Auf dem Haupte trug der Todte eine walzenförmige zugerundete Mütze von etwa sechs Zoll Höhe, die ebenfalls aus Wolle und so gewebt war, daß zahlreiche Fäden aus dem Gewebe hervorgingen und herabhingen; indem aber jeder einzelne Faden am Ende zu einem Knötchen geknüpft war, gewann dieses Kleidungsstück ein sehr eigenthümliches Ansehen; einige schwarze Haare barg das Innere dieser Mütze. Unter dem Mantel umgab den Körper ein wollenes Hemd, welches durch ein breites, zweimal um den Leib geschlungenes wollenes Band festgehalten ward und über ihm lagen gegen den Hals und über den Füßen zwei wollene am Rande gefranzte Tücher; zwei Stücke wollenen Stoffes lagen bei den Füßen, waren vierzehn und einen halben Zoll lang und drei und einen halben Zoll breit; es mögen strumpfartige Kleidungsstücke gewesen sein. Dann lagen noch Spuren von Leder, gewiß von der äußeren Fußbekleidung herrührend, am Fußende des Sarges. Ein hölzerner Behälter lag zur Rechten des Leichnams und hatte seinen hölzernen Deckel mit umgewundener Rinde befestigt; als letzterer weggenommen war, kam ein zweiter ähnlicher Behälter zum Vorschein, der aber keinen Deckel besaß und folgende Dinge enthielt: Eine sieben Zoll hohe Mütze aus wollenem Stoffe, der einfach gewoben und mit grober Naht genäht war; einen kleinen Kamm von drei Zoll Länge; ein gewöhnliches kleines Rasirmesser aus Erz. Zur Linken des Todten lag aber ein Erzschwert, dessen Länge zwei Fuß und drei Zoll betrug, das einen kräftigen einfachen, gewulsteten

Bedeutung des Fundes von Treenhoi.

Griff in einem Stücke mit der Klinge besaß und in eine Scheide von Holz gethan war.

Dem geehrten Leser, der unserer bisherigen, soviel als möglich getreuen und vollständigen Berichterstattung gefolgt ist, wird nun bei Betrachtung dieses Fundes wohl gleich uns etwas wie ein neuer höherer Grad von Aufhellung vorzeitlichen Dunkels ins geistige Auge fallen. Denn das muß man sagen: Wie dankbar man auch immer den mannigfaltigen Zufälligkeiten sein mag, die so vieles, anderwärts Vergangenes, Verlorenes an dieser und jener Fundstätte bewahrt haben, — nothdürftig ist die Kunde der Vorzeit doch, wo wir nur einen so beschränkten Kreis von Dingen kennen lernen, wie der der Waffen und der Geräthe aus den einzig haltbaren Stoffen des Steines, des gebrannten Thones, des Knochens, des Erzes sein muß; und diese Beschränkung geht ja leider mit ganz wenigen Ausnahmen durch das gesammte vorgeschichtliche Material, welches bis heute unserer Erkenntniß zugänglich geworden. Nun ist es wohl bei Licht betrachtet kein so bedeutender Schritt vorwärts, wenn jenen Dingen sich ein paar Stücke der Kleidung und dergleichen zugesellen; aber doch ist es so, daß diese den Menschen näher angehen, daß sie um seine Gestalt sind und daß sie so sein Bild, das sonst auch mit aller Mühe ein unbestimmter Schatten, schematisch bleibt, viel bestimmter umschrieben hervortreten, etwas von Fleisch und Blut gewinnen lassen: so trug er sein Hemd, so hüllte er sich in den weiten Mantel, so war er mit sonderbarer Mütze gut gegen die Kälte geschützt und so fiel das schwarze Haar auf den Nacken; Kamm und Messer zeigen an, wieviel höher die leiblichen

Bedürfnisse schon geworden waren, daß sie zu einer höheren Reinlichkeit als der unbedingt nothwendigen strebten; und nun gar die Sorgfalt, mit der die Leiche bestattet und mit allerlei Dingen versorgt ist, welche für die Zurück= bleibenden gewiß keinen geringen Werth besaßen und so nur aus einem im Gemüthe tiefwurzelnden Glauben an die Bedürftigkeit des Gestorbenen in einem künftigen Leben heraus aufgegeben, in den Sarg unter den Hügel gelegt werden konnten.

Es sind leider die zwei anderen Särge nicht mit der= selben Sorgfalt eröffnet worden, wie dieser und so sind aus ihnen nur folgende, weniger leicht zu zerstörende Gegenstände bekannt geworden: in dem größeren fand sich ein Schwert, ein Messer, eine Heftnadel (Brosche), eine doppelspitzige Ahle, ein großer Doppelknopf aus Erz und ein kleinerer besgleichen aus Zinn, eine Zange, eine Wurfspeerspitze aus Feuerstein; der Kindersarg soll bloß eine Bernsteinperle und ein kleines Erzarmband enthalten haben, welches letztere in einem einfachen Ring bestand.

Man fand ferner in dem Hügelgrab Kongshoi, das mit zwei anderen und dem eben beschriebenen Treenhoi zusammen eine Gruppe von vier ansehnlichen Hügelgräbern bildet, als man es öffnete, vier hölzerne Särge, in denen Leichen lagen, deren Hüllen gleichfalls aus Wollenstoff bestanden, man fand ein Schwert und zwei Dolche aus Erz und das erstere stak in einer hölzernen, mit Schnitzerei verzierten Scheide, und fand eine Holzkugel mit Zierath aus vielen Zinnnägeln, ein hölzernes Gefäß und eine Büchse aus Rinden.

Alle diese merkwürdigen Dinge werden von ihren

Das Alter dieser Hügelgräber.

Findern und Anderen der späteren Erzstufe zugewiesen, vielleicht gar schon der beginnenden Eisenstufe; die Heftnadel und die Gestalt des Schwertes sollen hiefür in erster Reihe sprechen, außerdem auch das Messer und das Rasirmesser und nicht am letzten auch die Begräbnißweise, welche allerdings sowohl in der gestreckten Lage der Leichname als in der Beisetzung derselben in Holzsärgen jenen beiden sonst auf der Erzstufe fast ausschließlich herrschenden Begräbnißweisen der Leichenverbrennung und der Beisetzung in Felsenkammern und in sitzender Stellung durchaus widerspricht, hingegen derjenigen gleicht, welche während der frühen Eisenstufe in diesen Gegenden die gebräuchliche gewesen ist.

Reste von Thieren, die in irgend einer Beziehung zum Menschen stehen, finden sich leider in den Felsen- und Hügelgräbern selten, sind bis jetzt auch noch nicht zum Gegenstand eingehender Betrachtung gemacht worden. Aus den spärlichen und flüchtigen Angaben, die vorliegen, möchte man schließen, daß unter diesen Resten sich vorwiegend Hausthiere (Rind, Pferd, Hund, Schwein, Schaf, Ziege) befinden und daß bisher Reste ausgestorbener Thiere nicht, ausgewanderter aber selten gefunden sind.*)

---

*) Einen der reichsten Funde von Thierresten in Dolmen, die nur Steinsachen enthielten, berichtet Hilbebrand aus Westgothland; es waren da Pferd, Hund, Schaf, Ziege, Schwein, Wolf, Fuchs, Vielfraß, Biber, Dachs vertreten. Wie unzuverlässig aber diese Funde alle noch sind, mag man daraus entnehmen, daß ein Forscher wie Steenstrup die Meinung aussprach, es könnten die Hausthierknochen durch Füchse und dergleichen eingeschleppt sein.

Daß ganz besonders das Renuthier fehlt, darf man mit Sicherheit behaupten. — Von Culturpflanzen haben wir noch geringere Andeutungen; Flachsfasern sind dann und wann in den Löchern der durchbohrten Perlen gefunden worden.

In ihrer Eigenschaft als Gräber haben die Alterthümer, deren Betrachtung wir uns in diesem Abschnitte vorgesetzt haben, eine große Menge menschlicher Skeletreste ergeben und man hat lange gemeint, daß aus deren Sammlung und Vergleichung sehr bald ein helles Licht auf die Völkerkunde Alteuropas ausgehen müsse. Dieser Glaube war Täuschung. Die Unterschiede der Gräberknochen und besonders der in erster Linie in Betracht kommenden Schädel von denen der heute in Europa wohnenden Völker sind nicht derart, daß wir aus ihnen ohne Weiteres ein bestimmt charakterisirtes oder gar ein einheitliches Volk zu reconstruiren vermöchten. Sie deuten, soweit man sie kennt, darauf hin, daß die alten „Dolmenbauer" mit den heutigen Europäern in einem innigen Ahnenverhältniß stehen und daß, wenn auch Massen neuer Elemente in unsere Völker aufgenommen worden, doch die alten, von Urzeiten her vorhandenen nicht geschwunden sind. Es ist dieß das gleiche Resultat, das die mit so großen, ganz anderen Erwartungen betrachteten Pfahlbauschädel gebracht haben. Von einer „finnischen" Urbevölkerung Europas, von welcher französische Forscher so gern phantasiren, kann auch angesichts der Gräberfunde

Ihre Beziehungen zu den heutigen Europäern.

durchaus keine Rede mehr sein. Die einzige genügend breite und eingehende Untersuchung einer natürlichen Gruppe von Gräberschädeln verdanken wir bis jetzt Virchow, der zum Schlusse kommt, daß die Schädel steinzeitlicher Hügelgräber Dänemarks viel weniger denen der Lappen, Esthen oder Finnen, als denen der heutigen Bewohner beider Länder zu vergleichen sind. Zu ähnlichen Schlüssen kamen englische Schädelkundige.

Handelt es sich darum, diesen, wie wir gesehen haben, so reichen und mannigfaltigen Resten ihre Stelle im Verlauf der vorgeschichtlichen Entwickelung europäischer Bevölkerungen nachzuweisen, so kann auch hier wieder, wie in unserem ganzen Gebiete von absoluter Zeitbestimmung, wiewohl sie versucht worden ist, keine ernstliche Rede sein, sondern es kann sich nur um ein früher oder gleichzeitig oder später mit Bezug auf die übrigen zu unserer Zeit herabgelangten Reste der Vorzeit handeln. Hier aber ist die Auswahl wiederum keine große, denn die Beschaffenheit aller Reste läßt eine Uebereinstimmung mit den entsprechenden Pfahlbaualterthümern erkennen, welche zur Annahme drängt, daß die beiden Gruppen vorgeschichtlicher Reste nur verschiedene Seiten einer gleichzeitigen und wohl auch durch Verkehrsbeziehungen, vielleicht selbst durch Stammverwandtschaften in sich zusammenhängenden Culturentwickelung darstellen.

Diese Verknüpfung wird, soweit wir heute sehen können, durch keine einzige klare Thatsache widerlegt, bedarf aber allerdings zu ihrer näheren Begründung einer ausgedehnteren Kenntniß der Hügelgräberfunde, als wir sie gegenwärtig besitzen und wie wir oben hervorhoben, wird besonders die Untersuchung der menschlichen und thierischen Skeletreste sowie der etwaigen Pflanzentheile aus den Felsen- und Hügelgräbern zur Vervollständigung der Parallele nothwendig sein.

Schon mehr dem Hypothesengebiete zu steht dann die Meinung, daß wenigstens die nordischen Hügelgräber gleichzeitig und auf dasselbe Volk zurückzuführen seien wie die Muschelhaufen oder Küchenabfälle. Um diese Meinung nur zu begründen, ist es nothwendig, die Lücke zwischen dem roheren Zustand der Geräthe in den letzteren und der fast durchaus viel vollendeteren Bearbeitung derselben in den ersteren durch die Annahme zu überbrücken, daß jene die Reste der niedrigeren, diese der höheren Schichten eines gleichzeitig die betreffenden Länder bewohnenden Volkes darstellen. Diese Annahme ist aber willkürlich und so ist einstweilen dieser Versuch einer Parallelisirung beider Arten von Alterthümern nur als Symptom des leicht zu begreifenden Triebes nach verknüpfender Betrachtung der zerstreuten Trümmer zu erwähnen.

Vollkommen ins Gebiet der Phantasiegebilde gehören aber die Geschichten, die man uns von sogenannten „Dolmenvölkern" erzählt. Die Sitte des Begrabens in Steinkammern soll diesen zu Folge einem Volke eigen gewesen sein, das, von Norden nach Süden wandernd, die Dolmen des Nordens, Westens und Südens unseres Erdtheiles, sowie diejenigen Nordafrika's, nach einigen selbst die im Allgemeinen ähnlichen Grab- und Denkmäler West- und Südasiens errichtet haben soll. Der Grund dieser auf dem heutigen Stand der vorgeschichtlichen

Forschung doch etwas gar zu kühnen Construktion (die übrigens auch schon in umgekehrter, das heißt südnördlicher und weſtöſtlicher Richtung zur Anwendung gelangt ist) liegt zunächſt in Nachwirkungen der Annahme, die in Frankreich so lange herrschte, daß die Kelten die Erbauer der Dolmen, das eigentliche „Dolmenvolk" gewesen seien, ferner in der längſt als unrichtig erkannten Meinung, daß die nordiſchen Gräber dieser Art faſt nur Steingeräth enthielten und daß erſt nach Süden und Westen hin allmählich das Erz einbringe. Es wurden dann blonde, hellfarbige Elemente unter den Berbern in Anspruch genommen, um die Wanderung plauſibel zu machen. Neuerdings sind auch Stimmen laut geworden, welche für die über Osteuropa in so reicher Fülle zerstreuten Hügelgräber eine Errichtung durch die Gothen vermuthen und dazu, um die intereſſanteſten und reichſten dieser Denkmäler, die südruſſiſchen unter denſelben Hut bringen zu können, ruhig die Skythen zu Gothen stempeln und die herrlichen Werke griechiſcher Künſtler in den Skythengräbern für Arbeiten der Gothen erklären. Der geehrte Leser wird aber aus allem, was im Vorstehenden von Felsen und Hügelgräbern gesagt ist, bereits die Ansicht gewonnen haben, daß erstens die Idee, die solcher Begräbnißweise zu Grunde liegt, eine sehr einfache iſt, welche bei den verschiedenſten Völkern zu von einander unabhängigen und doch im Grunde ähnlichen Gestaltungen führen mußte und thatſächlich auch geführt hat, daß ferner die Verschiedenheiten der betreffenden Denk- und Grabmäler doch wieder nicht so gering sind, daß man sie ohne Weiteres als eine einzige, in sich zusammen=

hängende Aeußerung vorgeschichtlicher Entwickelung betrachten könnte.

Mehr an Thatsächliches sich anschließend scheint die
Eintheilung der alten Hügelgräber nach dem Gesammt-
charakter ihres Inhalts und Aufbau's, wie nordische
Alterthümler sie vorschlagen; da würde England, Frankreich und Belgien eine Culturgruppe für sich bilden,
ebenso der deutsche und skandinavische Norden, an den sich
wohl noch Ostdeutschland bis Mähren hinein anschließt.
Provisorisch ist allerdings auch das, denn darüber kann
man sich nicht täuschen, daß uns derzeit die genügend
eingehenden Untersuchungen und Berichte fehlen, wie sie
nothwendig jedem weiter gehenden Schluß zu Grunde
liegen müssen.

Viel bedeutsamer sind aber sicherlich die schon ein-
gangs erwähnten geschichtlichen Nachrichten, die wir über
die Errichtung von Hügeln über der Asche der Verstorbenen
oder auch nur über der Stätte der Leichenverbrennung
von verschiedenen Völkern und, was Aufmerksamkeit verdient, selbst noch über die Russen des zehnten Jahrhunderts
aus arabischen Quellen besitzen. Besonders schön spricht
sich aber in der Poesie der tiefere Sinn aus mit dem
diese Sitte der Grabhügelerrichtung im Gemüth der helden-
haften Alten wurzelte, so wenn in einem altnordischen
Heldenliede Beowulf spricht:

Einen Hügel heißt mir die Helden erbauen,
Ueber dem Bühel blinken an der Brandungsklippe,
Der, mir zum Gedächtnißmahl, sich meinem Volke
  Hoch erhebe über. Hronesnäß,

Daß die Seefahrenden ihn schauend heißen,
Beowulfs Burg, wenn sie die schäumenden Barken
Ueber der Fluten Nebel fernhin steuern.

Zu solchen Nachrichten stimmen die Annäherungen an die geschichtliche Zeit, welche sich in Hügelgräbern der Erzstufe da und dort ankündigen und beiderlei Ueberlieferungen lehren, daß die Sitten und Anschauungen, die dieser Begräbnißweise zu Grunde liegen, uns weniger ferne liegen, als man nach der seltsamen Großartigkeit mancher derselben zu glauben geneigt war. So scheint es, daß Hügelgräber der Erzstufe in Ostdeutschland den dortigen Vorgängern der Deutschen, den Wenden zuzuschreiben sind, so sieht man noch jetzt in Dänemark Hügelgräber, von denen uns die Ueberlieferung selbst das Jahr des Aufbau's bewahrt hat, so lehren uns die Geschichtsforscher, daß auch Griechen, Germanen, Etrusker Hügelgräber errichteten. Und so treten wir wie bei den Pfahlbauten am Ende einer fremdartig beginnenden Reihe vorgeschichtlicher Alterthümer wieder hart an die Schwelle der Geschichte hin, ohne freilich auch hier den schwachen Faden, dem wir folgten, mit Sicherheit in das festere Gewebe der Geschichte anders als stellenweise und unsicher verfolgen zu können.

Siebenter Abschnitt.
Rückblick auf die Erzstufe. — Auftreten des Eisens. — Schluß.

Daß es einst eine Zeit gegeben, in welcher an Stelle des Eisens und des Silbers, des „πολύκμητος", das Erz die hochwichtige Aufgabe hatte, den Stoff zu den metallenen Waffen der schlachtenfrohen Alten, zum Schmuck ihrer viel umkämpften Frauen und zu den köstlicheren unter ihren Hausgeräthen zu liefern, ist eine Thatsache, welche ihren Schein, wenn auch aus ferner, überlieferungsarmer Zeit her, noch erkennbar bis auf die geschichtlichen Jahrhunderte herabsendete, in denen Dichter und Denker die Gesänge und die Gedanken ihrer Zeit in Werken niederlegten, die uns überliefert sind. Deutlicher hat dieß freilich keiner gethan als Lucretius, der in seinem Lehrgedicht folgende Verse hat:

Arma antiqua manus, ungues, dentesque fuerunt,
Et lapides et item sylvarum fragmina rami,
Posterius ferri vis est, aerisque reperta,
Sed prior aeris erat, quam ferri cognitus usus.

(V. 1282).

Zeugnisse der Alten für die Erzstufe.

aber auch Hesiodos singt:

τοῖς δ'ἦν χάλκεα μὲν τεύχεα, χάλκεοι δέ τε οἶκοι,
χάλκῳ δ'εἰργάζοντο μέλας δ'οὐκ ἔσκε σίδηρος

und in der Ilias und Odyssee finden wir wenigstens des Erzes viel häufiger erwähnt als des Eisens, denn Waffen und mancherlei Geräth waren aus jenem bereitet. In den alten Schriften, welche zu den fünf mosaischen Büchern zusammengefaßt sind, wird mit Ausnahme des Deuteronomion, Erz achtundbreißig=, Eisen nur viermal genannt.

Allein das sind doch nur Nachklänge, denn das, was man Erzstufe nennt, war zu dieser Zeit wenigstens in Griechenland schon weit in der Vergangenheit. Die Geschichte kann uns überhaupt wohl einige Andeutungen von dieser Culturstufe geben, aber um ein möglichst unverfälschtes Bild derselben zu gewinnen, müssen wir immer wieder auf die Reste selbst zurückgehen, die klarer, wenn auch wortkarger reden als viele Zeugnisse der alten Geschichte.

Wir wollen nun über die im Vorgehenden zerstreut besprochenen Erzsachen einen vergleichenden Ueberblick halten, um ihre Culturbedeutung und dann ihren Uebergang zur Stufe des Eisens und in aller Kürze die zwischen beiden liegenden Zwischenstufen zu erkennen.

Durch den Eintritt des Schwertes und des Dolches in den Kreis der Waffen und durch die häufigere Anwendung des jetzt sehr wirksamen Speeres verliert mit dem Beginn der Erzstufe das Beil die beherrschende

Stellung, die es von allem Anfang an und unter mancherlei Form vor allen anderen Steingeräthen eingenommen; die schärferen Schneiden und Spitzen der Erzwaffen gewinnen es nun über die Wuchtigkeit, welche der Hauptcharakter auch der geschliffenen Steinbeile immer blieb, und es wird daher mit dem Erscheinen des Metalls ein Wechsel der Kampfweise eingetreten sein, wie ihn später erst wieder das Schießpulver, freilich aber viel umwälzender, bewirken konnte. Bedenkt man, daß die zwei wichtigsten Waffen der Erzstufe, Schwert und Speer, nun bis in die Zeit der Ausbildung der modernen Kriegskunst unter nicht wesentlichen Formwechseln die Hauptwaffen der Menschen blieben, daß die Alten des Ostens und der classischen Welt, unsere eigenen Ahnen und die von Ost und Süd in unsere Culturkreise hereinschwärmenden Wüstenvölker der Araber und Hunnen mit diesen Waffen kämpften und bekämpft wurden, daß das Schwert selbst heute noch nicht gegenüber den Feuerwaffen seine Bedeutung verloren hat, und erwägen wir auch, welcher Ausbildung nun die neuen Kampfweisen auf Grund dieser Waffen fähig gewesen sind — schon dieser Blick auf die Waffen lehrt: wir stehen da im Beginn der Erzstufe an einem höchst bedeutsamen Abschnitte der Urgeschichte, man kann sagen an dem allerbedeutsamsten. Was wir oben im Hinblick auf die Gesammtkultur der Erzstufe sagten, findet ganz besonders auch für die Waffen Geltung.

Zwar dienen sie Trieben, die am unveränderlichsten sich im Menschen erhalten haben von der uralten Höhlenbewohnung bis auf unsere helleren Tage; der Mensch steht im Kampfe der Wildheit und Thierheit näher als

in irgend einer anderen Handlung, aber er hat auch den
Kampf geistig arbeitend verfeinert und, da er nun einmal
ein unvermeidliches Ding, ihn dadurch soweit gemildert
als irgend möglich. Der Zweikampf eines Hektor und
Patroklus bleibt freilich ein wildes, halb thierisches Thun,
aber wie weit steht er über den Zahn= und Faustkämpfen,
in die die Steinmenschen mit ihren kurztragenden Waffen
sich stürzen mußten! Die Keime dieser Vermenschlichung
eines thierischen Thuns gehen nun aber hier am Beginn
der Erzstufe zum ersten Male sichtbar auf.

Die einfachsten Erzbeile, wie die Fig. 84 eines dar=
stellt, lehnen sich in ihrer Form scheinbar an die undurch=
bohrten Steinbeile an, welche zum Beispiel in den Pfahl=
bauten so häufig gefunden werden, aber es mag wohl
sein, daß diese Anlehnung, welche oft behauptet worden
ist, doch nur dem Augenscheine nach besteht, nicht aber
auf einer thatsächlichen Nachahmung beruht; es hätte in
der That ja viel näher gelegen, die fortgeschritteneren
Formen des Steinbeils, wie die jüngste Steinstufe be=
sonders in den sehr schön geglätteten und durchbohrten
Beilen der nordischen Felsengräber sie zeigt, in Erz nach=
zubilden, als die viel roheren Formen, deren reichliches
Vorkommen uns ja gerade in vielen Pfahlbauten
Stätten ärmlicher, zurückgebliebener Zustände anzudeuten
schien. Und dann ist doch auch dieser einfache am breiteren
Ende zugeschärfte Keil, den solche Erzbeile darstellen, eine
so ursprüngliche Form, daß man nicht gerade an Nach=
ahmung der Steinwaffen zu denken braucht, um es er=
klärlich zu finden, wie erzgießende Menschen auf sie, die
auf der Steinstufe aller Völker eine so große Rolle ge=

Früheste Formen der Erzbeile.

Fig. 84.

spielt hatte, neuerdings verfallen konnten; sie war eben auch am leichtesten zu gießen.

Würden die zusammengesetzteren Formen der Erzbeile eine Nachahmung der besseren Steinbeile zeigen, so wäre jene Annahme nicht unwahrscheinlich, aber so ist eben erstaunlicher Weise gerade das Hauptmerkmal der besten und gegen Ende häufigen Steinbeile, die schöne, aber gewiß mühsame Durchbohrung, welche jetzt so leicht im Guß herzustellen gewesen wäre, beim Erzbeil nur in seltensten Fällen zu finden und treten dafür ganz neue Einrichtungen an demselben auf, welche gleich der Durchbohrung der Befestigung eines Griffes dienen sollen, dieß aber in einer so viel weniger einfachen Weise thun, daß man schon aus diesem Unterschiede — und mancher=

orts liegen ja solche Erzbeile mit durchbohrten Steinbeilen offenbar aus gleicher Zeit an gleichen Fundstätten — für beide ganz verschiedene Quellen annehmen möchte, in der Weise etwa, daß man in den Erzbeilen eingeführte Erzeugnisse einer fremden Industrie, in den steinernen hingegen das Produkt alteinheimischer Kunstfertigkeit sehen würde. Es wird aber auf diese Frage noch zurückzukommen sein.

Den ersten Schritt über die Gestalt des unburchbohrten Steinbeiles hinaus erreichten die Erzgießer, indem sie die ganze Waffe schlanker, die schneidende Kante aber breiter und zugeschärfter herstellten, wodurch ein Beil entstand, wie Fig. 84 es darstellt: schmaler, fast stielförmiger Körper bei sehr breiter Schneibe. Diese Form erhält sich auf der Erzstufe vom Anfang bis zu Ende und Abwandlungen erleidet sie wesentlich nur durch reichlichen Punkt- und Linienzierath, denen ihre glatten Seiten Fläche genug boten.

Viel eigenthümlicher und bezeichnender sind aber jene Erzbeile, welche man Paalstäbe oder Paalstave nennt. Mit ihnen kommt eine ganz neue Befestigungsweise der Handhabe auf, welche in Fig. 85 dargestellt ist, benn es ist nun das Beil auf den beiden zur Schärfung hinlaufenden Seiten vertieft, während die beiden anderen schmalen Wände über diese sich erheben, so daß eine Form entsteht, beren Typus Fig. 86 barstellt. Die Befestigung geschah bann so, daß die Handhabe am oberen Ende rechtwinklig umgebogen und mit einem Spalt versehen wurde, in welchen die Art wie zwischen Gabelzinken eingefügt warb; die beiden Zinken der Handhabe legten sich aber

272　Paalstäbe.

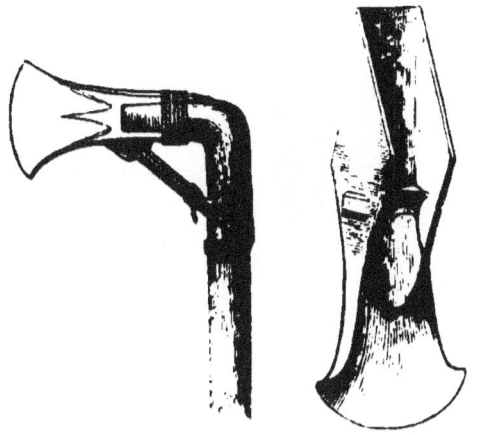

Fig. 85.　　Fig. 86.
Erzbeile (Celte, Paalstäbe) aus Irland.

natürlich in die Aushöhlungen der beiden Seiten des Beiles, das dann entweder durch einfaches Umwinden mit Schnüren oder dadurch festgehalten ward, daß an seiner unteren Schmalseite eine Oese angegossen war, durch welche eine zweite Schnur gezogen und um den Handgriff gewunden wurde; gehörig angezogen, hielt diese das Beil in der Gabel und den Griff in seiner rechtwinkeligen Biegung fest.*)

---

*) Anstatt der beiderseitigen Aushöhlung und Randaufbiegung findet sich auch sehr häufig die Aushöhlung nur auf der einen Seite, wo dann die Aufbiegung der Ränder („Ohren") stärker wird (Vergl. Fig. 59, S. 177). Selten ist es, daß die Ohren in der Ebene der Schneide aufgebogen sind; man kennt derartige Formen vereinzelt aus skandinavischen und deutschen Gräbern und aus Pfahlbauten, aber die große Masse der Erzbeile zeigt die Ränder senkrecht zur Schneide aufgebogen.

Befestigung und Verzierung derselben. 273

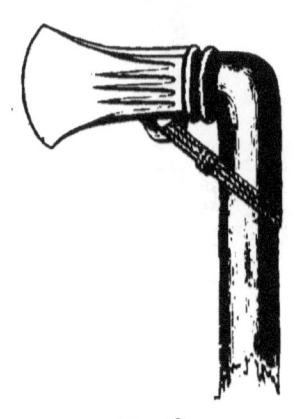

Fig. 87.

Es ist eine Vereinfachung und wahrscheinlich auch eine Verbesserung dieser Paalstab= formen diejenige, welche in Fig. 87 zu sehen ist, denn es tritt an die Stelle der Aushöhlung der Seiten nun eine innere Höhle, die von dem der Schneide entgegen= gesetzten Ende des Beiles in dessen Inneres geht und zur Aufnahme des Stieles be= stimmt ist; die Oese an der unteren Schmalseite fehlt bei dieser Form niemals. Im Ganzen wird dieses Beil (dem man oft den Namen „Celt" im engeren Sinne beilegt, wiewohl derselbe ursprünglich eigentlich alle Erz= beile bezeichnete) stärker gewesen und besser im Griff ge= sessen sein als der Paalstab.

Eine schlanke, aber breitschneidige Form mit geringer Aushöhlung und Randaufbiegung macht den Uebergang zum Meisel und wird wohl auch in der Art dieses ge= braucht worden sein; man hat sie Beilmesser und Beil= meisel genannt; die letztere Benennung ist treffend.

Die Verzierungen der Erzbeile sind im Allgemeinen, wenn überhaupt vorhanden, was der seltenere Fall, sehr einfach; solche, die reich verziert sind, muß man schon als Prunkstücke betrachten, denn mit der Benützung, die sie fanden, ist viel Zierath nicht wohl vereinbar. Ueber die paar Linien, die der geehrte Leser an Fig. 85 und 87 sieht, geht der Schmuck hier selten hinaus und von ihnen kehrt dann die einfache Gruppe erhabener Linien, welche in Fig. 87 zu sehen ist, am allerhäufigsten wieder.

Die Schwerter sind durchgängig lang und breit, zweischneidig und spitz und haben häufiger parallele als zu langer Lanzettform ausgeschweifte Ränder. Die Griffe sind entweder am Stück vollständig ausgearbeitet oder aber mehr einfache, dünne Stiele, die dann mit Elfenbein, Bein, Holz und dergleichen umlegt wurden; Körbe zum Handschutz sind nie vorhanden; selten ist es, daß die Klinge vom Griff gesondert ist, wo sie dann am oberen Ende Löcher trägt, die zur Befestigung des Griffes dienten. Im Allgemeinen sind die Griffe der Erzschwerter sehr kurz,*) so daß sie schwer mit Händen von der Größe der unseren geschwungen worden sein können, während doch die Leichen, denen sie in die Gräber mitgegeben wurden, deren Eigenthum sie demnach gewesen sein werden, keine Anzeichen einer erheblich geringeren Körpergröße erkennen lassen. Wir werden bei der Besprechung der Theorien, welche über die Erzstufe aufgestellt worden, dieser vielbesprochenen Eigenthümlichkeit näher gedenken, da man sie den Speculationen über die Bevölkerung Alteuropa's auch theilweise zu Grunde gelegt hat.**)

---

*) So mißt der des in Fig. 61 dargestellten Schwertes aus den Neuenburger Pfahlbauten sieben Centimeter.

**) Es ist sogar schon — zwar früher häufiger als jetzt — die Meinung verbreitet worden, daß die Erzschwerter römischen Ursprungs seien, aber es wird kaum nöthig sein, diese Annahme zu widerlegen, wenn sich der geehrte Leser nur daran erinnern will, wie die römischen Krieger nur das „ferrum"

Nach den Schwertern kommen die Dolche, aber jene gehen durch mancherlei kurzklingige Mittelformen allmählich in diese über, so daß eigentlich eine strenge Grenze zwischen beiden nicht zu ziehen ist; daß ihre Griffe im Verhältniß zur Klinge stärker sind, als bei den Schwertern, ist ganz natürlich. Erwähnenswerth ist nur, daß vom Griff gesonderte, am oberen (Einsatz=) Ende durchbohrte Klingen öfters von Dolchen als von Schwertern gefunden werden. Fig. 88 stellt einen irländischen Erzdolch vor, der dem Geschmack und Geschick der alten Erzgießer ganz besondere Ehre macht.

Speerklingen und Pfeilspitzen sind auch nicht selten, aber die ersteren sind besonders häufig, während an Stelle der letzteren noch lange hin mit Nutzen Stein (Feuerstein, Krystall) oder Bein verwandt wurde. Auch erfuhren die Formen der Pfeilspitzen keine so gründliche Umwandelung wie etwa die der Beile oder der Speerklingen, sondern es wurden aus Erz öfters Pfeilspitzen

---

trugen; wie unrömisch die Verzierungen der Erzschwerter, wie sie am häufigsten in Ländern wie Dänemark und Irland gefunden werden, die höchstens flüchtig, vielleicht aber auch gar nicht von Römern betreten wurden, wie das römische Erz endlich auch durch seinen Bleigehalt schon sich von dem vorgeschichtlichen unterscheidet. Etwas anderes ist es, wenn man auf Grund der oben zusammengestellten Thatsachen sich der Annahme zuwendet, daß nichtrömische Völker selbst noch zur Zeit, in welche die dort genannten Münzen fallen, Erzwaffen getragen haben; liegt, was kaum zu erwarten, kein Beobachtungsfehler vor, so kann man diesem Schlusse nichts entgegenstellen.

Fig. 88.

gegossen, die ganz die alte Form der aus Feuerstein oder Krystall geschlagenen besitzen. Erzene Pfeilspitzen mit innerer Aushöhlung ähnlich der der Speerklingen sind selten. Die Befestigungsweise der Speerklingen in ihrem Schaft beruht meist auf demselben Princip wie die des innen ausgehöhlten Erzbeils; es wurde der Schaft in diese Höhle gesteckt und dann mit Schnüren, die meist durch Oesen am Grund der Klinge gezogen wurden, die Verbindungsstelle umwunden. Bemerkenswerth ist die bedeutende Länge, welche die Speerklingen manchmal erreichen und die von einem Zoll bis zu mehr als zwei Fuß betragen kann. Die in Fig. 89 und 90 abgebildeten Formen geben wohl auch ohne weitere Beschreibung eine hinreichend deutliche Vorstellung vom Wesen dieser Waffe, an dem spätere Zeiten nicht mehr viel geändert haben.

Erzmesser verschiedener Gestalt sind gleichfalls keine seltenen Dinge; mannigfaltig wechselnd in Größe und Zierath behalten sie doch einige Hauptformen unter den verschiedensten Abwandlungen bei, so zum Beispiel die Ausbiegung gegen den Rücken zu, wie Fig. 68 und 69 sie zeigt, so die Form, welche man als Rasirmesser bezeichnet (Fig. 91); häufiger als die eigentlichen Kriegswaffen

Erzmesser.

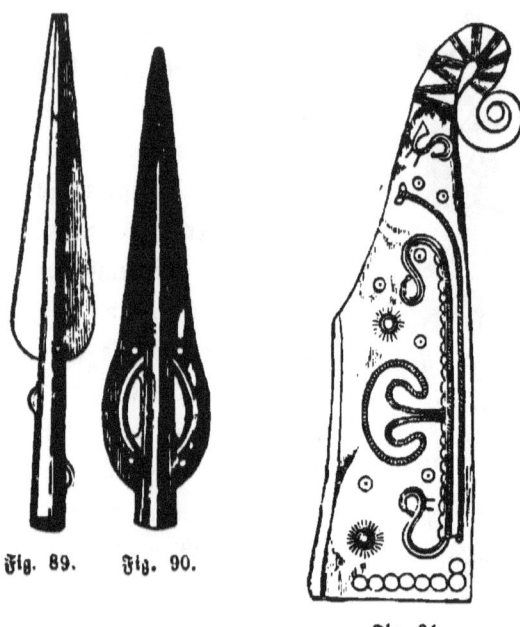

Fig. 89.   Fig. 90.

Fig. 91.

tragen diese Messer reiche Verzierungen, theils auf der Klinge eingegraben, theils im Griff und man wird kaum fehlgehen, wenn man in manchen derart ausgezeichneten etwas mehr als ein einfaches Werkzeug des täglichen Gebrauches sieht, zumal Messer bei manchen gottesdienstlichen Gebräuchen, beim Opfern, bei der Beschneidung und dergleichen eine Rolle spielen.

Den Waffen reiht als Kriegs- und Jagdgeräth sich noch die Trompete an, welche man als tyrrhenische (etruskische) Erfindung betrachtet; man fand sie im Norden meistens halbkreisförmig gebogen und mehrfach mit Schallblechen am Mundstück.

Ueber die Sicheln und Angelhaken ist nichts weiteres zu berichten als was das Bild (Fig. 70) sagt.

Unter den Schmucksachen ragen die Arm- und Fußbänder durch Mannigfaltigkeit der Formen und Verzierungen hervor; manchmal sind es freilich nur Ringe oder Spiralen aus Erzblech, aber häufig nehmen sie einen Aufschwung zu Schönheit und Reichthum, der alles andere, was sie uns hinterlassen haben, weit übertrifft. Es sind aber diese Dinge begreiflicher Weise schwer zu beschreiben, doch wird der geehrte Leser aus den nebenstehenden Abbildungen (Fig. 92, 93) zur Genüge ersehen, wie schon diese alten, im Uebrigen vielfach beschränkten Menschen unzweifelhaft das Beste, was sie leisteten, an ihre Weiber hingen — diese Schmuckbänder sind nämlich allgemein von so geringer Weite, daß es scheint, als seien sie zu allermeist schon im Guß nur für Mädchenarme bestimmt worden — und wenn man sieht, wie aus den älteren Bärenzahnketten und Knochenringen und höchst einfachen Beinnadeln solche erfreuliche Kunstsachen sich verhältnißmäßig früh herausläuterten, lernt man in der Liebe des Mannes zum Weibe (die freilich in solchen Stufen sich ziemlich auf die Verehrung der Jünglinge für die Mädchen zurückzieht) eine kaum kleinere Culturkraft schätzen als etwa im Walten des Weibes am Herd und auf dem Felde. Am zahlreichsten mögen unter den Schmucksachen wohl die Nadeln sein, die bis zur unglaublichen Länge von nahezu drei Fuß in Pfahlbauten gefunden sind; wenn lang, werden sie wohl wie noch heute zum Haarschmuck gedient haben, wenn kurz, mag man eher Kleidernadeln in ihnen sehen, denn eigentliche

Schmucksachen. 279

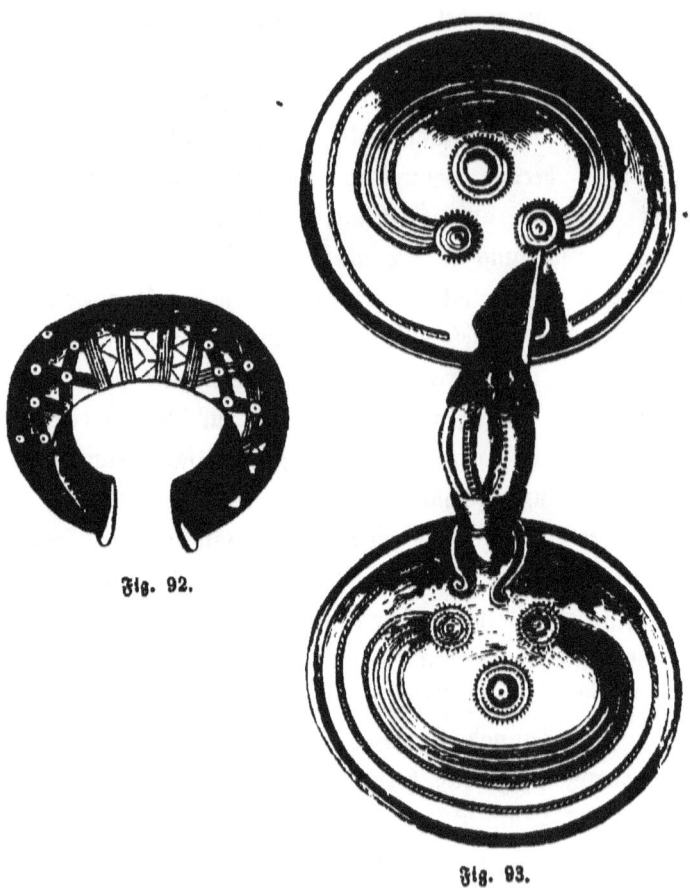

Fig. 92.

Fig. 93.

Heftnabeln (Broschen) sind auf der Erzstufe selten und treten erst auf der des Eisens mehr hervor. Die Näh=
nabeln wurden aber über dem Schmuck nicht ganz ver=
gessen, wie Fig. 94—96 zeigt; gar Knöpfe, nicht un=
ähnlich den Schmuckknöpfen, die unsere jüngeren Herren
an ihren Hemden aus den Aermeln schauen lassen (Fig. 97)

280 Nadeln, Glasgeschmeide.

Fig. 94. 95. 96.

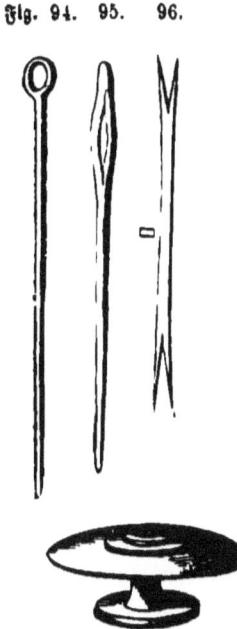

Fig. 97.

kennt man sowohl aus schweizerischen Pfahlbauten als aus skandinavischen Felsengräbern. Hier sei nun nur noch gesagt, daß besonders auch Glas und Bernstein, seltener auch die einheimischen Halbedelsteine wie Jaspis, Agat und ähnliche in Gestalt vielformiger Perlen eine große Rolle in ihren Schmuckkästchen spielten; während sie aber Glas genug am Halse trugen, besaßen sie gläserne Gefäße, soweit uns bis heute bekannt ist, nicht und glichen hierin ganz den Wilden unserer eigenen Zeit, die Glas ebenfalls nur als Geschmeide kennen.

Daß Gußformen und Gußstätten in Nord- und Mitteleuropa gefunden sind, wurde früher erwähnt, beweist aber noch nicht, daß unsere Vorfahren die Metallverarbeitung erfunden, sondern zunächst nur, daß sie dieselbe geübt haben. Zahlreiche Gründe sprechen, wie wir sehen werden, dafür, daß die ersten Metallgeräthe aus dem Süden, und zwar am wahrscheinlichsten durch Etrusker eingeführt und erst nachträglich dann von den damals noch wilderen Eingeborenen des Nordens allmählich nachgemacht wurden.

Wie wurde die Erzbereitung erfunden?

Die Frage ist schon oft aufgeworfen worden: wie wird die Bereitung des Erzes erfunden worden sein? Lubbock zum Beispiel vermuthet, es möchten Zinnerze, wenn zufälliger Weise der Vorrath der Kupfererze unzureichend war, diesen bei der Schmelzung zugefügt worden und so diese später zu so hoher Bedeutung gelangte Legirung zuerst gefunden worden sein. Es ist aber natürlich müßig, sich hier solchen Gedankenspielen hinzugeben und wir können, nachdem das Kupfer sowohl gediegen vorkommt als auch in seinen farbigen Erzen eines der auffallendsten Metalle ist, nachdem nachgewiesen ist, daß es bei vielen Völkern das einzige Nutzmetall, bei anderen wenigstens das häufigst benützte war,*) mit einiger Wahrscheinlichkeit darauf schließen, daß da, wo das Erz nicht wie bei uns nur einzuführen, sondern erst zu erfinden war, das Kupfer eine bedeutende Rolle gespielt haben wird, ehe man das Zinn und den Nutzen seiner Legirung kennen lernte.

Das ist gewiß, daß die Durchforschung der vorgeschichtlichen Alterthümer uns mit der Zeit, wenn auch nur bruchstückweis lehren muß, wie die Kenntniß der verschiedenen Metalle, nicht bloß des Erzes und des Eisens, sondern auch des Goldes, des Silbers, des Kupfers, des Zinns, des Bleis in den verschiedenen Ländern, zunächst unseres europäischen Erdtheiles aufeinanderfolgte. Man liest und hört jetzt da und dort,

---

*) Wir erfahren soeben, daß Schliemann bei seinen trojanischen Ausgrabungen auch kupferne Waffenstücke in ziemlicher Anzahl fand.

es werde wohl das Gold dasjenige Metall gewesen sein, welches zuerst zu allgemeinerer Kenntniß der Menschen gelangt sei, weil es im Sande so vieler Flüsse gediegen vorkomme und durch seine schönen Eigenschaften hervorsteche; aber wenn man bedenkt, wie sehr spärlich sein Vorkommen in den europäischen Flüssen, wie undankbar und schwierig seine Gewinnung durch Waschen ist, so wird man dieser Ansicht nicht eben eine bedeutende allgemeine Wahrscheinlichkeit zusprechen können; es ist gewiß für Jeden, der etwa im Rhein einmal Gold hat waschen sehen, kein Zweifel möglich, daß solches Vorkommen erst ausgebeutet werden konnte, als das Gold von anderen Orten her bekannt geworden war, denn man muß es schon scharf suchen, um es in unseren Flußsanden zu finden und man muß es bereits kennen, ehe man es suchen kann. — Anders liegt die Sache allerdings in jenen Gegenden, welche reiche Lager gediegenen Goldes aufweisen, dort konnte es allerdings nicht übersehen werden, wie man denn wohl als eine allgemeine Regel aussprechen darf, daß jedes Metall immer am frühesten da zur Kenntniß von Menschen gelangt sein wird, wo es in gediegenem Zustande und einigermaßen massig auftritt. In dieser Weise wird aber wohl Kupfer früher oder gewiß nicht später bekannt geworden sein als Gold, dessen Vorkommen in gewissen europäischen Fundstätten, die noch der Stufe der ausgestorbenen Thiere angehören, bis jetzt doch noch ein zu unsicheres Ding ist, um die Frage entscheiden zu können. Jedenfalls ist es das Kupfer, das unter allen Metallen am ersten für den Gebrauch des Menschen große Bedeutung gewann und als das Meteoreisen noch häufi=

ger auf Erden umherlag als heute, mag auch es, vielleicht
noch v o r der Eisenstufe, vielfach benützt worden sein.
Die Steinmenschen, die so manches vortreffliche Waffen=
material in den Felsklüften und Geröllhaufen erspähten,
gingen an solchen Funden sicherlich nicht vorüber und
schätzten sie hoch, wo sie ihnen begegneten.

In dieser Richtung ist auch jene Stelle im dreiund=
zwanzigsten Gesang der Ilias, wo von den Kampfspiel=
preisen die Rede, vielfach erörtert worden. Achilles setzt
da als Preis ein Stück Eisen „σόλον αὐτοχόωνον"
(„roh, selbstgeschmolzen" also wohl gediegen) aus, so schwer
zwar nur, daß ein starker Mann es ziemlich weithin
werfen konnte, aber doch bei der damaligen Seltenheit
dieses Metalles genug, um einen Mann fünf Jahre mit
Eisengeräth zu versorgen. In einem Briefe Sir John
Herschels, den Haidinger der Wiener anthropologischen
Gesellschaft (Aprilsitzung 1870) mittheilt, wird dieser
achilleische Eisenklumpen (Achilles hatte ihn als Beute
aus dem Palaste des Eetion weggebracht) als Meteoreisen
gedeutet und zwar um des allerdings auffallenden Bei=
wortes αὐτοχόωνον willen, an dessen Stelle sonst das
Eisen einfach als ἰόεντα σίδηρον „geschmiedetes Eisen"
bezeichnet wird. Herschel sowohl als Haidinger machen
dann darauf aufmerksam, wie häufig in früheren Zeiten
die meteorischen Eisenmassen auf der Erde gelegen haben
müssen, da wir selbst jetzt noch, nach einigen Jahrtausen=
den eifrigen Suchens nach diesem Metall an manchen
Orten so große Massen desselben finden; Herschel erfuhr
während seines Aufenthaltes in der Capcolonie, daß im
südöstlichen Afrika eine Gegend sich finde, die reich an

nickelhaltigem Meteoreisen sei, das nun allmählich von
den Eingebornen aufgebraucht werde; ein gewisser Dr.
Butcher in Washington bot vor einiger Zeit acht Meteor=
eisenmassen aus Nordmerika im Gewicht von zweihundert=
neunzig bis sechshundertvierundfünfzig Pfund zum Ver=
kaufe und von den etwa zwei Centnern Meteoreisen, die
in den vierziger Jahren zu Szlanicza in der Arva ge=
funden wurden, sollen von den Umwohnern nach und
nach an die zweiunddreißig Centner verarbeitet worden
sein, ehe man den Rest für die Wissenschaft retten konnte.

Was sagt aber die vergleichende Sprachforschung
über die Metallkenntniß unserer arischen Ahnen? Nach
Max Müller kannten sie vor dem Auseinandergehen
Gold, Silber und Kupfer, denn die Namen dieser drei
Metalle sind aus dem gemeinsamen arischen Sprachschatze
geschöpft, aber das Eisen müssen sie erst später kennen
gelernt haben. Das Zinn finden wir durch zwei in sich
zusammenhängende Wortgruppen benannt, deren eine auf
das indische, die andere auf das britische Zinngebiet hin=
weist. Andererseits soll das griechische μέταλλον die
Gesammtbezeichnung für Metallisches auf semitische Wur=
zeln führen. Die Namen vieler Edelsteine wurzeln gleich=
falls im Semitischen und scheinen also anzudeuten, daß
phönicischer Handel sie aus Indien gebracht.

Was zwei Hauptstoffe der Legirung, das Kupfer
und das Zinn anbetrifft, so sind die erzenen Waffen und
Geräthe von sehr verschiedener Zusammensetzung. Das
Kupfer herrscht manchmal in einer Weise vor, daß man
die schwache Zinnbeimischung schwer herausmerkt und viele
der „Kupferbeile" und dergleichen in unseren Sammlungen

sind nur aus einem höchst zinnarmen Erz; so sollen von den Erzbeilen des Dubliner Museums dreißig aus fast unlegirtem Kupfer bestehen und da sie auch in ihrer gesammten Gestalt und Arbeit den Stempel des Einfachsten, fast Unvollkommenen tragen, ist man auch im Hinblick auf die Form geneigt, sie an den Beginn der Erzstufe zustellen. Es gibt indessen doch gewisse constante Durchschnittsverhältnisse und läßt sich in dieser Richtung zum Beispiel für griechische und nordische Erzsachen das Verhältniß von neun Theilen Kupfer auf ein Theil Zinn ziemlich allgemein nachweisen, größere Verschiedenheit herrscht in den etruskischen Kupfer=Zinnlegierungen. Der Bleizusatz, den man früher für die Bestimmung der Herkunft des Erzes für wichtig hielt, scheint nach neueren Forschungen sehr allgemein zu sein und auf dem natürlichen Vorkommen gewisser Bleiverbindungen in fast allen Kupfererzen zu beruhen.

Eine Untersuchung, die sich über acht verschiedene Erzgeräthe aus einem einzigen unterfränkischen Grab erstreckte, ergab (nach Bibra) Unterschiede: im Kupfergehalt von 85,77 bis 91,1, im Zinngehalt von 3 bis 10,53, im Zinkgehalt von 0 bis 6,81. Das Material zu diesen verschiedenen Legirungen lag wohl in den Kupfer= und Zinnerzen des Fichtelgebirges nahe, aber wir haben keine Belege dafür, daß die Alten den Erzreichthum desselben kannten. Zu beachten ist aber gerade hinsichtlich des Erzes die Leichtigkeit, mit welcher das Zinn aus seinem Oxyd, als welches es natürlich vorkommt, zu reduciren ist. Im einfachen Kohlenfeuer kann dieß bewerkstelligt werden.

Welches Volk brachte nun das Erz in den großen Massen gleichartig geformter und verzierter Waffen und Geräthe nach Norden, welche wir den Fundstätten entheben? Früher gab es auf diese Frage nur die Antwort: Phönicier; denn diese wurden als das kühnste und thätigste Handelsvolk des vorgriechischen Alterthums angesehen und werden durch soviele Zeugnisse, unter denen Bibel und Homer obenan stehen, auch in der That als solches bewährt, daß es keine allzukühne Annahme schien, ihm auch den Erzhandel nach Norden aufzubürden. Aber dennoch wollen die neueren Forschungen diese scheinbar nächstliegende Annahme nicht bestätigen.

Gegen den phönicischen Ursprung der Erzsachen, wie ihn besonders eifrig Nilsson verficht, selbst auch gegen den nur theilweis phönicischen Ursprung derselben sprechen sich neuerdings immer mehr Stimmen aus. Nilsson hat für seine Anschauungen allerdings manche Anhänger, aber wie es scheint, nicht viel gute Gründe anzuführen. Von Kennern der nordischen Erzstufe wie von Kennern der phönicischen Handels- und Industrieverhältnisse werden seine Aufstellungen gleichmäßig angezweifelt. Wiberg hält ihm entgegen, daß es nachweislich phönicische Erzsachen gar nicht gebe; Renan erklärt die phönicische Kunst als aus Anleihen und Copien von den umwohnenden Völkern, besonders den Assyriern, Persern und Aegyptern zusammengesetzt, also als unselbständig und hebt ihr frühes Abhängigkeitsverhältniß von griechischer Kunstübung hervor; und was Lubbock schon früher hervorhob, daß alle Kenntniß, die wir von phönicischen Zierathen haben, auf keinen „geometrischen" Styl, wie ihn unsere Erzfunde fast ohne irgend eine Ausnahme zeigen, sondern auf Nachbildung natürlicher Dinge schließen lasse, wird durch die Ergebnisse der Renan'schen Expedition bestätigt. Dagegen unterliegt es keinem Zweifel, daß gerade die charakteristischen geometrischen Zierathe der alten Erzsachen sich in den alten griechischen und etruskischen Erzeugnissen wiederfinden und auch für sie bezeichnend sind; die größere Einfachheit und Rohheit der meisten cisalpinen Erzsachen alter Zeit würde sich aber dadurch erklären, daß sie zum Barbarengebrauch in Masse hergestellt wurden. Und auch darüber scheint bei den Kennern der etruskischen Alterthümer kein Zweifel zu herrschen, daß Etrurien in innigen Handelsbeziehungen mit fernen Ländern stand; Gold, Elfenbein, Bernstein, indische Edelsteine (besonders häufig Smaragden), Zinn, Purpur sind so häufig, daß sie durch geregelte Verbindungen eingeführt worden sein müssen. Auch Großgriechenland soll nach der Meinung Kundiger schon nach dem ersten Viertel des Jahrtausends vor Christi Geburt bedeutenden Handel und zwar besonders auch mit Erzsachen getrieben haben.

.

Ueberschauen wir nun noch in Kürze das erste Auftreten des Eisens in den vorgeschichtlichen Funden des nördlichen und mittleren Europa's, so müssen wir vor Allem gestehen, daß auch hier die Entwickelung der Technik, das heißt der Gewinnung und Bearbeitung des Eisens dunkel bleibt, daß wir uns auch nicht klar darüber werden, ob die Eisenstufe in unseren Ländern gleich der des Erzes nur mit der Einfuhr oder auch sofort mit der Gewinnung des neuen Metalles begann. Das muß eine offene Frage bleiben. Was dagegen die Verwendung des Eisens anbelangt, so entspricht es dem Charakter eines kriegerischen Zeitalters, wenn das Aufkommen des Eisens sich zu allererst in seiner Verwendung zu Waffen ausprägt; die Waffen waren eben den Alten das Kostbarste, denn Krieg gegen Menschen und Krieg gegen Thiere wars, was ihr thatenfrohes helles Leben ausfüllte. Würde heut ein neues Metall erzeugt, so käme es gewiß zunächst als Maschinenbestandtheil, als Geräth, als Schmuck und dergleichen zur Verwendung; man hat das ja sehen können, als das Aluminium meteorgleich vor ein paar Jahren auftam. Freilich zeigte es sich dabei doch, daß der ewige Friede auch noch nicht so nahe ist, wie die Erschlaffung und Thatenscheu großer und lauter Volksbruchstücke sich selbst und andere glauben machen will, denn es wurden bald Kürasse und Panzerhemden aus dem leichten Graumetall verfertigt. — Die Schlachtfeldfunde, wie sie in verschiedenen Gegenden oft herrlich, reich und schön gemacht worden sind, zeigen mehrfach, wie das Eisen zu guten und theilweis künstlichen Waffen verarbeitet und allgemein getragen ward, während Geräthe und Schmuck, überhaupt das Unwesentlichere, noch aus Erz besteht. So sind im Schlachtfeld von Tiefenau bei Bern zum Beispiel hundert zweihändige Schwerter und andere Waffen, Gebisse, Wagentheile, Panzerhembbruchtheile gefunden worden — alles aus Eisen, daneben aber Nadeln (Fibulae) und marsiglianische Münzen aus Erz. So waren in jenem reichen Waffenfunde, der im Anfang der sechziger

Jahre im Nydamer Moor in Schleswig-Holstein gemacht wurde, hundert Schwerter, fünfhundert Speere, hundertsechzig Pfeile, dreißig Aexte, achtzig Messer und manches andere aus Eisen, während die Geschmeide aus Erz dabeilagen; so war auch Erzgeschmeide beim Fund eiserner Waffen in der Nähe von Thorsbjerg und es ist von Interesse, daß diese beiden Funde mit einiger Wahrscheinlichkeit in das zweite bis dritte Jahrhundert nach Christi Geburt zu setzen sind; viele ähnliche Fälle ließen sich anführen, welche die Regel bekräftigen, daß gerade wie beim Aufkommen des Erzes (wir betonten es dort, Seite 268) so auch bei dem des Eisens die Waffenanfertigung der Weg war, auf dem das Eisen in den allgemeineren Gebrauch eindrang. Daß aber Erzwaffen und Eisenwaffen so sehr selten beisammen gefunden worden sind, das spricht (worauf gleichfalls schon bei Besprechung der Anfänge der Metallstufe hingewiesen ist) gar nicht dafür, daß beide etwa nur sehr kurz zusammen gebraucht worden wären, sondern es liegt das in der Kärglichkeit dessen, was unserer Zeit überhaupt von Resten jener merkwürdigen Ferne zu finden noch vergönnt ist. Die einfachste Zeitberechnung lehrt, daß es nicht anders sein kann, denn wenn die Uebergangszeiten, wie es sicherlich der Fall gewesen sein wird, auch sehr lange gedauert haben, so verschwinden sie für unseren Rückblick doch fast gänzlich zwischen den Jahrhunderten der Erzstufe, die ihnen vorangingen und denen der Eisenstufe, die ihnen folgten. Aber fast sicher erscheint es, daß der Uebergang vom Erz zum Eisen überall viel, viel kürzer, entschiedener vor sich ging als der vom

Stein zum Erz. Folgende Gründe machen dieß sehr wahrscheinlich: während des gewiß manches Jahrhundert dauernden Gebrauches der Erzwaffen und -geräthe war der Verkehr, war der Reichthum, war die Bevölkerungszahl, waren die Ansprüche an das Leben und vor allem des Mannes an seine Waffen gestiegen — jenes lehren alle Funde, dieß die Erwägung der Triebe, welche im Menschen mit dem Besitz eines Gutes unfehlbar stets den Wunsch nach Besitz eines Besseren erzeugen. Und dann ist der Vorzug, den das Eisen als Waffenmaterial vor dem Erze hat, ein gewaltiger und wenn auch nur der kalte unerbittliche Blick, den ein blankes Schwert aus seinem grauen Auge an den Waffenfrohen hinthut — wenn nur dieser Blick mit dem viel unbedeutenderen Gelb, Grau, Roth, Braun des Erzschwertes verglichen wird, begreift Jeder, der sich einigermaßen in die Sache zu denken vermag, daß der Wunsch nach dem Besitz eines so guten und kräftigen Dinges mächtig auf die Alten wirken mußte. Wieviel Bärenpelze und Ellenhäute und Marderfelle mögen damals die schlauen Hausirkrämer diesen einfachen Waldmenschen für heißersehntes Eisen abgeschwindelt und über den Rhein und die Alpen geschleppt haben? Und wie mochten sie mit Lust den Schmied umstehen und zuschauen und mit ihren nervigen Fäusten wohl auch selber den Hammer auf das starke Metall sausen lassen, daß es bebte und sprühte und die Klinge sich streckte! Gewiß hatte jeder in Kürze ein Eisenschwert, der es nur irgend erschwingen mochte und das Erz trugen dann die Knaben und Knechte, bis sie einem Feind eines abgenommen oder die Last eines kramenden Mannes zur

Strafe für Betrügerei und Ueberlistung menschenfreundlich erleichtert hatten. Es muß gegendenweis eine große Aufregung gewesen sein, als dieses Metall ins Land kam, — Schade nur, daß uns vom Näheren soviel wie gar Nichts bekannt geworden.

Die bedeutendste Fundstätte aus einer Zeit, in welcher Erz und Eisen nebeneinander hergingen — ein seltenes Ding! — ist wohl die Begräbnißstätte, welche Ramsauer in der Nähe von Hallstabt aufgedeckt hat; er öffnete da nach und nach neunhundertachzig Gräber, in denen Menschen bestattet waren, die theilweis an der Ausbeutung der Salzschätze dieser Gegend gearbeitet zu haben scheinen, und fand folgende bemerkenswerthere Dinge in ihnen: in fünfhundertsiebenundzwanzig Gräbern, in denen die Leichen in gestreckter Lage beigesetzt waren, fanden sich an Waffen achtzehn aus Erz und hunderteinundsechzig aus Eisen, vierzehnhunderteinundsiebenzig Schmucksachen aus Erz, achtunddreißig verschiedene Gegenstände aus Erz und dreiunddreißig ebensolche aus Eisen, ferner hundertfünfundsechzig Schmucksachen aus Bernstein und achtunddreißig aus Glas, dreihundertvierunddreißig Thonsachen, siebenundfünfzig Steingeräthe; in den übrigen vierhundertdreiundfünfzig Gräbern, in welchen die Leichname verbrannt waren, fanden sich an Waffen einundneunzig aus Erz und dreihundertneunundvierzig aus Eisen, siebenzehnhundertvierundvierzig Schmucksachen aus Erz, zweihundertdreiunddreißig verschiedene Gegenstände aus Erz und einundvierzig aus Eisen, dann hundertfünf Bernstein- und fünfunddreißig Glasschmucksachen und endlich neunhundertacht Thongeräthe. Vergleicht man nun die Metallfunde

insgesammt, so ergeben sich dreitausendfünfhundertfünf=
undneunzig Erz= und fünfhundertvierundachtzig Eisen=
sachen, aber während von jenen nur hundertneun Waffen
sind, sind es deren unter den eisernen Funden fünfhundert=
zehn; was wir oben von der Art des ersten Auftretens
des Eisens sagten, findet in diesen Zahlen seine volle
Bestätigung. Aber von besonderem Interesse sind die
Formen dieser Dinge, welche ebenso deutlich wie die eben
berichteten Zahlenverhältnisse für eine Uebergangsstellung
des gesammten Fundes sprechen; an der Verzierung tritt
zum Beispiel die Linien= und Punktmanier der Erzschmiede
noch vielfach hervor und ist im Ganzen besser ausgeführt
als die mit der Eisenstufe mehr aufkommenden Natur=
nachahmungen. Auch das Fehlen des Silbers, des Blei's,
des Zinks und der Münzen stellt diese schönen Funde
nur an den Anfang, an den unsicheren, noch erst ver=
suchenden Anfang der Eisenstufe Mitteleuropa's.

Aus dem böhmischen Elbethal beschreibt An=
brian einen ziemlich ausgedehnten Gräberfund, welcher
trotz einiger Schmucksachen und Haftnadeln aus Erz durch
vorwiegendes Vertretensein des Eisens sich als der Eisen=
stufe angehörig erweist. Die Urnen, ohne Drehscheibe,
aber theilweise mit bedeutendem Geschick und Geschmack
gearbeitet und in der typischen Weise mit Linien und
Punktreihen verziert, waren einfach ein bis drei Fuß tief
in die Erde versenkt und waren theils nur mit Sand,
theils mit Asche und Menschenknochen erfüllt und waren
nur von sehr spärlichen Grabmitgaben begleitet. Der
Stoff der Urnen ist ein gröberer oder feinerer Thon,
theilweise mit Graphit gemischt: die Stürzen sind durch=

aus ohne Graphitbeimengung, was beweist, daß die Verfertiger Grund hatten, sparsam mit demselben umzugehen und auch sehr wohl den Nutzen desselben erkannten. Bei kleinen Abweichungen in Gestalt und Verzierung ist doch die allgemeine Aehnlichkeit dieser Graburnen mit unter ähnlichen Verhältnissen in Mecklenburg und Schlesien gefundenen unverkennbar. Böhmische Alterthumskundige waren geneigt, in diesen Gräbern Slawengräber zu sehen, wie ja auch Lisch die entsprechenden mecklenburgischen Funde für wendische Alterthümer erklärt. Bedeutsam ist, daß mit den Urnen auch ein bearbeiteter Hornsteinsplitter gefunden ist, ohne daß man freilich bestimmt sagen könnte, daß er mit den übrigen Resten gleichalterig sei.

Funde, die der älteren Eisenstufe angehören, wurden auch bei Wien gemacht, wo man an drei verschiedenen Punkten südlich von der Stadt drei Skelete ausgestreckt etwa in vier Fuß Tiefe fand. Die Mitgaben waren Schmuck aus Erz, Dolchklinge aus Erz, Pfeilspitzen und Schwert aus Eisen und ist besonders bemerkenswerth, daß eines der Skelete quer über die Beine ein kleines Hundeskelet liegen hatte und daß öfters derart quer übergelegte Thierknochen bei den menschlichen Skeleten gefunden sein sollen.

Ein Fund, der bedeutsam erscheint, ist der von Erzwaffen in Torfmooren des Sommethals; dort wurde zu zwei Malen ein Erzschwert im Torf gefunden, einmal mit einem Menschen- und einem Pferdeskelet und vier Caracallamünzen, das andere Mal in einem größeren Boote, das mehrere Skelete enthielt und wo einige

Marentiusmünzen daneben lagen und es scheint, daß sich gegen die Richtigkeit dieser Funde nichts Triftiges einwenden läßt.

Es sind oben Gründe angegeben worden, welche dafür sprechen, daß das Auftreten des Eisens und des Silbers von ziemlich ähnlichen Umständen abhängig gewesen sein dürfte, indem beide Erze schwer als solche zu erkennen, schwer zu schmelzen und der Guß dann auch nicht so leicht weiter zu bearbeiten ist, wie der des Kupfers oder Erzes. In der That ist ja, wie auch dort schon gesagt wurde, das Silber erst von dem Augenblicke an nicht mehr sehr selten, daß das Eisen in den Kreis der gebräuchlichen Metalle eintritt, so daß unzweifelhafte und nennenswerthe Silberfunde in Europa durchaus erst auf der Stufe der Eisenwaffen gefunden werden. Unter ihnen mag der reichste der von Thorbjerg sein, wo neben den zahlreichen Eisenwaffen und Erzgeschmeide unter anderen Dingen ein ganz silberner Helm und eine Masse Schmucks gefunden ward, der an Schildrändern, Schwertgriffen und Schwertscheiden, Sandalen, Wehrgehängen, Pferdegeschirr und dergleichen angebracht war, außerdem zweihundert versilberte erzene Schnallen und Gürtelzierathen. Auch im Waffenfund von Vimose lag manches schöne Stück aus Silber unter den fünfzehnhundert Speerspitzen, den vierzig Aerten, den dreißig Schwertern, dem erzenen Geschmeide, der Faustinamünze. Aber auch mit dem ersten Auftreten des Bleies wird das des Silbers eng verschwistert gewesen sein, benn wenigstens in Europa wird schwerlich Silber anders als aus bleihältigen Erzen gewonnen worden sein.

Die vielbesprochenen Gesichtsurnen, welche man neuerdings besonders häufig aus Norddeutschland, bann vom Rhein und aus Frankreich beschrieben hat, scheinen in diesen Gegenden ebenfalls am Beginn der Eisenstufe zu stehen. Es sind thönerne Urnen, beren Halstheil in ein menschliches Angesicht ausläuft und häufig zieren sie Erzringe oder Erzschmuck mit Glasperlen, welche in die durchbohrten Ohren des thönernen Gesichtes gesetzt sind; letzteres selbst ist mehr oder minder ausführlich gebildet, hat bald Augen, Nase und Mund, bald nur Andeutungen eines oder des anderen dieser Gesichtstheile. Gefäße in Gestalt menschlicher Körper oder Körpertheile haben schon die Aegypter und Etrusker so gut wie die Mexikaner verfertigt und ist ihr häufiges Vorkommen im Bernsteinland möglicherweise eine neue Hindeutung auf etruskischen Verkehr mit alten Nordbewohnern. Auch bezüglich der Stempel, die an ungefähr gleichalterigen Urnen aus Norddeutschland, wie es scheint, als eine Art von Fabrikszeichen sich finden, ist Uebereinstimmung mit wahrscheinlich vorrömischen Urnen eines norditalienischen Gräberfeldes nachgewiesen. Inschriften auf den Gesichtsurnen spricht der Aegyptologe Ebers als hieroglyphisch an, während Andere phönicische Züge in ihnen erkannten; die Frage ist noch in der Schwebe.

Anfang der „Eisenzeit" in Scandinavien.

Die Forschungen der standinavischen Alterthümler über die Erscheinung des Eisens im Kreis der nordischen vorgeschichtlichen Funde sind auch für uns, mögen sie immer manches Hypothetische enthalten, doch von hoher Bedeutung, da dort kein so dichtes Dunkel wie weiter südlich die vorchristlichen Culturzustände der Germanen bedeckt, da die Funde reichlich, da die vorhergehende Stufe der Erzgeräthe und der geschliffenen Steingeräthe sehr vollständig vertreten ist. Im Allgemeinen scheint hier ganz wie beim ersten Eintreten der Erzgeräthe kein Uebergang der Formen erkennbar zu sein, sondern das neue Metall in neuen ihm entsprechenden und nicht in Nachahmungen der bei der Erzverarbeitung herkömmlichen, allmählich typisch gewordenen Gestaltungen aufzutreten. Die schwedischen Alterthumskundigen lassen die sogenannte „Eisenzeit" kurz nach dem Beginn unserer Zeitrechnung anheben, erklären, daß sie nichts gemein habe mit jenem Uebergang von Erz zu Eisen, der zum Beispiel in den Hallstädter Funden sich ausprägt, sondern daß sie erst mit der späteren reineren Eisenzeit des Südens in Beziehung stehe. Auch die dänischen Forscher, welche früher die Eisenzeit nicht eher als im siebenten Jahrhundert unserer Zeitrechnung beginnen ließen, scheinen sich diesen neueren Aufstellungen anzuschließen. In Schweden soll das Auftreten des Eisens die Folge der Einwanderung eines germanischen (gothischen) Stammes sein, der es, sammt Silber, Münzen und Schrift — den drei Begleitern des Eisens in ältester Zeit — eingeführt habe.

Rückblick.

Der geehrte Leser kennt jetzt die wichtigsten unter den Thatsachen, auf welche unser heutiges Wissen von der vorgeschichtlichen Menschheit Europas sich stützt. Je weniger wir es bisher für ein Stück unserer Aufgabe gehalten haben, seinem Urtheile vorzugreifen — nach bestem Wissen bestrebten wir uns dem in der Vorrede und Einleitung gegebenen Versprechen thatsächlicher Darstellung, die nur, wo die Klarheit des Berichtes es erheischt, fremde oder eigene Gedanken über die Dinge bringt, treu zu bleiben — um so natürlicher scheint nun hier, am Schlusse des Weges, den wir zusammen durch die Alterthümer unserer Vorzeit zurückgelegt, der Wunsch zu sein, über die Bedeutung aller dieser Dinge ein kurzes zusammenfassendes Wort noch zu sprechen.

Die Hoffnung, aus den vorgeschichtlichen Resten des Menschen, wie man sie in Europa findet, Schlüsse auf die Schöpfungsgeschichte oder Entstehungsgeschichte des Menschen ziehen zu können, hat sich, wie der Leser sich aus den vorstehenden Berichten zur Genüge überzeugt haben wird, auf allen Punkten getäuscht gesehen. Unserem Wissen von den körperlichen Eigenschaften der Menschen, ihren Rassenverschiedenheiten und dergleichen haben alle nach und nach zu einer ziemlich bedeutenden Zahl angewachsenen Schädel- und sonstigen Skeletfunde aus vorgeschichtlicher Zeit bis heute noch nicht eine einzige nennenswerthe Bereicherung zuführen können; unsere vorgeschichtlichen Vorfahren sind im Wesentlichen nach ihrer körperlichen Bildung und demnach ihrer Raſſenangehörigkeit keine anderen Menſchen geweſen als die heutigen Bewohner dieſes Erdtheils.

Der Grund dieſer Erſcheinung kann für uns, die wir mit der Mehrzahl der Naturforſcher annehmen, daß zu irgend einer Zeit an irgend einem Ort der Erde ſich der Menſch aus höheren Säugethieren entwickelt habe, nur darin liegen, daß die frühere und früheſte Urgeſchichte des Menſchen ihren Schauplatz nicht auf dem Boden unſeres kleinen Erdtheils, ſondern weiter im Süden und Oſten, etwa in Aſien, oder wie Manche meinen, auf dem verſunkenen Feſtlande beſaß, das einſt Südafrika mit Südaſien verband. **Der Menſch iſt erſt verhältnißmäßig ſpät nach Europa eingewandert;** er hatte ſicherlich den weitaus längſten und ſchwierigſten Theil der Entwickelung, welche ihn aus der Thierheit zum Herrn der Erde erhob, hinter ſich, als er dieſe rauhere Erde betrat, die ſeiner ungeſchützten Kindheit und erſten Jugend verderblich geworden wäre.

Auf dieſer Erkenntniß fortbauend, möchten wir wohl fragen, **woher denn die erſten Europäer gekommen und welchen Stämmen ſie angehörten,** aber wir haben hievon bloß ſoviel Kenntniß als genügend iſt, um übertriebene Hypotheſen fernzuhalten, denn wie ſchon erwähnt, wiſſen wir nichts anderes, als daß dieſe Völker körperlich von den heutigen Europäern ſo wenig verſchieden waren, daß wir ſogar zur Annahme gezwungen ſind, es ſeien auch von ihnen nicht wenige Elemente in die Miſchung eingegangen, aus der unſere Germanen, Romanen, Slawen, unſere finniſch-ubriſchen und baskiſchen Völker entſtanden ſind.

Die **Lebensweise** der vorgeschichtlichen Europäer lernten wir erst als die der Naturvölker kennen, die sich ohne Weiteres an den reich gedeckten Tisch der Natur setzen und von dem leben, was jeder Tag bringen mag, bald aber traten sie uns als Ackerbauer und Viehzüchter entgegen und wir sahen dann bereits Einflüsse von fernher sich geltend machen, welche in Gestalt der aus Süden und Osten eingeführten Culturpflanzen und Hausthiere und später des aus gleicher Richtung stammenden Erzes nach den bereits zu höherer Culturentwickelung vorgeschrittenen Ländern deuten, die südlich und östlich um das Mittelmeer liegen. Die Nacht, die über den Höhlenmenschen und ihren Zeitgenossen lag, beginnt damit aufzudämmern und es ist so nun schon nicht mehr im vollsten Sinne des Wortes „Vorgeschichte", was wir da vor uns haben; es ist sogar nicht undenkbar, daß bei der einstigen genaueren Kenntniß der phönicischen, etruskischen ꝛc. Handelsbeziehungen und der alten Völkerwanderungen derjenige Theil der Vorgeschichte, in welchem die Menschen als Viehzüchter und Ackerbauer erscheinen, noch in das Gebiet der eigentlichen Geschichte einbezogen werden kann.

Was von absoluten **Zeitbestimmungen** im Gebiete der Vorgeschichte zu halten ist, wurde im zweiten Abschnitt genügend besprochen. Relative Zeitbestimmungen sind dafür um so werthvoller, erstrecken sich aber heute nur erst auf die Bestimmung der Aufeinanderfolge der verschiedenen Gruppen vorgeschichtlicher Reste, nicht auf die Bestimmung ihrer relativen Dauer. In Bezug auf letztere können wir jetzt nur die allgemeinste Annahme wagen, daß die Zeit der rohen Steinwaffen, die gleichzeitig die Hausthier= und culturpflanzenlose Periode darstellt, um vieles länger gedauert habe als die nachfolgende, durch Pfahlbau= und Hügelgräberreste, durch geschliffene Steinwaffen und das Erz bezeichnete Zeit.

Die interessanten Versuche, die (relativen) Zeitpunkte zu bestimmen, in denen bestimmte Gegenden Europas zum ersten Male von Menschen bewohnt zu werden begannen, können bei der Kärglichkeit der Funde, die einen so ganz provisorischen Charakter haben, noch nicht auf großen Werth Anspruch machen. Aber so wie sich heute die Befunde darstellen, erscheinen der Süden und Westen Europa's (und wahrscheinlich auch der Osten) bis nach Mitteldeutschland hinein als viel früher bewohnt, denn der Norden; selbst Worsaae, der sogar die Muschelhaufen als sehr alte Reste betrachtet, meint doch nicht für Dänemark die erste Bewohnung älter als das Ende der sogenannten „Rennthierzeit" annehmen zu können.

www.ingramcontent.com/pod-product-compliance
Lightning Source LLC
Chambersburg PA
CBHW022102230426
43672CB00008B/1251